MANUEL ÉLÉMENTAIRE

DES

SCIENCES MATHÉMATIQUES

ET

PHYSIQUES

4900-96. — Corbeil. Imprimerie Éd. Crété.

BIBLIOTHÈQUE DU MÉCANICIEN DE LA MARINE

MANUEL ÉLÉMENTAIRE
DES
SCIENCES MATHÉMATIQUES
ET
PHYSIQUES

OUVRAGE

Rédigé conformément aux programmes des examens

PAR

MM. L. JEANNIOT & L. JOUBERT

LIEUTENANTS DE VAISSEAU
PROFESSEURS A L'ÉCOLE DES MÉCANICIENS DE BREST

ARITHMÉTIQUE, GÉOMÉTRIE

MÉCANIQUE

PHYSIQUE, ÉLECTRICITÉ

PARIS

AUGUSTIN CHALLAMEL, ÉDITEUR

RUE JACOB, 17

LIBRAIRIE MARITIME ET COLONIALE

1897

ERRATA

ARITHMÉTIQUE

Page 32, problème VI, 10ᵉ ligne :
Au lieu de : Une personne emprunte 100 000 francs, *lire :* une personne emprunte 10 000 francs.

Page 33, problème XI, 18ᵉ, 19ᵉ, 20ᵉ lignes :

	Au lieu de :	Lire :
Réponse : Prix de la maison....	84.898 fr.	88.148 fr.
Prix de la ferme......	58.498 fr.	61.748 fr.
Prix du bois..........	20.604 fr.	14.104 fr.

PHYSIQUE

Page 285, 16ᵉ ligne :
Au lieu de :

$$Q = \left[606,5 + 0,305 \times (110 - 40)\right] 1,21 = 726 \text{ cal.}$$

Lire :

$$Q = \left[606,5 + 0,305 \times 110 - 40\right] 1,21 = 726 \text{ cal.}$$

ÉLECTRICITÉ

Page 346, 3ᵉ ligne :
Au lieu de :

$$D\left(\frac{1}{r} + \frac{1}{r'}\right) = \frac{D}{r_2}$$

Lire :

$$D\left(\frac{1}{r} + \frac{1}{r'}\right) = \frac{D}{r'_2}$$

PRÉFACE

Ce manuel a été conçu et élaboré dans le but de faciliter la préparation à l'examen de *deuxième maître théorique* aux deuxièmes maîtres pratiques, élèves mécaniciens et quartiers-maîtres auxquels les règlements ou les circonstances ne permettent pas un séjour aux écoles.

Il a été rédigé conformément au programme de l'arrêté ministériel du 15 novembre 1894 (modifié par décision ministérielle du 20 juillet 1895).

Les nombreuses applications résolues ou à résoudre ont été tirées de la collection des questions posées aux examens de deuxième maître théorique.

La table des matières a été combinée pour reproduire les articles du programme avec leurs principaux développements.

L'arithmétique a été limitée à une simple réminiscence des théorèmes et à des applications types ; les candidats pouvant facilement trouver ailleurs des développements et des problèmes.

La géométrie, envisagée à un point de vue tout spécial, a dû être plus explicitement rédigée, et ici surtout nous avons tenu à faciliter aux candidats la préparation du programme par des applications nombreuses résolues en détail et par d'autres semblables. Pour ces dernières nous n'avons indiqué que le résultat afin que l'élève pût s'habituer aux difficultés de ce genre de calculs.

Pour la mécanique, nous nous sommes inspirés des idées et des conseils de M. le commandant Gachassin, ancien membre de la commission d'examen, dans les nombreux travaux duquel nous avons largement puisé.

La physique et l'électricité ont été réduites aux connaissances élémentaires suffisantes pour la pratique et l'intelligence des ouvrages industriels.

Nous avons jugé inutile l'exposé minutieux des mesures expérimentales des coefficients de dilatation, des chaleurs spécifiques ou latentes.

Nous avons laissé à la théorie de la propagation de chaleur toute la simplicité que lui a donnée Leslie, faisant abstraction du phénomène si complexe de la diffusion.

L'élève ne devra donc pas chercher dans cet ouvrage de nouveaux éléments de sciences, mais il devra plutôt y voir une synthèse des connaissances scientifiques nécessaires au mécanicien dans l'exercice de ses fonctions. Si, grâce à notre travail, quelques-uns peuvent atteindre au niveau scientifique exigé, nous aurons conscience d'avoir fait œuvre utile.

      L. JEANNIOT.   L. JOUBERT.

ARITHMÉTIQUE

PRÉLIMINAIRES

Le programme d'arithmétique que nous avons à traiter suppose la connaissance des principes élémentaires ; nous croyons utile, cependant, de résumer succinctement les définitions, les règles fondamentales et le système métrique décimal.

Notre but étant la préparation à un examen déterminé, il nous a paru avantageux de présenter l'arithmétique sous forme d'un recueil de problèmes embrassant étroitement le programme ; comme exemples nous ne donnons que des questions posées aux sessions antérieures, ils offrent donc la plus complète analogie avec celles que le lecteur sera appelé à résoudre.

CARACTÈRES DE DIVISIBILITÉ.

1. Définition. — On dit qu'un nombre est divisible par un autre quand la division du premier par le second s'effectue sans reste.

2. Un nombre est divisible par 2 lorsqu'il est terminé par un zéro ou par un chiffre pair.

3. Un nombre est divisible par 3 ou par 9 quand la somme de ses chiffres est divisible par 3 ou par 9.

4. Un nombre est divisible par 4 quand le nombre formé par ses deux derniers chiffres est divisible par 4.

5. Un nombre est divisible par 5 lorsque son dernier chiffre est 5 ou 0.

6. Un nombre est divisible par 7 lorsque la différence de ses classes de rang impair et de rang pair est un 0 ou un multiple de 7.

7. Un nombre est divisible par 11 lorsque la différence entre la somme des chiffres de rang impair et celle des chiffres de rang pair à partir de la droite est divisible par 11.

OPÉRATIONS.

Nous nous bornerons ici à rappeler au lecteur les deux points suivants :

8. **Preuve par 9 de la multiplication.** — *Règle pratique.* — Déterminer les restes des divisions par 9 du multiplicande, du multiplicateur et du produit; diviser par 9 le produit des restes du multiplicande et du multiplicateur, on doit trouver un quatrième reste égal au troisième.

EXEMPLE. — Vérifier l'opération suivante :

$$7842 \times 134 = 1050828$$

$$3 \begin{matrix} 6 \\ \times \\ 6 \end{matrix} 8$$

9. **Preuve par 9 de la division.** — *Règle pratique.* — Déterminer les restes par 9 du dividende, du diviseur et du quotient; multiplier l'un par l'autre les restes du diviseur et du quotient et extraire de ce produit 9 autant de fois que possible, ajouter le reste ainsi obtenu à la somme des chiffres du reste de l'opération à contrôler; cette somme divisée par 9 doit donner un reste égal à celui du dividende.

EXEMPLE. — Vérifier l'opération suivante :

$$156487 : 435 = 359 \text{ reste } 322$$

NOMBRES PREMIERS.

10. Définition. — On dit qu'un nombre est *premier* quand il n'est divisible que par lui-même et l'unité.

Exemple. — 7, 23.....

11. Deux nombres sont *premiers entre eux* quand ils n'admettent pas d'autre diviseur commun que l'unité.

Exemple. — 360 et 77.

12. Décomposition d'un nombre en ses facteurs premiers. — *Règle pratique.* — Diviser le nombre proposé successivement par la suite naturelle des nombres premiers : 2, 3, 5, 7, 11..... etc., en ne passant au suivant que lorsque la division des quotients successifs par chacun d'eux ne peut plus se faire exactement. On dispose en général le calcul de la manière suivante :

Exemple :

$$\begin{array}{r|l} 194040 & 2 \\ 97020 & 2 \\ 48510 & 2 \\ 24255 & 3 \\ 8085 & 3 \\ 2695 & 5 \\ 539 & 7 \\ 77 & 7 \\ 11 & 11 \\ 1 & \end{array}$$

Ainsi : $194040 = 2^3 \times 3^2 \times 5 \times 7^2 \times 11$.

PLUS GRAND COMMUN DIVISEUR.

13. Définition. — On appelle *plus grand commun diviseur* de deux ou plusieurs nombres le plus grand nombre qui les divise exactement.

14. Déterminer le plus grand commun diviseur de deux nombres. — *Règle pratique.* — Diviser le plus grand nombre par le plus petit, celui-ci par le reste de la division, ce premier reste par le second et ainsi de suite, jusqu'à ce qu'on arrive à une opération s'effectuant exactement : le nombre cherché sera le diviseur de cette dernière division.

On dispose en général le calcul comme ci-dessous ; chaque quotient est inscrit au-dessus du diviseur correspondant :

	3	1	3	2	1	2
11088	2940	2268	672	252	168	84
2268	672	252	168	84	0	

Le plus grand commun diviseur entre 11088 et 2940 est donc 84.

Remarque. — Lorsque deux restes consécutifs sont premiers entre eux il en est de même des nombres proposés.

15. *Règle pratique*. — Pour déterminer le plus grand commun diviseur de plusieurs nombres, on calcule le plus grand commun diviseur des deux premiers, puis le plus grand commun diviseur entre le troisième et celui qu'on vient d'obtenir, et ainsi de suite ; le dernier plus grand commun diviseur trouvé est le résultat qu'on cherche.

Remarque. — Le plus souvent il sera plus simple de décomposer les nombres donnés en leurs facteurs premiers ; le plus grand commun diviseur s'obtiendra en prenant tous les facteurs premiers *communs* affectés de leur *plus petit* exposant.

PLUS PETIT MULTIPLE COMMUN A PLUSIEURS NOMBRES.

16. Définition. — On appelle *plus petit multiple commun* à plusieurs nombres le plus petit nombre exactement divisible par chacun des nombres donnés.

17. *Règle pratique*. — Pour déterminer d'une manière simple le plus petit multiple commun à plusieurs nombres on décomposera ceux-ci en leurs facteurs premiers, puis on prendra tous les facteurs distincts qui y figurent en les affectant de leur plus fort exposant.

ARITHMÉTIQUE.

EXEMPLE. — Déterminer le plus petit multiple commun aux nombres suivants :

$$2520, \quad 1188, \quad 138.$$

$$2520 = 2^3 \times 3^2 \times 5 \times 7$$
$$1188 = 2^2 \times 3^3 \times 11$$
$$138 = 2 \times 3 \times 23$$

Le plus petit multiple commun cherché est donc :

$$2^3 \times 3^3 \times 5 \times 7 \times 11 \times 23 = 13\,388\,760.$$

FRACTIONS ORDINAIRES.

18. **Définition.** — On appelle *fraction* une ou plusieurs parties égales de l'unité.

Une fraction se compose de deux termes : le *numérateur* et le *dénominateur*.

19. **Réduction de plusieurs fractions au même dénominateur.** — Définition. — Réduire plusieurs fractions au même dénominateur c'est trouver des fractions équivalentes aux premières ayant toutes même dénominateur.

Il est important que ce dénominateur commun, soit le plus petit possible, on l'obtiendra de la façon suivante :

20. *Règle pratique.* — Pour réduire des fractions au plus petit dénominateur commun, on cherche le plus petit multiple commun des dénominateurs, on le divise successivement par chaque dénominateur et l'on multiplie les deux termes de chaque fraction par le quotient correspondant.

EXEMPLE. — Réduire au même dénominateur les fractions :

$$\frac{2}{15} \quad \frac{7}{9} \quad \frac{13}{20} \quad \frac{17}{18}$$

tout calcul fait la solution est :

$$\frac{24}{180} \quad \frac{140}{180} \quad \frac{117}{180} \quad \frac{170}{180}$$

21. Addition et soustraction de fractions. — *Règle pratique.* — Réduire les fractions proposées au même dénominateur, puis ajouter ou retrancher, suivant le cas, les nouveaux numérateurs.

1ᵉʳ Exemple :

$$\frac{3}{4}+\frac{5}{6}+\frac{7}{8}=\frac{18+20+21}{24}=\frac{59}{24}$$

2ᵉ Exemple :

$$\frac{25}{11}-\frac{7}{9}=\frac{225-77}{99}=\frac{48}{99}$$

22. Multiplication de fractions. — *Règle pratique.* — On multipliera terme à terme.

Exemple :

$$\frac{4}{5}\times\frac{3}{7}=\frac{4\times 3}{5\times 7}=\frac{12}{35}$$

23. Division de fractions. — *Règle pratique.* — Pour diviser l'une par l'autre deux fractions, on multipliera la fraction dividende par la fraction diviseur renversée.

Exemple :

$$\frac{3}{4}:\frac{5}{7}=\frac{3}{4}\times\frac{7}{5}=\frac{21}{20}$$

FRACTIONS DÉCIMALES ET NOMBRES DÉCIMAUX.

24. Définition. — Une *fraction décimale* est une fraction ordinaire dont le dénominateur est une puissance de 10.

Exemple :

$$\frac{3}{10} \qquad \frac{35}{1000}$$

25. Définition. — Un *nombre décimal* est la somme d'un nombre entier et d'une fraction décimale.

Exemple :

$$7 + \frac{3}{10} = \frac{70}{10} + \frac{3}{10} = \frac{73}{10} = 7,3$$

Il suit de là qu'une fraction décimale peut être envisagée comme un nombre décimal dont la partie entière est nulle.

26. Pour les fractions décimales qui se présentent sous l'aspect fractionnaire, les opérations auxquelles elles peuvent donner lieu sont régies par les mêmes règles que les fractions ordinaires (21, 22, 23); si elles sont mises sous la forme de nombres décimaux on suit les règles ci-après (27, 28, 29).

27. L'*addition* et la *soustraction* de plusieurs nombres décimaux s'opère comme l'opération similaire des nombres entiers en ayant soin de faire correspondre les unités de même ordre.

Exemple. — Ajouter les nombres suivants :

$$57,321\; ;\quad 3,17\; ;\quad 255,0906$$

On disposera le calcul comme ci-dessous :

$$\begin{array}{r} 57,321 \\ 3,17 \\ 255,0906 \\ \hline 315,5816 \end{array}$$

28. **Multiplication des nombres décimaux.** — *Règle pratique.* — On les multipliera comme deux nombres entiers sans avoir égard aux virgules puis, à la droite du produit, on séparera autant de chiffres décimaux qu'il s'en trouve dans les deux facteurs réunis.

Exemple :

$$3,1542 \times 2,53 = 7,980126.$$

29. **Division des nombres décimaux.** — *Règle pratique.* — Avancer la virgule, au dividende, vers la droite, d'autant de rangs qu'il y a de chiffres décimaux au diviseur, effectuer la division sans tenir compte de la virgule, et, au quotient, séparer par une virgule autant de chiffres décimaux qu'il en est resté au dividende.

EXEMPLE :

$$578,45685 : 47,243 = 12,24 \text{ reste } 0,20253.$$

RAPPORTS ET PROPORTIONS.

30. Définition. — Le *rapport* de deux grandeurs de même espèce est le nombre qui exprimerait l'une d'elles si on prenait l'autre pour unité.

Le rapport de deux nombres est donc le quotient du premier par le second.

$$\frac{2}{5}, \quad \frac{\sqrt[3]{7}}{\sqrt{2}} \text{ sont des rapports.}$$

Toutes les règles relatives aux fractions s'appliquent sans restriction aux rapports.

31. Définition. — On appelle *proportion* l'égalité de deux rapports.

32. On appelle *moyenne proportionnelle* à deux nombres donnés un troisième nombre qui forme à lui seul les termes n°s 2 et 3 (c'est-à-dire les *moyens*) d'une proportion dans laquelle les nombres proposés forment les termes n°s 1 et 4 (c'est-à-dire les *extrêmes*).

EXEMPLE. — 8 est une moyenne proportionnelle à 4 et 16 parce qu'on a :

$$\frac{4}{8} = \frac{8}{16}$$

33. Dans toute proportion le produit des extrêmes est égal au produit des moyens.

34. Inversement : Si quatre nombres sont tels que le produit de deux d'entre eux est égal au produit des deux autres, ces quatre nombres rangés dans un ordre convenable forment une proportion.

35. Dans toute proportion la somme ou la différence des

deux premiers termes est au second comme la somme ou la différence des deux derniers termes est au quatrième.

36. Dans une suite de rapports égaux, la somme des numérateurs est à la somme des dénominateurs comme un seul numérateur est au dénominateur correspondant.

CARRÉ ET RACINE CARRÉE D'UN NOMBRE.

37. **Définition.** — Le *carré* d'un nombre est le produit de deux facteurs égaux à ce nombre ; on le représente par la notation : $\overline{}^2$.

Exemple : $$137 \times 137 = \overline{137}^2$$

38. **Définition.** — La *racine carrée* d'un nombre est un autre nombre tel qu'élevé au carré il reproduit le premier ; elle s'indique par le signe $\sqrt{}$.

39. **Extraire la racine carrée d'un nombre à moins d'une unité.** — *Règle pratique.* — 1° Séparer le nombre proposé en tranches de deux chiffres à partir de la droite.

2° Prendre la racine carrée du plus grand carré contenu dans la première tranche à gauche et soustraire de cette tranche le carré du chiffre ainsi obtenu.

3° A côté de ce premier reste partiel, inscrire la seconde tranche, séparer le premier chiffre à droite de cette tranche, diviser le nombre qui reste à gauche de ce chiffre par le double de la racine déjà trouvée, le quotient est le second chiffre de la racine ou un chiffre trop fort. Pour l'essayer on l'écrira à la droite du double de la racine déjà trouvée, on multipliera le nombre ainsi formé par le chiffre à essayer, et si le produit qu'on obtiendra peut se soustraire du premier reste partiel suivi de la deuxième tranche le chiffre sera bon.

4° Continuer ainsi jusqu'à ce qu'on ait opéré sur la dernière tranche du nombre proposé.

Remarque I. — Il peut arriver qu'ayant écrit une tranche à la suite d'un reste partiel, et isolé le chiffre de droite, on obtienne de la sorte un nombre plus petit que le double de la racine déjà trouvée ; dans ce cas on inscrira zéro à la racine et l'on continuera l'opération en appliquant toujours la règle ci-dessus.

Remarque II. — On reconnaîtra qu'un chiffre inscrit à la racine est trop faible lorsque le reste partiel correspondant sera supérieur au double de la racine déjà obtenue.

40. Exemple d'extraction d'une racine carrée.

728 325 643	26 987			
4	46	529	5 388	53 967
32.8	6	9	8	7
27 6	276	4761	43 104	377 769
523.2				
476 1				
4715.6				
4310 4				
40524.3				
37776 9				
2747 4				

Ainsi donc :

$$728\,325\,643 = \overline{26\,987}^2 + 27\,474.$$

41. Preuve par 9 de la racine carrée. — *Règle pratique.* —
1° Calculer les restes des divisions par 9 du nombre proposé et de la racine obtenue ;

2° Faire le carré du second reste et en retrancher 9 autant de fois que possible, on obtient ainsi un troisième reste ;

3° Ajouter ce troisième reste à la somme des chiffres du reste de l'opération à contrôler ;

4° Diviser ce total par 9, on obtient un quatrième reste qui doit être égal au premier.

Exemple. — Vérifier l'opération suivante :

$$72\,832 = \overline{269}^2 + 471$$

En effet : $7\,2832 =$ multiple de $9 +$ $\boxed{4}$
$269 =$ multiple de $9 + 8$
8 au carré $= 64$
$64 =$ multiple de $9 + 1$
$1 + 4 + 7 + 1 =$ multiple de $9 +$ $\boxed{4}$

SYSTÈME MÉTRIQUE.

42. Définition. — Le système métrique décimal est l'ensemble des poids et mesures dont la base est le *mètre*, en usage dans toute la France depuis le 1er janvier 1840.

43. Mesures de longueur. — L'unité des mesures de longueur est le *mètre* qui est égal à la dix-millionième partie du quart du méridien terrestre.

Multiples du mètre.	Sous-multiples du mètre.
Myriamètre = 10 000 mètres.	Décimètre = 0^m,1.
Kilomètre = 1 000 mètres.	Centimètre = 0^m,01.
Hectomètre = 100 mètres.	Millimètre = 0^m,001.
Décamètre = 10 mètres.	

Remarque. — Chacune des unités de ce tableau vaut *dix fois* celle qui la suit.

44. Mesure des surfaces. — L'unité est le *mètre carré* ou carré d'un mètre de côté.

Multiples du mètre carré.

Myriamètre carré $= 100.000.000^{mq}$ $\left(= 10^{8}\right)$
Kilomètre carré $= 1.000.000^{mq}$ $\left(= 10^{6}\right)$
Hectomètre carré $= 10.000^{mq}$ $\left(= 10^{4}\right)$
Décamètre carré $= 100^{mq}$ $\left(= 10^{2}\right)$

Sous-multiples du mètre carré.

Décimètre carré $= 0^{mq},01$ $\left(= \dfrac{1}{10^{2}}\right)$
Centimètre carré $= 0^{mq},0001$ $\left(= \dfrac{1}{10^{4}}\right)$
Millimètre carré $= 0^{mq},000001$ $\left(= \dfrac{1}{10^{6}}\right)$

Remarque I. — Chacune des unités de ce tableau vaut *cent fois* celle qui la suit.

Remarque II. — Pour les mesures agraires on fait usage comme unité de surface de l'*are* qui est égal au décamètre carré.

Le seul multiple usité est l'*hectare*, le seul sous-multiple est le *centiare*.

45. — Exercice n° 1. — Réduire en mètres carrés :

54 hectares 35 ares 18 centiares.

Réponse : 543 518 mètres carrés.

46. Exercice n° 2. — Exprimer en kilomètres carrés :

4589 hectares 35 ares.

Réponse : $45^{kq},8935$.

47. — **Mesures des volumes.** — L'unité est le mètre cube ou cube d'un mètre d'arête.

Multiples du mètre cube.

Myriamètre cube $= 1.000.000.000.000^{mc} (= 10^{12})$
Kilomètre-cube $= 1.000.000.000^{mc} (= 10^{9})$
Hectomètre cube $= 1.000.000^{mc} (= 10^{6})$
Décamètre cube $= 1.000^{mc} (= 10^{3})$

Sous-multiples du mètre cube.

Décimètre cube $= 0^{mc},001 \left(= \dfrac{1}{10^{3}}\right)$

Centimètre cube $= 0^{mc},000001 \left(= \dfrac{1}{10^{6}}\right)$

Millimètre cube $= 0^{mc},000000001 \left(= \dfrac{1}{10^{9}}\right)$

Remarque. — Chacune des unités de ce tableau vaut *mille fois* celle qui la suit.

48. Exercice.

$0^{mc},895654 = 895^{dmc},654 = 895654^{cmc}$.

ARITHMÉTIQUE.

49. Mesures du bois de chauffage. — L'unité de mesure est le *stère*, sa capacité est d'un mètre cube.

Le stère n'a qu'un seul multiple qui est le *décastère* et un seul sous-multiple le *décistère*.

50. Mesures de capacité. — L'unité de mesure pour les liquides est le *litre* dont le volume intérieur est de un décimètre cube.

Mutiples du litre.		Sous-multiples du litre.
Myrialitre = 10.000 litres (peu usité).		Décilitre = $0^l,1$.
Kilolitre = 1.000 litres (peu usité).	Litre = 1	Centilitre = $0^l,01$.
Hectolitre = 100 litres.		Millilitre = $0^l,001$.
Décalitre = 10 litres.		

Remarque. — Chaque unité vaut 10 fois celle qui la suit.

51. Mesures de poids. — L'unité est le *gramme* ou poids d'un centimètre cube d'eau distillée à 4 degrés centigrades.

Multiples du gramme.		Sous-multiples du gramme.
Myriagramme = 10.000 grammes.		Décigramme = $0^{gr},1$
Kilogramme = 1.000 —	Gramme = 1	Centigramme = $0^{gr},01$
Hectogramme = 100 —		Milligramme = $0^{gr},001$
Décagramme = 10 —		

Remarque. — Chaque unité vaut 10 fois celle qui la suit.

52. Le *quintal métrique* est un poids de 100 kilos.

53. La *tonne* est un poids de 1000 kilos.

54. Monnaies. — Les monnaies sont en or, argent et bronze.

Les monnaies d'or et d'argent contiennent toujours du métal étranger (cuivre) en alliage pour prévenir autant que possible leur usure.

55. Titre. — On appelle titre d'un bijou ou d'une monnaie le rapport qui existe entre le poids du métal précieux et le poids total.

EXEMPLE. — En fondant ensemble 8 grammes d'or et 2 grammes de cuivre on forme un alliage qui pèse 10 grammes au titre 0,8.

Ordinairement on suppose que la masse d'alliage est divisée en 1000 parties égales (ou millièmes) et on désigne le titre en indiquant combien de millièmes de métal précieux sont contenus dans le poids total de l'objet ; ainsi, dans l'exemple précédent, le titre du lingot est 800 millièmes.

56. **Unité de monnaie.** — L'unité de monnaie est le *franc*, pièce d'argent au titre de 0,835 ; les multiples du franc n'ont pas reçu de nom particulier. On dit : 10 francs, 20 francs...

Les sous-multiples du franc sont : le décime (pièce de deux sous), le demi-décime (pièce d'un sou), le double centime et le centime.

Le tableau suivant expose notre régime de monnaies :

57.

NATURE et composition des pièces.	DÉSIGNATION des pièces.	POIDS exact des pièces.	DIAMÈTRE des pièces.	NOMBRE de pièces par kilogr.
		Grammes.	Millimètres.	
Or.	100 francs.	32,2580	35	31
	50 —	16,1290	28	62
0,9 d'or........	20 —	6,4516	21	155
0,1 de cuivre.....	10 —	3,2258	19	310
	5 —	1,6129	17	620
Argent.	5 francs *	25,00	37	40
* { 0,9 d'argent...	2 — ☉	10,00	27	100
{ 0,1 de cuivre..	1 — ☉	5,00	23	200
☉ { 0,835 d'argent.	0 fr. 50 c.☉	2,5	18	400
{ 0,165 de cuivre.	0 fr. 20 c.☉	1,00	10	1000
Bronze.	10 cent.	10,00	30	100
0,95 de cuivre.....	5 —	5,00	25	200
0,04 d'étain.......	2 —	2,00	20	500
0,01 de zinc......	1 —	1,00	15	1000

58. *Remarque.* — Il est accordé une certaine tolérance sur le poids et sur le titre ; ainsi le poids d'une pièce de 20 francs en or doit être compris entre $6^{gr},4645$ et $6^{gr},4387$ et son titre entre 0,902 et 0,898.

59. **Problème.** — Que pèse une somme de $45^{f},65$ composée comme il suit : une pièce de 20 fr., 4 pièces de 5 fr., 2 pièces de 2 fr., 1 pièce de 1 fr., une pièce de $0^{f},50$, une pièce de $0^{f},10$ et une pièce de $0^{f},05$?

Réponse :

$6^{gr},452 + 100^{gr} + 20^{gr} + 5^{gr} + 2^{gr},5 + 10^{gr} + 5^{gr} = 148^{gr},952.$

ARITHMÉTIQUE.

RÈGLE DE TROIS.

60. Les règles de trois se subdivisent en règles de trois simples et règles de trois composées.

61. La règle de trois simple ou composée se subdivise à son tour en règle de trois directe et inverse.

62. La méthode générale consiste en la réduction à l'unité comme le montrent les exemples qui suivent.

63. **Problème I** (*Règle de trois simple directe*). — On a payé 4524 fr. pour 156 tonnes de charbon, combien aurait-on eu à payer pour 265 tonnes de ce même charbon ?

Solution. — Si 156 tonnes coûtent 4524 fr., 1 tonne coûte $\dfrac{4524}{156}$ et 265 tonnes coûteraient $\dfrac{4524 \times 265}{156} = 7683$ fr.

64. **Problème II** (*Règle de trois simple inverse*). — 475 hommes ont embarqué 225 tonnes de charbon en 9 heures ; s'il n'y avait eu que 150 tonnes à embarquer, combien auraient-ils mis de temps ?

Solution. — Puisque 475 hommes embarquent 225 tonnes en 9 heures, 475 hommes embarquent 1 tonne en $\dfrac{9}{225}$ heure et 475 hommes embarquent 150 tonnes en $\dfrac{9 \times 150}{225} = 6$ heures.

65. **Problème III** (*Règle de trois composée*). — Pour arrimer 1278 tonnes de charbon dans un parc on a d'abord employé 50 hommes qui travaillaient 6 heures par jour ; au bout de 4 jours ils avaient arrimé 108 tonnes. A ce moment on leur adjoint une nouvelle corvée de 75 hommes et on porte la durée du travail à 8 heures par jour. Au bout de combien de temps le travail sera-t-il achevé ?

Disposition du problème :

Hommes	Heures	Travail	Jours
50	6	108	4
125	8	1170	x

Solution. — 50 hommes travaillant 6 heures par jour arriment 108 tonnes en 4 jours.

1 homme travaillant 6 heures par jour arrime 108 tonnes en 4×50 jours.

1 homme travaillant 1 heure par jour arrime 108 tonnes en $4 \times 50 \times 6$ jours.

1 homme travaillant 1 heure par jour arrime 1 tonne en $\dfrac{4 \times 50 \times 6}{108}$ jours.

1 homme travaillant 8 heures par jour arrime 1 tonne en $\dfrac{4 \times 50 \times 6}{108 \times 8}$ jours.

1 homme travaillant 8 heures par jour arrime 1170 tonnes en $\dfrac{4 \times 50 \times 6 \times 1170}{108 \times 8}$ jours.

125 hommes travaillant 8 heures par jour arriment 1170 tonnes en $\dfrac{4 \times 50 \times 6 \times 1170}{108 \times 8 \times 125}$ jours $=$ 13 jours.

RÈGLE DE MÉLANGES.

66. Problème I (*Règle de mélange directe*). — On a mélangé 120 litres de vin à $0^r,50$ avec 110 litres de vin à $0^r,40$ et 80 litres de vin à $0^r,60$; à quel prix revient le litre du mélange définitif ?

Solution :

	120 litres à	$0^r,50$	valent	60 fr.
	110 —	$0^r,40$	—	44 —
	80 —	$0^r,60$	—	48 —
Donc les	310 litres du mélange valent			152 fr.

et le litre du mélange revient à $\dfrac{152}{310} = 0^r,49$.

67. Problème II (*Règle de mélange inverse*). — Un fournisseur veut faire une caisse de 200 litres d'huile de graissage à

$0^f,70$ le litre avec des huiles de deux qualités, la première à $0^f,65$ le litre, la seconde à $0^f,85$ le litre. Combien devra-t-il prendre de chacune d'elles ?

Solution :

$$\begin{matrix} 0,65 & & 15 \\ & 0,70 & \\ 0,85 & & 5 \end{matrix}$$

Il doit donc prendre 15 litres à $0^f,65$ pour 5 à $0^f,85$;

Par suite, si pour faire 20 litres de son mélange il doit prendre 15 litres d'huile à $0^f,65$, pour faire un litre de ce mélange, il devra prendre $\frac{15}{20}$ et pour la caisse de 200 litres :

$$\frac{15 \times 200}{20} = 150 \text{ litres à } 0^f,65.$$

De même, il prendra : $\frac{5 \times 200}{20} = 50$ litres à $0^f,85$.

68. Problème III. — Un négociant a du charbon de quatre qualités : la première vaut 44 fr. la tonne, la deuxième 36 fr. la tonne, la troisième 30 fr. la tonne et la quatrième $27^f,60$ la tonne. Il veut faire un stock de 259 tonnes à 32 fr. Combien doit-il prendre de chaque espèce ?

Solution :

Par tonne de 1re qualité il perd 12 fr. ⎫
   — de 2e qualité il perd 4 fr. ⎬ 16 fr. (perte) 1er lot.
   — de 3e qualité il gagne 2 fr. ⎫
   — de 4e qualité il gagne $4^f,40$ ⎬ $6^f,40$ (gain) 2e lot.

Nous voyons que puisque le gain doit être égal à la perte, chaque fois qu'il mettra une tonne du premier lot il devra mettre $\frac{1 \times 16}{6,40}$ tonnes du 2e lot ; par conséquent dans $1 + \frac{1 \times 16}{6,40} = \frac{22,40}{6,40}$ tonnes de son mélange final il y a une tonne du premier lot, par suite dans $\frac{1}{6,40}$ tonne de ce mélange il y a $\frac{1}{22,40}$ tonne du premier lot, dans $\frac{6,40}{6,40}$ tonne du mélange (c'est-à-dire une tonne) il y a $\frac{6,40}{22,40}$ tonne du premier lot et dans les 259 tonnes du stock il y aura :

$$\frac{6,40 \times 259}{22,40} = 74 \text{ tonnes du premier lot}$$

Ce négociant prendra donc 185 tonnes du deuxième lot et son mélange pourra être fait de 37 tonnes de charbon des deux premières qualités et de 92,5 tonnes de charbon des deux dernières.

69. *Remarque*. — On peut évidemment faire avec les charbons proposés plusieurs combinaisons du même genre, le problème admet par conséquent plusieurs solutions : nous n'indiquons ici que l'une d'elles.

RÈGLE D'ALLIAGE.

70. Problème I (*Règle d'alliage directe*). — On a fondu ensemble trois lingots d'argent : le premier au titre de 0,835 pesait 2 kilos, le second au titre de 0,850 pesait 3 kilos, le troisième au titre de 0,900 pesait 4 kilos. On demande le titre de l'alliage définitif ?

Solution :

$$
\begin{aligned}
&2 \text{ kilos à } 0,835 \text{ contiennent } 2 \times 0,835 = 1^k,670 \text{ d'argent pur} \\
&3 \quad - \quad 0,850 \quad - \quad 3 \times 0,850 = 2^k,550 \quad - \\
&4 \quad - \quad 0,900 \quad - \quad 4 \times 0,900 = 3^k,600 \quad - \\
&\text{donc 9 kilos d'alliage} \quad - \qquad\qquad\qquad 7^k,820 \quad -
\end{aligned}
$$

Le titre est donc : $\frac{7,820}{9} = 0,868$.

71. Problème II (*Règle d'alliage inverse*). — On a un lingot d'argent au titre 0,850 et un lingot du même métal au titre 0,900. Combien faut-il prendre de chacun d'eux pour obtenir un lingot pesant 4 kilos au titre 0,860 ?

Solution :

$$850 \diagdown \diagup 40$$
$$ 860$$
$$900 \diagup \diagdown 10$$

Ainsi donc, quand on prend 40 kilos du premier on doit prendre 10 kilos du second. Dans 50 kilos d'alliage au titre 0,860 nous avons donc 40 kilos du lingot à 0,850, dans un kilo nous aurons : $\dfrac{40}{50}$ et dans 4 kilos $\dfrac{40 \times 4}{50}$ c'est-à-dire $3^k,200$ à 0,850.

On trouverait de même : $\dfrac{10 \times 4}{50} = 0^k,800$ au titre 0,900.

72. Problème III. — Un orfèvre a cinq lingots d'argent aux titres 0,950 ; 0,910 ; 0,845 ; 0,720 ; 0,700 ; il veut faire un lingot au titre 0,800. Combien doit-il prendre de chacun d'eux ?

Solution :

Par kilo du 1ᵉʳ lingot il perd 150 gr. ⎫
    —   2ᵉ   —   110 — ⎬ 305 gr.
    —   3ᵉ   —   45 — ⎭
Par kilo du 4ᵉ lingot il gagne 80 gr. ⎫ 180 gr.
    —   5ᵉ   —   100 — ⎭

Puisque le gain doit compenser la perte, chaque fois que l'orfèvre prendra un kilo des trois premiers il devra prendre $1^k \times \dfrac{305}{180} = \dfrac{61}{36}$ de kilo des deux derniers, c'est-à-dire que chaque fois qu'il prendra 36 kilos de chacun des trois premiers il devra prendre 61 kilos de chacun des deux derniers ou encore : chaque fois qu'il prendra 36 grammes de chacun des trois premiers il devra prendre 61 grammes de chacun des deux autres.

73. *Remarque*. — Ici encore, puisqu'on peut faire plusieurs combinaisons avec les lingots proposés, le problème admet comme au nᵒ 68 plusieurs solutions.

RÈGLE D'INTÉRÊT SIMPLE.

74. Problème I. — Calculer l'intérêt d'une somme de 6 000 fr. placée à 6 0/0 pendant 2 ans 5 mois ?

Solution. — 100 fr. en 1 an rapportent 6 fr.

1 fr. en 12 mois rapporte $\dfrac{6}{100}$ fr.

1 fr. en 1 mois rapporte $\dfrac{6}{100 \times 12}$ fr.

6 000 fr. en 1 mois rapportent $\dfrac{6 \times 6000}{100 \times 12}$ fr.

6 000 fr. en 29 mois rapportent $\dfrac{6 \times 6000 \times 29}{100 \times 12} = 870$ fr.

75. Problème II. — A quel taux faut-il placer une somme de 45 000 fr. pendant 1 an 6 mois pour qu'elle rapporte 2 700 fr. ?

Solution. — 45 000 fr. doivent rapporter en 18 mois 2 700 fr.

45 000 fr. doivent rapporter en 1 mois $\dfrac{2700}{18}$ fr.

1 fr. doit rapporter en 1 mois $\dfrac{2700}{18 \times 45000}$ fr.

1 fr. doit rapporter en 1 an $\dfrac{2700 \times 12}{18 \times 45000}$ fr.

100 fr. doivent rapporter en 1 an $\dfrac{2700 \times 12 \times 100}{18 \times 45000}$ fr.

C'est-à-dire 4 0/0.

76. Problème III. — Quel capital faut-il placer à 6 0/0 pour avoir un intérêt de 1 746^f,60 en 3 ans 5 mois 10 jours ?

Solution. — Le capital qui produit 6 fr. en 360 jours est 100 fr.

Le capital qui produit 1 fr. en 360 jours est $\dfrac{100}{6}$ fr.

Le capital qui produit 1 fr. en 1 jour est $\dfrac{100 \times 360}{6}$ fr.

Le capital qui produit 1 fr. en 1 240 jours est $\dfrac{100 \times 360}{6 \times 1\,240}$ fr.

Le capital qui produit 1 746^f,60 en 1 240 jours est $\dfrac{100 \times 360 \times 1\,746,60}{6 \times 1\,240}$ fr.

C'est-à-dire : 8 451^f,30.

77. **Problème IV.** — Pendant combien de temps faut-il laisser placée une somme de 9 765 fr. à 3^f,50 0/0 pour qu'elle produise un intérêt de 1 123^f,40 ?

Solution. — Il faut à 100 fr. de capital pour rapporter 3^f,50 un laps de temps de 12 mois.

Il faut à 1 fr. de capital pour rapporter 3^f,50 un laps de temps de 12×100 mois.

Il faut à 1 fr. de capital pour rapporter 1 fr. un laps de temps de $\dfrac{12 \times 100}{3,50}$ mois.

Il faut à 9 765 fr. de capital pour rapporter 1 fr. un laps de temps de $\dfrac{12 \times 100}{3,50 \times 9\,765}$ mois.

Il faut à 9 765 fr. de capital pour rapporter 1 123^f,40 un laps de temps de $\dfrac{12 \times 100 \times 1\,123,40}{3,50 \times 9\,765}$ mois.

C'est-à-dire : 39 mois 44 ;
Ou bien : 3 ans 3 mois 13 jours.

PARTAGES PROPORTIONNELS.

78. **Problème I.** — Trois négociants se sont associés pour une entreprise ; A y a engagé 12 000 fr., B 17 000 fr. et C 28 000 fr. ; le bénéfice s'est trouvé être 6 555 fr. Quelle est la part de chacun ?

Solution. — Si nous appelons a, b, c, ces parts, comme elles sont évidemment proportionnelles aux sommes engagées nous avons :

$$\frac{a}{12\,000} = \frac{b}{17\,000} = \frac{c}{28\,000} = \frac{6\,555}{57\,000}$$

D'où

$$a = \frac{12\,000 \times 6\,555}{57\,000} = 1\,380 \text{ fr.}$$

$$b = \frac{17\,000 \times 6\,555}{57\,000} = 1\,955 \text{ fr.}$$

$$c = \frac{28\,000 \times 6\,555}{57\,000} = 3\,220 \text{ fr.}$$

79. Problème II. — Pour le passage d'un pont il faut payer $0^f,15$ par voiture atteléede deux chevaux ; $0^f,10$ par voiture à un cheval ; $0^f,05$ par cavalier et $0^f,03$ par piéton. Dans le cours d'un mois le nombre des voitures à 2 chevaux a été les $\frac{2}{5}$ de celui des voitures à 1 cheval ; le nombre des voitures à 1 cheval a été les $\frac{3}{11}$ du nombre des cavaliers ; le nombre des cavaliers a été les $\frac{5}{27}$ de celui des piétons.

La recette mensuelle a été de $337^f,44$. On demande combien il y a eu de passages de chaque catégorie ?

Solution. — Dans le cours du mois il y a eu une certaine quantité de piétons :

Le nombre des cavaliers sera les $\frac{5}{27}$ de cette quantité, le nombre des voitures à 1 cheval sera les $\frac{5}{27} \times \frac{3}{11}$ de cette quantité ; le nombre des voitures à 2 chevaux en sera les $\frac{5}{27} \times \frac{3}{11} \times \frac{2}{5}$; par suite, la somme totale des passages est donc :

$$1 + \frac{5}{27} + \frac{5}{99} + \frac{2}{99} \text{ de celle des piétons.}$$

C'est-à-dire :

$$\frac{297}{297} + \frac{55}{297} + \frac{15}{297} + \frac{6}{297} = \frac{373}{297} \text{ de celle des piétons.}$$

En sorte que si chaque 297ᵉ représentait un passage le nombre des piétons serait 297, celui des cavaliers 55, celui des voitures à un cheval 15 et celui des voitures à 2 chevaux 6.

La somme donnée par les piétons serait :

$$297 \times 0{,}03 = 8^f{,}91$$

La somme donnée par les cavaliers :

$$55 \times 0{,}05 = 2^f{,}75$$

La somme donnée par les voitures à 1 cheval :

$$15 \times 0{,}10 = 1^f{,}50$$

La somme donnée par les voitures à 2 chevaux :

$$6 \times 0{,}15 = 0^f{,}90$$

Et dans ces conditions la recette totale serait $14^f{,}06$.

Raisonnant comme au problème 78 nous aurons donc :

Nombre des piétons $= \dfrac{297 \times 337{,}44}{14{,}06} = 7128$

Nombre des cavaliers $= \dfrac{55 \times 337{,}44}{14{,}06} = 1320$

Nombre voitures à 1 cheval $= \dfrac{15 \times 337{,}44}{14{,}06} = 360$

Nombre voitures à 2 chevaux $= \dfrac{6 \times 337{,}44}{14{,}06} = 144$

80. Problème III. — Deux cultivateurs se sont associés pour l'achat d'une machine à battre qui leur a coûté 530 francs.

Chaque année le premier se sert de la machine pendant 24 jours de 9 heures de travail par jour; le second s'en sert pendant 21 jours de 12 heures de travail par jour. Pour quelle somme chacun des deux doit-il contribuer au paiement de la machine?

Solution. — Le premier se sert de la machine pendant $24 \times 9 = 216$ heures.

Le second se sert de la machine pendant $21 \times 12 = 252$ heures. Or, pour $216 + 252 = 468$ heures ils doivent payer à eux deux 550 francs; par suite :

Le premier cultivateur paiera $\dfrac{550 \times 216}{468} = 253^f,85$

Le second cultivateur paiera $\dfrac{550 \times 252}{468} = 296^f,15$

PROBLÈMES D'ARITHMÉTIQUE RÉSOLUS.

Problème I. — Deux capitaux proportionnels aux nombres 185 et 248 ont été placés, le premier à 5 1/2 0/0 pendant 9 mois 10 jours, le second à 4 0/0 pendant 15 mois 20 jours. Déterminer la valeur de chacun d'eux sachant que la somme de leurs intérêts est 2986^f,50.

Solution :

185 fr. placés dans les conditions indiquées rapportent	7^f,914
248 fr. — —	12^f,951
433 fr. auraient donc produit	20^f,865

Les deux capitaux ont donc une valeur totale de :

$$433 \times \frac{2986^f,50}{20,865} = 61977 \text{ fr.}$$

Nous avons donc à partager cette somme en deux autres qui soient entre elles comme 185 est à 248, par suite :

Le premier capital est : $61977 \times \dfrac{185}{433} = 26479^f,78$

Le second capital est : $61977 \times \dfrac{248}{433} = 35497^f,22$

Problème II. — Deux robinets A et B coulant en plein rempliraient un bassin A en 1^{h}20^m, B en 1^{h}50^m. Si on réduit aux $\dfrac{2}{3}$ le débit de A, à combien faut-il réduire celui de B pour que le bassin soit rempli en 1^{h}4^m ?

Solution. — A fonctionnant en plein remplit, en 1^m, $\dfrac{1}{80}$ du bassin ; A fonctionnant réduit en remplit, en 1^m, $\dfrac{1}{120}$.

Donc B doit, en 1^m, en remplir $\dfrac{1}{64} - \dfrac{1}{120} = \dfrac{7}{960}$

Or quand B fonctionne en plein il en remplit, en 1^m, $\dfrac{1}{110}$; donc son débit doit être réduit dans la proportion de $\dfrac{7}{960}$ à $\dfrac{1}{110}$, c'est-à-dire de 77 à 96.

Problème III. — Deux robinets A et B dont les débits sont proportionnels à 7 et 11 emploient à eux deux 56 minutes pour remplir un bassin. En y faisant couler, en même temps, un troisième robinet C, la durée de remplissage est réduite à 33 minutes : Combien de temps faudrait-il à A et C coulant ensemble ?

Solution :

A la durée 56 minutes correspond un débit 18

— 33 minutes — — $18 \times \dfrac{56}{33}$

Le débit du troisième robinet est donc :

$$18 \times \dfrac{56}{33} - 18 = 18 \times \dfrac{23}{33}$$

et le débit de A + C est : $7 + 18 \times \dfrac{23}{33}$

par suite la durée du remplissage sera :

$$56^m \times \dfrac{18}{7 + 18 \times \dfrac{23}{33}} = 51^m,30$$

Problème IV. — Trois équipes d'ouvriers feraient un certain ouvrage, la première en 21 jours, la deuxième en 18 jours, la troisième en 13 jours. Combien de temps faudrait-il si on employait à la fois les $\dfrac{4}{7}$ de la première, les $\dfrac{3}{5}$ de la seconde et les $\dfrac{2}{3}$ de la troisième ?

Solution. — La première ainsi réduite emploierait pour tout l'ouvrage $21^j \times \frac{7}{4}$ et par conséquent ferait en un jour $\frac{4}{21 \times 7}$ ou $\frac{4}{147}$ de l'ouvrage entier ; la seconde : $\frac{3}{18 \times 5}$ ou $\frac{1}{30}$ et la troisième équipe $\frac{2}{13 \times 3}$ ou $\frac{2}{39}$.

Les trois équipes réduites faisant par jour $\frac{4}{147} + \frac{1}{30} + \frac{2}{39}$ c'est-à-dire $\frac{6411}{57\,330}$ de l'ouvrage, elles le termineront en $\frac{57330}{6411}$ jours ou : $8^j,94$.

Problème V. — Deux nombres dont la somme est 1287 sont tels que si on partage le premier en parties proportionnelles à $\frac{3}{4}$ et à $\frac{5}{9}$ et le second en parties proportionelles à 2 et 3, les deux petites parties sont égales : Quels sont ces nombres ?

Solution. — Ces deux parties représentent, la première les $\frac{20}{47}$ du premier nombre, la seconde les $\frac{2}{7}$ du second. Si $\frac{20}{47}$ du premier nombre $= \frac{2}{7}$ du second, le premier nombre tout entier vaut les $\frac{47}{20}$ des $\frac{2}{7}$ ou les $\frac{47}{70}$ du second.

Donc 1287 représente les $\frac{117}{70}$ du deuxième nombre, celui-ci vaut $1287 \times \frac{70}{117} = 770$

Les deux nombres cherchés sont donc :

$$\begin{cases} 770 \\ 517 \end{cases}$$

Problème VI. — Combien de métal fin doit-on ajouter à un lingot, dont on comptait tirer 72640 fr. en monnaies divisionnaires, pour le rendre apte à la fabrication de pièces de 5 fr. et quelle somme en tirera-t-on ?

Solution :

Poids du lingot : $72640 \times 0,005 = 363^k,200$
Poids du cuivre ; $363^k,200 \times 0,165 = 59^k,928$
Poids du lingot après l'opération : $599^k,280$
Poids d'argent ajouté : $599^k,280 - 363^k,200 = 236^k,080$

Valeur du lingot : $\dfrac{599280}{5} = 119856$ fr.

Problème VII. — Deux lingots, l'un au titre $\dfrac{750}{1000}$, l'autre titre $\dfrac{840}{1000}$, ont des poids égaux. On affine le premier en lui enlevant $\dfrac{1}{5}$ de son cuivre, on affine également le second en lui enlevant $\dfrac{1}{4}$ de son cuivre ; puis on fond ensemble les deux lingots : quel sera le titre de l'alliage ainsi obtenu?

Solution. — Soit 1 k. le poids du premier lingot. Après l'affinage il pèse $0^k,950$ et contient $0^k,750$ de métal précieux.

Soit 1 k. le poids du second lingot ; après l'affinage, il pèse $0^k,960$ et contient $0^k,840$ de métal précieux.

Par suite, par $1^k,910$ d'alliage final il y a $1^k,590$ de métal précieux et son titre est $\dfrac{1590}{1910} = 0,832$.

Problème VIII. — Deux capitaux dont la valeur totale est 10704 fr. ont été placés : le premier à 4 0/0 pendant 11 mois, le deuxième à 6 0/0 pendant 17 mois. Déterminer la valeur de chacun d'eux sachant que la somme de leurs intérêts est $683^f,62$?

Solution. — Supposons les deux capitaux égaux :

l'intérêt du premier serait $5352 \times 0,04 \times \dfrac{11}{12} = 196^f,26$

l'intérêt du deuxième serait $5352 \times 0,06 \times \dfrac{17}{12} = 454^f,92$

et la somme des intérêts sera $\quad\quad\quad\quad\quad\quad\quad 651^f,18$

Valeur inférieure de $32^f,44$ à la somme donnée.

Si on accroît de 100 fr. le deuxième capital, l'intérêt total augmente de $8^f,50 - 3^f,667 = 4^f,833$; on voit donc qu'il faut l'accroître de $100 \text{ fr.} \times \dfrac{32,44}{4,833} = 671^f,63$; le second capital vaut donc 6024 fr. et le premier 4680 fr.

Problème IX. — Deux capitaux d'une valeur totale de 68574^f, ont été placés, le premier à $3^f,82$ 0/0 pendant 9 mois 20 jours et le second à $4^f,56$ 0/0 pendant 11 mois 10 jours, déterminer leurs valeurs respectives sachant qu'ils ont rapporté des intérêts égaux ?

Solution :

Intérêt de 100 fr. à $3,82 = 3,82 \times \dfrac{290}{360} = 3,0772$

Intérêt de 100 fr. à $4,56 = 4,56 \times \dfrac{340}{360} = 4,3067$

Somme des intérêts $\qquad\qquad\qquad\qquad\quad 7,3839$

Le premier capital est donc : $68574 \times \dfrac{4,3067}{7,3839} = 39997$ francs.

Le second capital est donc : $68574 \times \dfrac{3,0772}{7,3839} = 28577$ francs.

Problème X. — Un capital A a été placé d'abord à un taux inconnu x pendant 5 mois 10 jours. Accru de l'intérêt, il a été ensuite placé à $5^f,50$ 0/0 pendant 4 mois 20 jours. Déterminer x sachant que l'intérêt *total* a été le même que si le capital avait été placé pendant 10 mois à 4,75 pour cent ?

Solution. — L'intérêt total $= \dfrac{10}{12} \times 0,0475$ du capital A, c'est-à-dire 0,0396 du capital A.

Il comprend : 1° l'intérêt rapporté pendant la première période soit : $\dfrac{160}{360}$ de $x \times A$; 2° l'intérêt rapporté pendant la deuxième période, lequel se compose de l'intérêt de A soit : $\dfrac{140}{360} \times 0,055$ ou $0,0214$ A et de l'intérêt de l'intérêt, soit : $0,0214$ de $\dfrac{4}{9} x$ A c'est-à-dire : $0,00951 . x . A$.

On a donc :

$$0{,}0396 \, A = \frac{4}{9} \cdot x \cdot A + 0{,}0214 \cdot A + 0{,}00951 \cdot x \cdot A$$

ou bien : $0{,}45351 \cdot x \cdot A = 0{,}0396 \cdot A - 0{,}0214 \, A$
et enfin : $x = 4{,}1 \, 0/0$.

Problème XI. — Deux fûts A et B contiennent en tout pour 204 fr. 05 de vin à 58 fr. 30 l'hectolitre. Déterminer leurs contenances respectives sachant que les $\frac{2}{9}$ de la capacité du premier équivalent aux $\frac{4}{7}$ de la capacité du deuxième ?

Solution. — $\frac{2}{9}$ de A équivalent à $\frac{4}{7}$ de B, donc $\frac{9}{9}$ de A équivalent à $\frac{4}{7} \times \frac{9}{2}$ de B, c'est-à-dire à $\frac{18}{7}$ de B ; par suite, si on prend pour unité la capacité de B, celle de A est représentée par $\frac{18}{7}$.

La question revient donc à partager la capacité totale qui est $\frac{204{,}05}{58{,}30} = 350$ litres en partie proportionnelles à 7 et à 18.

$$B \text{ contient donc : } 350 \times \frac{7}{25} = 98 \text{ litres}$$

$$\text{et A contient : } 350 \times \frac{18}{25} = 252 \text{ litres}$$

Problème XII. — D'un lingot pesant $8^k,500$ et de titre inconnu on a retiré les trois quarts du métal fin pour les ajouter à un lingot pesant $12^k,500$, dont le titre a été porté ainsi de 0,460 à 0,632. Quel était le titre du premier lingot ?

Solution. — Le poids du métal vil du deuxième lingot est : $12^k,5 \times 0{,}54$ c'est-à-dire $6^k,750$.

Le poids total de ce lingot après l'opération $= \frac{6{,}750}{0{,}368} = 18^k,342$.

Il a donc été ajouté : $18^k,342 - 12^k,500 = 5^k,842$ de métal fin.

Ainsi, le poids du métal fin contenu d'abord dans le premier lingot était $\frac{4}{3} \times 5^k,842 = 7^k,788$.

Son titre était donc : $\dfrac{7^k,788}{8^k,500} = 0,916$.

PROBLÈMES A RÉSOUDRE.

Problème I. — Trois objets A, B, C ont coûté en tout 1041 fr. 21 ; les $\dfrac{2}{3}$ du prix de A excèdent de 54 francs les $\dfrac{3}{4}$ du prix de B et le prix de C est à celui de B comme 7 est à 5 : Combien a coûté chaque objet ?

Réponse :   A = 387 fr. 45
                    B = 272 fr. 40
                    C = 381 fr. 36

Problème II. — Deux capitaux A et B dont la valeur totale est de 108 000 francs ont été placés pendant 9 mois, le premier à 4,5 0/0, le second à 5,5 0/0 ; déterminer la valeur de chacun d'eux, sachant que la somme des intérêts est 3 942 fr. ?

Réponse :   A = 68 400 fr.
                   B = 39 600 fr.

Problème III. — Combien de cuivre faut-il ajouter à des lingots, dont on comptait faire 475 800 francs en pièces de 5 francs, pour les approprier à la confection de monnaies divisionnaires et quelle somme en tirera-t-on ?

Réponse : Poids du cuivre : $185^k,20$.
           Valeur de la monnaie : 512 840 francs.

Problème IV. — Un siphon A, à écoulement constant, viderait un bassin en $1^h 40^m$; un robinet B le remplirait en $0^h 48^m$. A vide d'abord les $\dfrac{7}{20}$ du bassin, après quoi on réduit son débit à la moitié et on ouvre B. Au bout de combien de temps le bassin sera-t-il rempli de nouveau?

Réponse : $22^m 6^s$.

Problème V. — Avec deux liquides A et B, dont les densités sont 0,94 et 1,24, on a composé deux mélanges ; le premier renferme 1 kilogr. de A et 1 litre de B ; le second renferme 1 litre de A et 1 kilo de B ; si on mêle ces deux mélanges à volumes égaux quelle sera la densité du mélange définitif ?

Réponse : densité $= 1,0796$.

Problème VI. — Une personne emprunte 100 000 francs à 4,5 0/0 ; au bout de quelque temps elle trouve à emprunter la même somme à 4 0/0. Elle rembourse le premier créancier et n'a ainsi à payer au bout de l'année que 412 fr. 50. Pendant combien de temps a-t-elle payé 4,5 0/0 ?

Réponse : 3 mois.

Problème VII. — Une personne possède 100 000 francs. Elle achète d'abord une maison, puis place un quart de ce qui lui reste à 3,5 0/0, avec le reliquat elle achète des obligations valant 450 francs et rapportant 13 fr. 70 par an. Elle se fait ainsi un revenu de 2 274 francs. On demande le prix de la maison, la somme placée à 3,5 0/0 et le nombre d'obligations ?

Réponse : Prix de la maison $= 28 000$ francs.
Somme à 3,5 0/0 $= 18 000$
Nombre des obligations $= 120$.

Problème VIII. — Une personne a acheté pour 250 000 francs un terrain de 1 hectare 35 ares 63 centiares, elle l'a revendu en trois lots égaux, le premier à raison de 18 fr. 30 le mètre carré, le second à raison de 19 fr. 60 le mètre carré, le troisième à raison de 21 fr. 50 le mètre carré. On demande combien elle a gagné pour cent ?

Réponse : 7 fr. 418 pour cent.

Problème IX. — Partager une somme de 48 000 francs entre trois enfants ayant 20 ans, 16 ans et 14 ans, en raison inverse de leurs âges?

Réponse : La part de l'aîné est : 13 048 fr. 54.
La part du second est : 16 310 fr. 67.
La part du plus jeune est : 18 640 fr. 80.

Problème X. — Une personne achète, à raison de 1 fr. 25 le mètre carré, un terrain de $2^{ba}3^{a}25^{ca}$, pour le payer elle est obligée de retirer une somme placée à 2,5 0/0. En y ajoutant les intérêts rapportés par cette somme pendant 9 mois, il lui reste après le paiement un total de 400 francs; quelle était la somme placée?

Réponse : 25 331 fr. 28.

Problème XI. — On a acheté pour 164 000 francs une maison, une ferme et un bois. Le prix de la maison excède de 26 400 francs celui de la ferme, et si on avait payé la première 16 0/0 de plus on n'aurait pu acheter le bois; quel est le prix de chaque lot?

Réponse : Prix de la maison = 84 898 francs.
Prix de la ferme = 58 498 francs.
Prix du bois = 20 604 francs.

Problème XII. — Trois sommes A, B, C étaient d'abord proportionnelles aux nombres 8, $5\frac{3}{4}$ et 7,8. On place A au taux de 6 0/0 pendant trois ans, B à un taux x pendant 2 ans 8 mois et C à 4 0/0 pendant un temps inconnu y. Déterminer : 1° x et y sachant que les valeurs proportionnelles des trois sommes accrues de leurs intérêts simples sont demeurées les mêmes; 2° A + B + C valant 10 775 francs, calculer la valeur de chaque somme.

Réponse : $x = 6\frac{3}{4}$ 0/0, $y = 4$ ans, 6 mois.
A = 4000 fr. B = 2875 fr. C = 3900 fr.

Problème XIII. — On a un alliage de plomb et d'antimoine pesant 315 kilogrammes, contenant 4 parties de plomb pour 11 d'antimoine : Quelle quantité de plomb faudrait-il ajouter pour que le rapport devient inverse ?

Réponse :   551^k,25.

Problème XIV. — Deux capitaux d'une valeur totale de 94 500 francs sont tels que si on plaçait les $\frac{2}{5}$ du premier à 6 0/0 pendant 9 mois 10 jours et les $\frac{4}{7}$ du second à 4,5 0/0 pendant 8 mois 20 jours les intérêts rapportés seraient égaux : Quels sont ces capitaux ?

Réponse :   47 129 francs.
                         47 371 francs.

Problème XV. — Deux capitaux dont la valeur totale est 63 100 francs ont été placés le premier à 4 0/0, le second à 6 0/0 pendant 10 mois 5 jours : Déterminer leurs valeurs respectives sachant que la somme des intérêts est : 2 573 fr. 86 ?

Réponse :   37 400 francs.
                         25 700 francs.

Problème XVI. — Trois négociants ont engagé dans une même affaire, le premier 65 400 francs pendant 19 mois, le second une somme inconnue x pendant 17 mois 10 jours, le troisième 46 500 francs pendant un temps inconnu y. Déterminer x et y sachant que les bénéfices ont été partagés proportionnellement aux fractions $\frac{5}{8}, \frac{5}{9}, \frac{5}{11}$?

Réponse : $x = 63\,736$ francs.
                         $y = 19$ mois 13 jours.

Problème XVII. — Quel poids de cuivre faut-il ajouter à un lingot pesant 2^k,730 au titre $\frac{750}{1000}$ pour l'amener à la densité

12,8 sachant que la densité de l'or pur est 19,5 et que celle du cuivre est 8,8?

Réponse : $0^k,661$.

Problème XVIII. — Deux personnes ont engagé dans la même affaire, la première 6 850 francs pendant 2 ans 5 mois, la seconde une somme inconnue pendant 3 ans 1 mois. Déterminer cette somme sachant que sur un bénéfice de 1 000 francs la première personne a touché 742 francs.

Réponse : 1 866 fr. 82.

Problème XIX. — Un négociant achète 800 tonnes de charbon; le quart de ce charbon lui revient à 22 francs la tonne, le tiers à 23 fr. 25 et le reste à 24 francs. Il en vend $\frac{1}{5}$ sur place à raison de 24 fr. 50 la tonne; le reste est vendu à l'étranger, mais les frais de transport lui revenant à 2 francs la tonne, il en demande un prix tel qu'il réalise sur le prix d'achat total de 800 tonnes un bénéfice de 30 0/0. Quel est ce prix?

Réponse : 33 fr. 65.

Problème XX. — Un marchand a acheté 60 litres de vin à 0 fr. 20 le litre, 50 litres à 0 fr. 18 le litre et 40 litres à 0 fr. 23. Il met le tout dans une barrique qu'il achève de remplir avec de l'eau et vend l'hectolitre du mélange 12 fr. 22 en gagnant 37 0/0. Combien a-t-il ajouté d'eau à son vin?

Réponse : 65 litres d'eau.

GÉOMÉTRIE

MESURE DES SURFACES ET DES VOLUMES

TITRE I

MESURE DES SURFACES

CHAPITRE PREMIER

SURFACES PLANES

Aire. — On appelle *aire* l'étendue d'une portion limitée de surface.

Figures égales. — Quand deux figures peuvent se superposer, elles sont dites : *égales*.

Figures équivalentes. — Quand deux figures non superposables ont des aires égales, elles sont dites : *équivalentes*.

RECTANGLE.

1. **Théorème I.** — *Si deux rectangles de même base ont des hauteurs égales ils sont égaux.*

Ils sont en effet superposables.

2. Théorème II. — *Si trois rectangles de même base sont tels que la hauteur du premier soit égale à la somme des hauteurs des deux autres, le premier rectangle est égal à la somme des deux autres.*

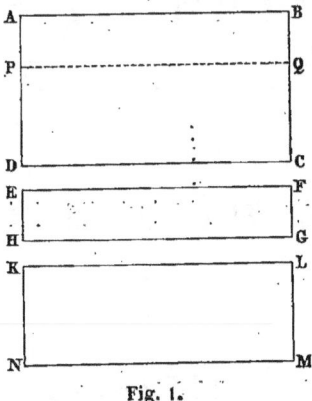

Fig. 1.

Imaginons les trois rectangles ABCD, EFGH, KLMN satisfaisant aux hypothèses de l'énoncé (fig. 1), prenons AP = EH et menons PQ parallèle à CD. Le rectangle ABCD se trouve décomposé en deux autres, égaux respectivement aux rectangles donnés, en vertu du théorème précédent, il est donc bien égal à leur somme.

3. Théorème III. — *Le rapport des aires de deux rectangles de même base est égal au rapport de leurs hauteurs.*

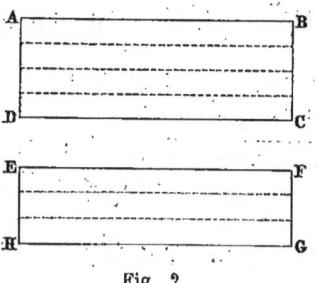

Fig. 2.

Soient ABCD, EFGH les deux rectangles proposés (fig. 2). Supposons que leurs hauteurs AD et EH admettent une commune mesure contenue 4 fois dans la première et 3 fois dans la seconde, nous avons donc :

(1) $$\frac{AD}{EH} = \frac{4}{3}$$

Par les points de division menons des parallèles aux bases, nous décomposons ainsi chacun des rectangles en une série de petits rectangles tous égaux entre eux, ABCD en contient quatre et EFGH trois, dès lors :

(2) $$\frac{ABCD}{EFGH} = \frac{4}{3}$$

et des proportions (1) et (2) nous concluons :

$$\frac{ABCD}{EFGH} = \frac{AD}{EH}$$

4. **Remarque.** — On démontre encore par des considérations de limites que le théorème est également vrai dans le cas où les hauteurs AD et EH n'admettent pas de commune mesure.

5. **Corollaire.** — Puisque l'une ou l'autre des deux dimensions d'un rectangle peut être prise pour base, on peut dire aussi :

Le rapport des aires de deux rectangles de même hauteur est égal au rapport de leurs bases.

6. **Théorème IV.** — *Deux rectangles quelconques sont entre eux comme les produits de leurs bases par leurs hauteurs.*

Imaginons deux rectangles ayant pour dimensions :

Le premier   B et H
Le deuxième   B' et H'

On peut concevoir un troisième rectangle ayant comme dimensions B et H', c'est-à-dire la base de l'un et la hauteur de l'autre ; en vertu du théorème précédent on a :

$$\frac{\text{aire du 1}^{er}\text{ rectangle}}{\text{aire du 3}^{e}\text{ rectangle}} = \frac{H}{H'}$$

et aussi :

$$\frac{\text{aire du 3}^{e}\text{ rectangle}}{\text{aire du 2}^{e}\text{ rectangle}} = \frac{B}{B'}$$

Multiplions ces deux proportions membre à membre il vient :

(1) $$\frac{\text{aire du 1}^{\text{er}}\text{rectangle}}{\text{aire du 2}^{\text{e}}\text{ rectangle}} = \frac{B.H}{B'.H'}$$

7. Théorème V. — *L'aire d'un rectangle a pour valeur le produit de sa base par sa hauteur si l'on convient de prendre pour unité d'aire celle du carré construit sur l'unité de longueur.*

En effet, si dans l'expression (1) qui précède on fait $B' = H' = 1$ et qu'on pose : aire du 2ᵉ rectangle $= 1$ il vient :

$$\text{aire du 1}^{\text{er}}\text{ rectangle} = B \times H$$

8. Corollaire. — La surface du carré se mesure par le carré de son côté.

Application I. — Calculer l'aire d'un rectangle de 5 mètres de base et de 6 mètres de hauteur ?

$$S = 5 \times 6 = 30 \text{ mètres carrés.}$$

Application II. — Calculer l'aire d'un carré de 8 mètres de côté ?

$$S = 8^2 = 64 \text{ mètres carrés.}$$

PARALLÉLOGRAMME.

9. Théorème VI. — *L'aire d'un parallélogramme a pour valeur le produit de sa base par sa hauteur.*

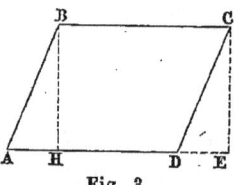

Fig. 3.

Soit ABCD (fig. 3) le parallélogramme donné.

Des points B et C menons les perpendiculaires BH et CE sur le côté opposé ; nous formons ainsi un rectangle HBCE qui est équivalent au parallélogramme donné, car il a en moins l'aire du triangle ABH, et en plus, celle du triangle DCE. Ces deux triangles sont égaux car ils sont superposables. La base HE du rectangle est égale à la base AD du parallélogramme, mais :

$$\text{aire rectangle HBCE} = \text{HE} \times \text{BH}$$

donc :
$$\text{aire parallélogramme} = HE \times BH$$
ou bien :
$$\text{aire parallélogramme} = AD \times BH.$$

Application. — Calculer l'aire d'un parallélogramme dont la base AD est de 4 mètres et la hauteur BH de 3 mètres ?
$$S = 4 \times 3 = 12 \text{ mètres carrés.}$$

TRIANGLE.

10. **Théorème VII.** — *L'aire d'un triangle a pour valeur le demi-produit de sa base par sa hauteur.*

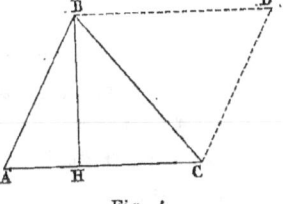

Le triangle ABC est en effet la moitié du parallélogramme de même base et de même hauteur (fig. 4).

Fig. 4.

Application. — Quelle est l'aire d'un triangle ayant 7 mètres de base et 6 mètres de hauteur ?
$$S = \frac{1}{2} \times 7 \times 6 = 21 \text{ mètres carrés}$$

TRAPÈZE.

11. **Théorème VIII.** — *L'aire d'un trapèze a pour valeur le produit de la demi-somme des bases par la hauteur.*

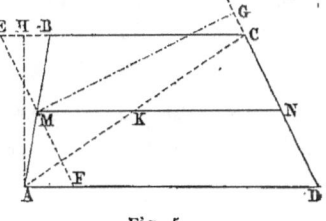

Considérons le trapèze ABCD (fig. 5) et menons la diagonale AC. L'aire du trapèze proposé est égale à la somme des aires des triangles ABC et ACD ; chacun a pour mesure le demi produit de l'une des bases par la hauteur commune AH. Donc :

Fig. 5.

$$\text{aire trapèze} = \frac{1}{2} B \times H + \frac{1}{2} b \times H = \frac{B + b}{2} \times H$$

12. Remarque I. — Par le point M milieu de AB, menons MN parallèle aux bases, nous avons :

$$MK = \frac{b}{2} \quad \text{et} \quad KN = \frac{B}{2}$$

par suite

$$\text{aire trapèze} = MN \times H$$

Ce qui s'énonce ainsi :

L'aire d'un trapèze a pour valeur le produit de la hauteur par la droite qui joint les milieux des deux côtés.

13. Remarque II. — Par le point M menons la parallèle EF au côté CD, nous formons ainsi un parallélogramme ECDF équivalent au trapèze proposé, car les deux triangles EMB, AMF sont égaux.

La surface du parallélogramme ECDF a pour valeur sa base CD multipliée par la hauteur MG, on peut donc dire aussi :

L'aire d'un trapèze est égale au produit d'un des côtés non parallèles par la perpendiculaire abaissée du milieu de l'autre côté sur lui.

Application. — Supposons que sur la figure (5) BC représente à une certaine échelle une longueur de 6 mètres et qu'à la même échelle la valeur de AD soit 10 mètres et celle de AH 5 mètres, nous aurons :

$$\text{Surface trapèze} = \frac{6+10}{2} \times 5 = 40 \text{ mètres carrés.}$$

Mesurée à la même échelle nous trouverions que la longueur MN vaut 8 mètres et le produit : $MN \times AH = 8 \times 5 = 40$ mètres carrés, donne bien la valeur de la surface du trapèze déterminée par la première méthode.

Enfin, à la même échelle nous trouverions :

$$CD = 6^m,25 \quad \text{et} \quad MG = 6^m,40$$

et le produit $CD \times MG = 6^m,25 \times 6^m,40 = 40$ mètres carrés est bien encore le résultat que nous ont donné les deux méthodes précédentes.

POLYGONES QUELCONQUES.

14. On mène une diagonale quelconque AD (fig. 6) et de tous les autres sommets, on abaisse des perpendiculaires sur cette diagonale. On décompose ainsi la figure en trapèzes et triangles qu'on mesure séparément et dont la somme donne l'aire du polygone proposé.

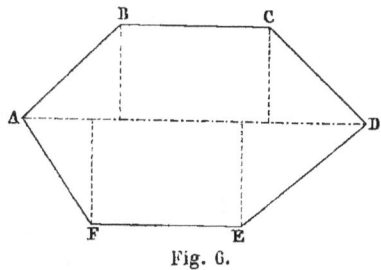

Fig. 6.

15. Aire d'une figure plane terminée par une courbe quelconque. — La méthode précédente peut également être appliquée à une surface circonscrite par une courbe quelconque (fig. 7). On mènera un diamètre AB et par des points de division également espacés et suffisamment voisins les uns des autres on lui mènera des perpendiculaires. On considérera comme des triangles ou des trapèzes chacune des surfaces élémentaires ainsi déterminées dont la somme donnera l'aire cherchée.

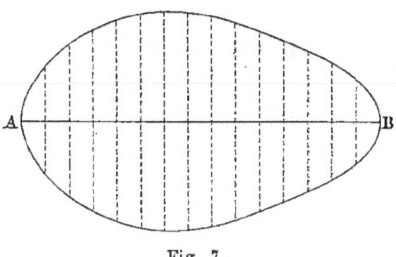

Fig. 7.

16. Remarque. — Si on évalue l'aire d'un trapèze élémentaire par la formule de la demi-somme des bases multipliée par la hauteur on a une approximation par *défaut* si la courbe est convexe, et par *excès* si elle est concave (fig. 8).

Par la formule de la ligne moyenne multipliée par la

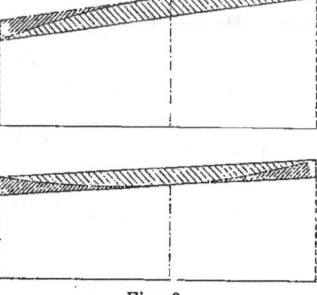

Fig. 8.

hauteur on voit que l'approximation est de sens contraire mais qu'avec cette méthode le résultat est toujours plus exact.

Application. — Proposons-nous d'évaluer par ce procédé l'aire du quart de cercle ayant un mètre de rayon.

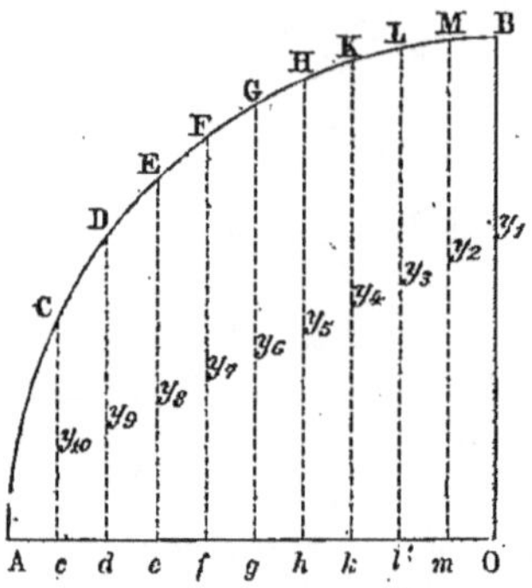

Divisons (fig. 9) le rayon en 10 parties égales, nous trouvons pour valeur des ordonnées :

$y_1 = 1 \qquad y_2 = 0,995$
$y_3 = 0,980 \qquad y_4 = 0,954$
$y_5 = 0,917 \qquad y_6 = 0,866$
$y_7 = 0,800 \qquad y_8 = 0,714$
$y_9 = 0,600 \qquad y_{10} = 0,436$
$y_{11} = 0$

Fig. 9.

Les valeurs des surfaces élémentaires sont :

$$\text{Triangle } ACc = \frac{0,1 \times 0,436}{2} = 0^{mq},0218.$$

$$\text{Trapèze } CcdD = \frac{0,436 + 0,600}{2} \times 0,1 = 0^{mq},0518.$$

$$\text{Trapèze } DdeE = \frac{0,600 + 0,714}{2} \times 0,1 = 0^{mq},0657.$$

$$\text{Trapèze } EefF = \frac{0,714 + 0,800}{2} \times 0,1 = 0^{mq},0757.$$

$$\text{Trapèze } FfgG = \frac{0,800 + 0,866}{2} \times 0,1 = 0^{mq},0833.$$

$$\text{Trapèze } GghH = \frac{0,866 + 0,917}{2} \times 0,1 = 0^{mq},08915.$$

$$\text{Trapèze } HhkK = \frac{0,917 + 0,954}{2} \times 0,1 = 0^{mq},09355.$$

$$\text{Trapèze } KklL = \frac{0,954 + 0,980}{2} \times 0,1 = 0^{mq},0967.$$

$$\text{Trapèze } LlmM = \frac{0,980 + 0,995}{2} \times 0,1 = 0^{mq},09875.$$

$$\text{Trapèze } MmOB = \frac{0,995 + 1}{2} \times 0,1 = 0^{mq},09975.$$

La somme de toutes ces surfaces élémentaires donne :

$$S = 0^{mq},7762$$

GÉOMÉTRIE.

17. Formule de Simpson. — Le diamètre ayant été divisé en un nombre *pair* de parties, désignons par h l'intervalle constant entre deux ordonnées consécutives, par P la somme des ordonnées de rang *pair* et par I la somme des ordonnées de rang *impair*, autres que les extrêmes, augmentée de la demi-somme de ces ordonnées extrêmes ; on a, d'après Simpson, la formule suivante qui sert à évaluer une pareille surface :

$$S = h\left(P + I + \frac{P - I}{3}\right)$$

Appliquons cette formule à l'exemple précédent, nous aurons :

$$h = 0,1$$
$$P = 3,965$$
$$I = 3,297 + \frac{1+0}{2} = 3,297 + 0,5 = 3,797$$
$$\frac{1}{3}(P - I) = \frac{0,168}{3} = 0,056$$

donc :
$$S = 0,1\,(3,965 + 3,797 + 0,056) = 0,1 \times 7,818$$

c'est-à-dire
$$S = 0^{mq},7818$$

18. Formule de Poncelet. — Le diamètre ayant été divisé en un nombre pair de parties, h étant l'intervalle constant qui sépare deux ordonnées consécutives, P étant la somme de toutes les ordonnées de rang pair, E la somme des deux ordonnées extrêmes, E' la somme des deux ordonnées voisines des extrêmes, Poncelet donne la formule suivante pour la même surface :

$$S = h\left(2P + \frac{E - E'}{4}\right)$$

Si nous l'appliquons à l'exemple précédent, il vient :

$$h = 0,1$$
$$2P = 3,965 \times 2 = 7,930$$
$$\frac{1}{4}(E - E') = -0,108$$

par suite :
$$S = 0,1\,(7,930 - 0,108) = 0,1 \times 7,822$$
c'est-à-dire
$$S = 0^{mq},7822$$

19. Remarque. — La vraie valeur de la surface que nous venons d'étudier est $\frac{\pi}{4} = 0^{mq},7854$; on voit d'après cela que la formule de Poncelet est plus précise que celle de Simpson, de plus elle est d'un calcul plus rapide, puisqu'il n'y entre que les ordonnées de rang pair et les deux ordonnées extrêmes.

POLYGONES RÉGULIERS.

Un polygone régulier a tous ses sommets sur une même circonférence et tous ses côtés égaux ; son apothème est la distance du centre de la circonférence à l'un quelconque de ses côtés.

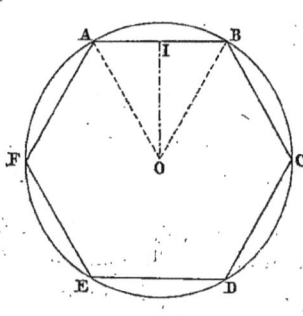

Fig. 10.

20. Théorème IX. — *L'aire d'un polygone régulier a pour valeur le produit de son périmètre par la moitié de son apothème.*

Soit ABCDEF le polygone régulier proposé (fig. 10).

Il est clair que la surface de ce polygone est la somme des triangles tels que AOB dont le nombre est égal à celui des côtés. Ces triangles étant tous égaux entre eux, nous avons :

$$S = n \times \text{surf. AOB} = n \times AB \times \frac{OI}{2} = P \times \frac{a}{2}$$

en désignant par n le nombre des côtés, par P le périmètre et par a l'apothème.

Application. — Calculer l'aire de l'hexagone régulier inscrit dans une circonférence de rayon égal à 2 mètres ?

On sait que, désignant le côté de l'hexagone par c, le rayon du cercle par R et l'apothème par a on a comme valeurs de ces lignes :

$$c = R$$
$$a = \frac{R}{2}\sqrt{3}$$

Par conséquent nous aurons :

S. hexagone $= 6 \times 2 \times \frac{2}{4}\sqrt{3} = 6 \times 1,732 = 10^{mq},392.$

CERCLE.

21. Théorème X. — *L'aire d'un cercle a pour valeur le produit de sa circonférence par la moitié du rayon.*

En effet, imaginons un polygone régulier inscrit dans ce cercle, soit P son périmètre, a son apothème, nous avons comme expression de la surface de ce polygone

$$S = P \times \frac{a}{2}$$

Si nous doublons indéfiniment le nombre des côtés de ce polygone, le périmètre tend vers sa limite qui est la circonférence, l'apothème tend vers la sienne qui est le rayon ; le périmètre et l'apothème atteindront en même temps leurs limites et on aura :

$$\text{Surface cercle} = 2\pi R \times \frac{R}{2} = \pi R^2$$

22. Remarque. — Exprimée en fonction du diamètre D du cercle, la valeur de cette surface est :

$$S = \frac{\pi D^2}{4}$$

Application. — Quelle est la surface d'un cercle de 2 mètres de rayon ?

$$S = \frac{3,1416 \times 4^2}{4} = 12^{mq},5664$$

SECTEUR CIRCULAIRE.

23. Théorème XI. — *L'aire d'un secteur circulaire a pour valeur le produit de son arc par la moitié du rayon.*

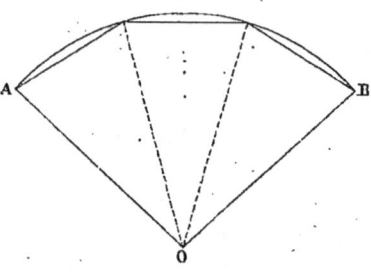

Fig. 11.

Soit AOB le secteur proposé (fig. 11), il peut être considéré comme la limite d'un secteur polygonal régulier inscrit, dont on augmente indéfiniment le nombre des côtés; nous avons donc :

$$\text{Aire secteur} = \text{limite } P \times \frac{a}{2} = \text{arc AB} \times \frac{R}{2}$$

Application. — Quelle est l'aire d'un secteur de 60 degrés dans un cercle de 2 mètres de rayon ?

Dans ce cas la longueur de l'arc vaut le sixième de la circonférence, nous aurons donc :

$$S = \frac{2 \times 3,1416 \times 2}{6} \times \frac{2}{2} = \frac{2}{3} \times 3,1416 = 2^{mq},0944$$

SEGMENT CIRCULAIRE.

24. Théorème XII. — *L'aire d'un segment circulaire a pour mesure le produit de la moitié du rayon par l'excès de la longueur de l'arc sur la moitié de la corde qui soutend l'arc double.*

Soit AMB le segment proposé (fig. 12) nous avons, d'après la figure :

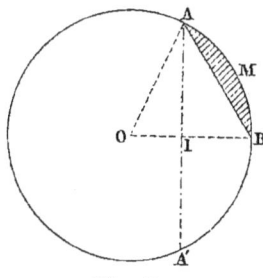

Fig. 12.

Surf. segm. AMB = surf. sect. AOB — surf. triangle AOB
par suite :

$$\text{Surf. segm. AMB} = \frac{R}{2} \times \text{arc AB} - \frac{1}{2} OB \times AI$$

c'est-à-dire :

$$\text{Surf. segm. AMB} = \frac{R}{2} \left(\text{arc AB} - \frac{AA'}{2} \right)$$

Application. — Quelle est la surface du segment circulaire correspondant au côté de l'hexagone inscrit dans un cercle de rayon égal à 2 mètres ?

Dans ce cas :

$$\text{Arc} = \frac{2\pi R}{6} = \frac{2 \times 3{,}1416 \times 2}{6} = 2{,}0944$$

$$\frac{1}{2} \text{ corde arc double} = \frac{R\sqrt{3}}{2} = \frac{2 \times 1{,}7320}{2} = 1^m{,}7320$$

Par suite :

$$S = \frac{2}{2}(2^m{,}0944 - 1^m{,}7320) = 0^{mq}{,}3624$$

RAPPORT DES AIRES DE DEUX FIGURES SEMBLABLES

25. Théorème XIII. — *Le rapport des aires de deux figures semblables est égal au carré du rapport de similitude.*

Considérons les deux triangles semblables ABC et A'B'C' (fig. 13); nous avons par hypothèse $\dfrac{AB}{A'B'} = \dfrac{BC}{B'C'}$ \hfill (1).

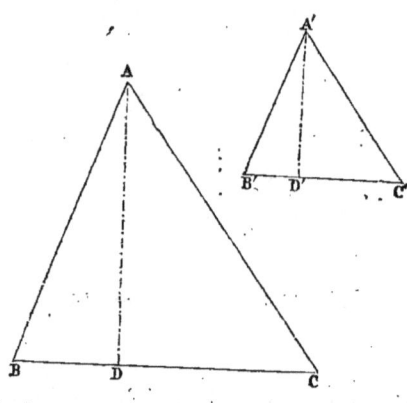

Fig. 13.

D'autre part nous avons aussi :
$$\begin{cases} \text{Surf. ABC} = \dfrac{1}{2} BC \times AD \\ \text{Surf. A'B'C'} = \dfrac{1}{2} B'C' \times A'D' \end{cases}$$

par suite : $\dfrac{\text{Surf. ABC}}{\text{Surf. A'B'C'}} = \dfrac{BC \times AD}{B'C' \times A'D'}$

mais les triangles ABD, A'B'D' sont semblables et donnent :

(2) $\qquad \dfrac{AD}{A'D'} = \dfrac{AB}{A'B'}$

Rapprochant la proportion (2) de la proportion (1)

nous concluons : $\dfrac{AD}{A'D'} = \dfrac{BC}{B'C'}$

et par conséquent $\dfrac{\text{surf. ABC}}{\text{surf. A'B'C'}} = \dfrac{\overline{BC}^2}{\overline{B'C'}^2}$

26. Le théorème étant démontré pour le cas de deux triangles, on l'étendra sans difficulté à deux polygones semblables quelconques qu'on peut toujours décomposer en un même nombre de triangles semblables et semblablement placés.

Application. — Dans quel rapport sont les surfaces de deux carrés ayant respectivement pour côtés 2 mètres et 5 mètres?

$$\frac{S}{S'} = \frac{2^2}{5^2} = \frac{4}{25}$$

CHAPITRE II

SURFACES LATÉRALES DES CORPS SOLIDES

PRISME.

Un prisme est un volume compris sous plusieurs plans parallélogrammes réunis entre eux par deux *bases* opposées qui sont des polygones égaux et parallèles.

Les faces latérales se coupent deux à deux suivant les lignes AA', BB', CC', etc..., qui sont toutes égales et parallèles (fig. 14).

La hauteur d'un prisme est la portion de la perpendiculaire commune aux plans des deux bases qu'elles comprennent entre elles.

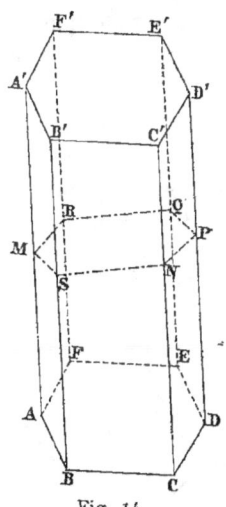

On appelle *section droite* le polygone MNPQRS dont les côtés sont formés par les intersections des faces latérales avec un plan perpendiculaire aux arêtes. Les côtés de ce polygone sont donc perpendiculaires aux arêtes qu'ils rencontrent et forment les hauteurs des parallélogrammes qui constituent les faces du solide.

Fig. 14.

L'*aire latérale* d'un prisme est la somme des surfaces des parallélogrammes.

27. Théorème XIV. — *L'aire latérale d'un prisme est égale au produit de son arête par le périmètre de sa section droite.*

De ce qui précède, on conclut évidemment (fig. 14) :

$$\text{Aire latérale} = \Sigma . \, AA' \times MS = AA' \times \Sigma . \, MS$$

28. Remarque. — Un prisme *droit* est un prisme dont les arêtes sont perpendiculaires aux plans des bases; la section droite, dans ce cas, n'est autre chose que la base elle-même.

Dans ces conditions l'aire latérale est égale au produit de l'arête (ou encore de la hauteur) par le périmètre de l'une des bases.

Application. — Calculer la surface latérale d'un prisme hexagonal régulier, droit, dont la base est inscrite dans un cercle de $1^m,50$ de rayon et dont la hauteur est de 5 mètres?

$$S = 6 \times 1,50 \times 5 = 45 \text{ mètres carrés.}$$

PARALLÉLIPIPÈDE.

29. C'est un prisme dont les bases sont des parallélogrammes.

Le parallélipipède *rectangle* est un parallélipipède *droit* dont les bases sont des rectangles.

PRISME TRIANGULAIRE.

C'est un prisme dont les bases sont des triangles.

30. Remarque. — Les aires latérales du parallélipipède et du prisme triangulaire s'obtiennent au moyen du théorème XIV ci-dessus.

PYRAMIDE.

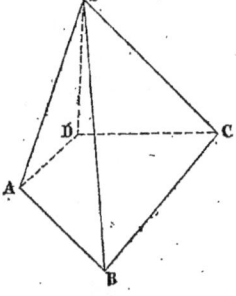

Fig. 15.

Une pyramide est la figure obtenue en joignant un même point, appelé *sommet*, aux sommets d'un polygone dont le plan ne contient pas ce point et qui prend le nom de *base* de la pyramide (fig. 15).

L'aire latérale d'une pyramide est la somme des aires des triangles qui forment ses faces.

PYRAMIDE RÉGULIÈRE.

Une pyramide est régulière quand sa base est un polygone régulier et quand le centre de ce polygone coïncide avec le pied de la perpendiculaire abaissée du sommet sur le plan de la base (fig. 16).

La perpendiculaire telle que SM, abaissée du sommet sur chacun des côtés du polygone de base, porte le nom d'*apothème*.

31. Théorème XV. — *La surface latérale d'une pyramide régulière est égale au produit du périmètre du polygone de base par la moitié de l'apothème.*

$$\text{Surface} = \frac{SM}{2}(AB + BC + CD + DE + EF + FA)$$

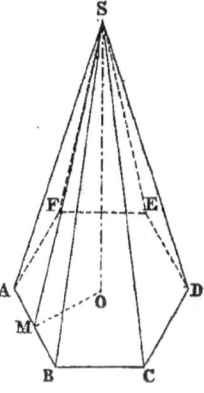

Fig. 16.

Application. — Quelle est la surface latérale d'une pyramide régulière hexagonale dont la longueur du côté du polygone de base est 3 mètres et dont la hauteur est de 7 mètres?

Nous savons que la valeur de l'apothème de l'hexagone en fonction du rayon du cercle circonscrit est :

$$\frac{R}{2}\sqrt{3}$$

par suite, le triangle rectangle SOM nous donne :

$$\overline{SM}^2 = \frac{9}{4} \times 3 + 49 = \frac{27 + 196}{4}$$

c'est-à-dire :
$$\overline{SM}^2 = \frac{223}{4} = 55,75$$

d'où :
$$SM = 7^m,467$$

et la surface latérale cherchée est :

$$S = 6 \times \frac{7,467 \times 3}{2} = 67^{mq},203$$

TRONC DE PYRAMIDE.

C'est la partie du volume d'une pyramide comprise entre sa base et un plan coupant toutes ses arêtes.

Si le plan de section est parallèle à la base, le tronc est dit à *bases parallèles*.

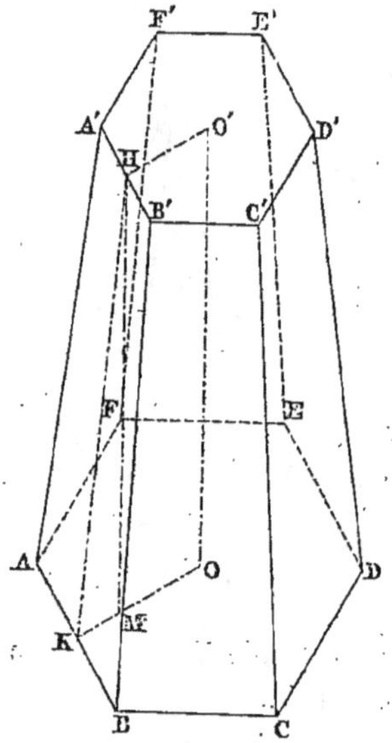

32. Théorème XVI. — *L'aire latérale d'un tronc de pyramide régulière à bases parallèles a pour valeur la demi-somme des périmètres des bases multipliée par l'apothème.*

Soit ABCDEF A'B'C'D'E'F' le tronc de pyramide proposé (fig. 17).

L'aire latérale de ce tronc étant la somme des surfaces des trapèzes qui forment ses faces, on a évidemment :

$$S = \frac{P+p}{2} \times a$$

en désignant par a l'apothème qui n'est autre chose que la hauteur constante de chacun d'eux.

Fig. 17.

Application. — Quelle est la surface latérale d'un tronc de pyramide hexagonale dont la hauteur est de 10 mètres, et dont les bases sont inscrites respectivement dans des cercles de 4 mètres et 8 mètres de rayon ?

Nous avons à calculer l'apothème HK pour pouvoir appliquer la formule ci-dessus. On sait qu'en fonction du côté R d'un hexagone régulier, la valeur de la perpendiculaire menée du centre du polygone sur ce côté est $\frac{R}{2}\sqrt{3}$, par conséquent, si nous menons du point H la perpendiculaire HM au plan de la grande base, nous formons un triangle rectangle HMK dont les côtés sont HM $= 10$ mètres, MK $= \frac{8}{2}\sqrt{3} - \frac{4}{2}\sqrt{3} = 2\sqrt{3}$, et dont l'hypoténuse est notre inconnue ; nous avons donc :

$$\overline{HK}^2 = a^2 = 100 + 4 \times 3 = 112$$

d'où :
$$a = \sqrt{112} = 10^m,58$$

appliquant maintenant le théorème précédent, il vient :

$$S = \frac{6 \times 8 + 6 \times 4}{2} \times 10,58 = 36 \times 10,58 = 380^{mq},88$$

SURFACES DE RÉVOLUTION.

33. On appelle *surface de révolution* la surface engendrée par une ligne tournant autour d'un axe situé dans son plan et auquel elle est invariablement liée ; cette ligne porte le nom de *génératrice*.

I. SURFACES CYLINDRIQUES.

C'est d'une façon générale la surface engendrée par une droite,

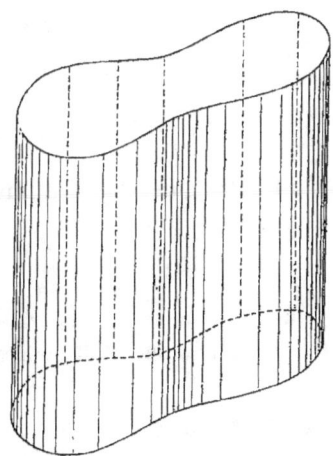

Fig. 18.

appelée *génératrice*, s'appuyant sur une ligne donnée appelée *directrice*, tout en restant parallèle à elle-même (fig. 18).

Comme cas particulier on considère la surface de révolution engendrée par une droite tournant autour d'un axe qui lui est parallèle, la directrice est alors une circonférence dont le plan est perpendiculaire à l'axe, sa section droite est cette circonférence elle-même.

Le volume compris à l'intérieur d'une telle surface et entre deux plans parallèles s'appelle *cylindre;* si les deux plans sont perpendiculaires à l'axe, le cylindre est *droit* et sa *hauteur* est la portion de l'axe qu'ils interceptent.

34. Théorème XVII. — *L'aire latérale d'un cylindre droit est égale à la circonférence de base multipliée par la hauteur.*

En effet, si on coupe le cylindre suivant une génératrice AB

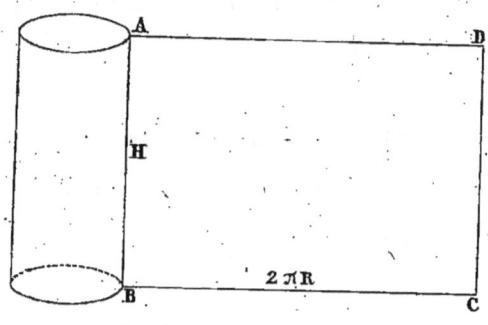

Fig. 19.

(fig. 19), la surface latérale se développera suivant le rectangle ABCD dont la surface a pour expression :

$$S = 2\pi R \times H$$

Application. — Quelle est la surface latérale d'un cylindre droit ayant 10 mètres de hauteur et 3 mètres de rayon de base?

$$S = 2 \times 3{,}1416 \times 3 \times 10 = 188^{mq}{,}4960$$

SURFACE CONIQUE.

C'est, d'une façon générale, la surface engendrée par une

droite, appelée *génératrice*, passant constamment par un point donné et s'appuyant sur une ligne donnée qui porte le nom de *directrice* (fig. 20).

Comme cas particulier on considère la surface de révolution engendrée par une droite tournant autour d'un axe qu'elle rencontre en un point O et faisant avec cet axe un angle et constant.

Si on coupe cette surface par un plan HH', le volume situé à

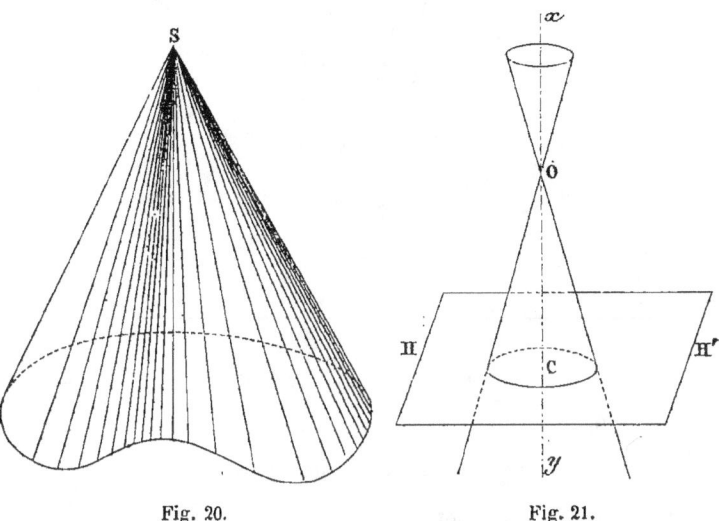

Fig. 20.   Fig. 21.

l'intérieur de cette surface et compris entre le plan et le point O prend le nom de *cône* (fig. 21).

Si le plan est perpendiculaire à l'axe de rotation, le cône est *droit*.

Dans un cône droit, la longueur de l'axe comprise entre le sommet et le plan HH' porte le nom de *hauteur;* la portion correspondante de la génératrice s'appelle l'*apothème*.

35. Théorème XVIII. — *La surface latérale d'un cône droit est égale au produit de la circonférence de base par la moitié de l'apothème.*

En effet, coupons le cône donné suivant la génératrice BO

(fig. 22), il se développera suivant le secteur BOC dans lequel l'arc $BC = 2\pi R$ et dont le rayon est BO.

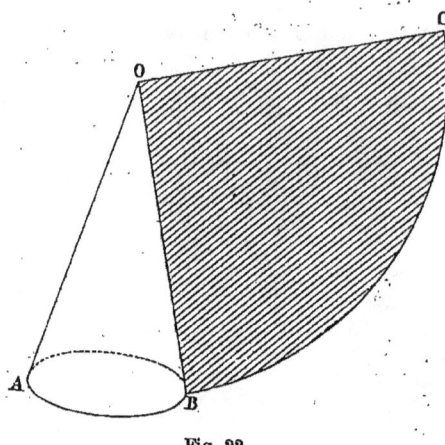

Fig. 22.

L'aire de ce secteur est :

$$\frac{BO}{2} \times \text{arc } BC = \frac{BO}{2} \times 2\pi R$$

Par suite :

$$\text{surface latérale cône} = \pi R a$$

en désignant par a l'apothème.

Application. — Quelle est la surface latérale d'un cône droit dont le rayon de base est 3 mètres et dont la hauteur est 8 mètres?

L'apothème est l'hypoténuse d'un triangle rectangle dont les deux dimensions données forment les côtés de l'angle droit, nous avons donc :

$$a^2 = 3^2 + 8^2 = 9 + 64 = 73$$

d'où

$$a = \sqrt{73} = 8^m,544$$

par suite :

$$S = 3,1416 \times 3 \times 8,544 = 80^{mq},5254$$

GÉOMÉTRIE.   59

TRONC DE CONE.

On appelle tronc de cône le solide obtenu en coupant un cône par un plan quelconque.

Si ce plan est perpendiculaire à l'axe, on obtient un tronc de cône à bases parallèles.

36. Théorème XIX. — *L'aire latérale d'un tronc de cône droit est égale au produit de la demi-somme des deux circonférences de bases par son apothème.*

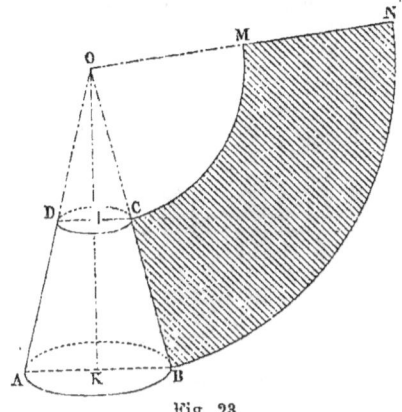

Fig. 23.

Soit ABCD (fig. 23) le tronc de cône proposé, il est égal à la différence des deux cônes AOB, DOC.

Développant leurs surfaces latérales, nous voyons que l'aire latérale du tronc à évaluer est la différence des deux secteurs circulaires BON, COM.

Nous avons par conséquent :

$$\text{surface BCMN} = \frac{OB}{2} \times 2\pi R - \frac{OC}{2} \times 2\pi r$$

Ou bien :   Surface BCMN $= \pi R (OC + BC) - \pi r \times OC$

par suite en désignant BC par a :

(1)   Surface BCMN $= \pi R a + \pi . OC (R - r)$

D'autre part, les triangles semblables OCI, OBK donnent :

$$\frac{OB}{OC} = \frac{R}{r}$$

D'où on tire : $\dfrac{OB - OC}{OC} = \dfrac{R - r}{r}$

c'est-à-dire : $\dfrac{a}{OC} = \dfrac{R - r}{r}$

et par suite : $a \times r = (R - r) \times OC$

Remplaçant dans l'égalité (1) le produit $OC \times (R-r)$ par sa valeur il vient :

Surf. BCMN = surf. latérale tronc de cône $= \pi R a + \pi r a$

ou enfin :

$$\text{Surface tronc de cône} = \pi a (R+r)$$

Application. — Calculer l'aire latérale d'un tronc de cône droit dont les bases ont respectivement pour rayon 5 mètres et 2 mètres et dont la hauteur est de 6 mètres.

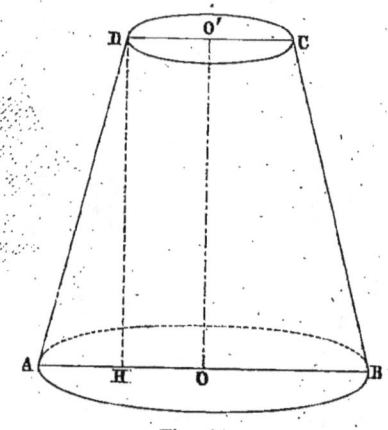

Fig. 24.

L'apothème a est l'hypoténuse d'un triangle rectangle dont les côtés de l'angle droit sont les dimensions : DH=6 mètres et AH=5—2=3 mètres :

Par suite : $\qquad a^2 = 36 + 9 = 45$

d'où $\qquad a = \sqrt{45} = 6^m,70.$

Appliquant maintenant la formule, il vient :

$$S = 3,1416 \times 6,7 \times 7 = 147^{mq},3410$$

SURFACE ENGENDRÉE PAR UNE DROITE TOURNANT AUTOUR D'UN AXE SITUÉ DANS SON PLAN.

37. Théorème XX. — *La surface engendrée par une droite tournant autour d'un axe situé dans son plan a pour mesure le produit de la longueur de cette droite par la circonférence que décrit son point milieu.*

Soit AB la droite limitée donnée, xy l'axe (fig. 25).

La ligne AB engendre dans ces conditions la surface latérale d'un tronc de cône qui a pour valeur en vertu d'un théorème précédent :

$$\pi.AB(AH+BG) \quad (1)$$

Mais, si M est le milieu de AB, on a :

$$MN = \frac{AH+BG}{2}$$

et l'expression (1) devient :

surface $AB = \pi.AB \times 2MN$
$= AB \times 2\pi MN$

c'est-à-dire :
Surface $AB = AB \times$ circonférence de rayon MN.

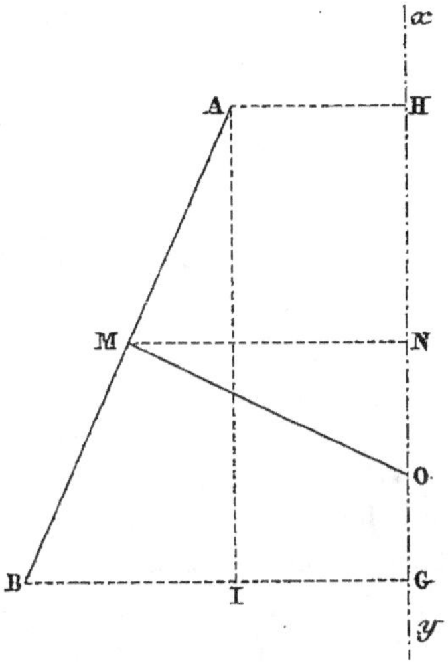

Fig. 25.

38. Théorème XX bis. — *La surface engendrée par une droite tournant autour d'un axe situé dans son plan a pour mesure le produit de sa projection sur l'axe par la circonférence qui aurait pour rayon la perpendiculaire à la droite en son milieu et limitée à l'axe* (autrement dit : l'apothème).

Les triangles semblables ABI, MNO (fig. 25) donnent :

$$\frac{AB}{MO} = \frac{AI}{MN}$$

c'est-à-dire :

$$AB \times MN = MO \times AI = MO \times HG$$

L'expression précédente : surface $AB = AB \times 2\pi MN$ devient donc :

$$\text{surface } AB = 2\pi.MO \times HG$$

Remarque. — Avec cette formule on peut calculer la surface engendrée par le périmètre d'un polygone régulier ayant son centre sur l'axe de rotation ; dans ce cas la valeur de la perpendiculaire MO est constante, c'est l'apothème du polygone considéré.

39. Application.

Calculer la surface engendrée par la rotation autour de xy de l'hexagone régulier ci-contre dont le côté est de 2 mètres ?

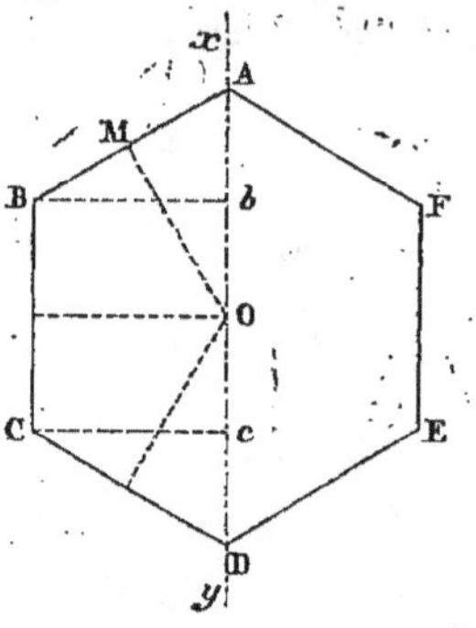

Dans le cas actuel,

$$MO = \frac{2}{2}\sqrt{3} = 1^m,732.$$

La surface à évaluer est la somme des surfaces engendrées par les côtés AB, BC, CD.

Or :

surf. $AB = 2\pi MO \times Ab = 2\pi \times 1,732 \times Ab$

de même : surf. $BC = 2\pi \times 1,732 \times bc$

et enfin : surf. $CD = 2\pi \times 1,732 \times cD$

donc : surface cherchée $= 2\pi \times 1,732 (Ab + bc + cD)$

c'est-à-dire : surface cherchée $= 2 \times 3,1416 \times 1,732 \times AD$

ou enfin : surface cherchée $2 \times 3,1416 \times 1,732 \times 4 = 43^{mq},53$.

Fig. 26.

SURFACE SPHÉRIQUE.

40. On appelle *surface sphérique* la surface engendrée par une demi-circonférence tournant autour de son diamètre.

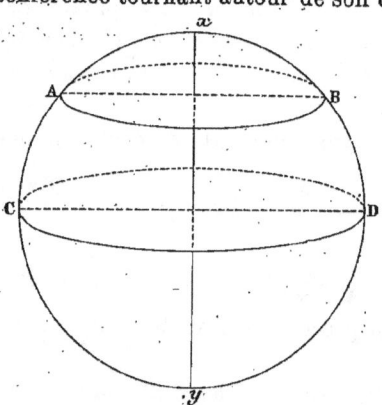

Fig. 27.

Si on coupe cette surface par deux plans parallèles, la portion qu'ils interceptent s'appelle une *zone* dont la *hauteur* est la distance de ces deux plans (fig. 27).

Si l'un des plans devient tangent à la surface, la zone se transforme en une *calotte sphérique*.

Le volume compris à l'intérieur de la surface sphérique est la *sphère*.

41. Théorème XXI. — *L'aire d'une zone est égale au produit de la circonférence d'un grand cercle de la sphère par la hauteur de la zone.*

L'arc AC (fig. 27) pouvant être considéré comme une ligne polygonale régulière d'un nombre infini de côtés, en lui appliquant le même raisonnement qu'à l'hexagone de l'application précédente et en remarquant que l'apothème n'est autre chose que le rayon de la sphère, nous avons :

$$\text{Surface AC} = \text{surf. zone} = 2\pi R.h.$$

Application. — Quelle est la surface d'une zone dont la hauteur est de 3 mètres dans une sphère de 12 mètres de rayon ?

$$S = 2 \times 3,1416 \times 12 \times 3 = 226^{mq},195$$

42. Corollaire I. — L'aire d'une calotte sphérique est égale au produit de la circonférence d'un grand cercle de la sphère par la hauteur de la calotte.

43. Corollaire II. — L'aire d'une calotte sphérique est encore égale à la surface du cercle qui aurait pour rayon la corde de l'arc générateur de la calotte.

D'après le corollaire I nous avons en effet :

$$\text{Surface calotte CAB} = 2\pi R \times h \ (1) \ (\text{fig. 28}).$$

D'autre part, un théorème connu donne :

$$AC^2 = AE \times AI$$

c'est-à-dire, désignant AC par c et remplaçant les quantités du second membre par leur valeur $c^2 = 2R \times h$.

L'égalité (1) devient donc :

$$\text{Surface calotte} = \pi c^2$$

Application. — Quelle est la surface de la calotte sphérique correspondant à un arc AC de 60 degrés dans une sphère de 6 mètres de rayon (fig. 28) ?

Si nous faisons usage de la formule donnée par le corollaire I, il nous faut d'abord calculer $h = AI$

$$h = AI = \frac{R}{2} = 3 \text{ mètres}$$

par suite :

$$\text{Surface cherchée} = 2 \times 3,1416 \times 6 \times 3 = 113^{mq},0976$$

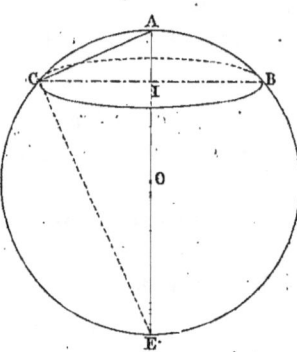

Fig. 28.

par la formule du corollaire II nous avons :

$$\text{Surface cherchée} = \pi \times 6^2 = 3,1416 \times 36 = 113^{mq},0976$$

44. Théorème XXII. — *La surface d'une sphère a pour valeur le produit de son diamètre par la circonférence d'un grand cercle.*

On peut encore dire :

La surface d'une sphère est égale à 4 fois la surface d'un grand cercle.

En effet, la sphère peut être considérée comme une zone ayant son diamètre pour hauteur, donc :

$$\text{Surface sphère} = 2\pi R \times 2R = 4\pi R^2$$

Application. — Quelle est la surface d'une sphère de 3 mètres de rayon ?

$$S = 4 \times 3,1416 \times 9 = 113^{mq},0976$$

TITRE II

MESURE DES VOLUMES

CHAPITRE PREMIER
FORMULE DES TROIS NIVEAUX

45. Théorème I. — *Le volume d'un solide, terminé par deux bases planes et parallèles, est égal au produit du $\frac{1}{6}$ de sa hauteur par la somme des deux bases et de quatre fois la moyenne coupe.*

(1) $$V = \frac{H}{6}(B + b + 4B')$$

En appelant H la hauteur ou distance des 2 bases, B la base inférieure, b la base supérieure, B' la moyenne coupe, ou section du solide par un plan mené à mi-hauteur parallèlement aux deux bases.

46. Observations. — 1° Cette formule ne s'applique qu'à des volumes, dont les faces latérales sont constituées par des surfaces continues d'une base à l'autre et dont les sections successives, par des plans perpendiculaires aux bases, peuvent sensiblement se confondre avec des arcs de paraboles ; les axes de symétrie de celles-ci étant parallèles aux bases et leur concavité tournée vers l'intérieur du solide.

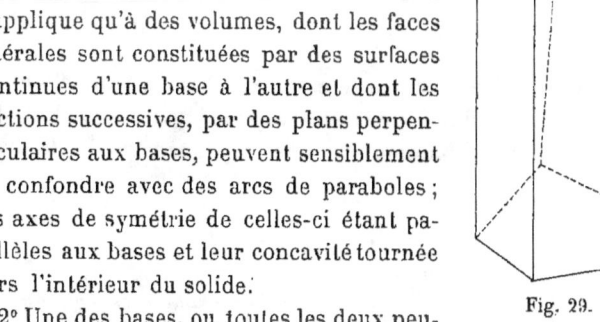

Fig. 29.

2° Une des bases, ou toutes les deux peuvent se réduire à un point, ou à une ligne ; c'est le cas de la pyramide, du cône, de la sphère, du volume en forme de toit.

3° Le plus souvent, des volumes quelconques pourront se décomposer en éléments auxquels sera applicable la formule des trois niveaux.

PRISME.

47. Théorème. — *Le volume d'un prisme a pour valeur le produit de sa base par sa hauteur.*

En effet (fig. 30) on a dans ce solide :

$$b = B' = B, \text{ d'où :}$$

(2) $\qquad V = \dfrac{H}{6}(B + B + 4B) = \dfrac{H}{6} \times 6B = H \times B$

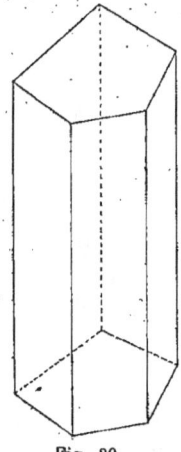
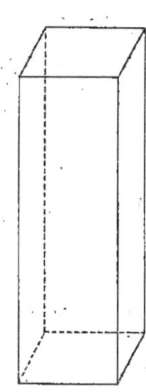

Fig. 30. Fig. 31.

48. Corollaire. — Dans le cas particulier du parallélipipède rectangle, le volume peut être exprimé par le produit des 3 dimensions : hauteur, largeur et longueur de la base (fig. 31).

PYRAMIDE.

49. Théorème. — *Le volume de la pyramide est égal au $\dfrac{1}{3}$ du produit de sa base par sa hauteur.*

GÉOMÉTRIE. 67

On voit (fig. 32) que l'on a : $b = o$ et que : $B' = \frac{1}{4}B$, car ce sont deux figures semblables dont le rapport de similitude est $\frac{1}{2}$; d'où :

(4) $\qquad V = \frac{H}{6}(B + 0 + B) = \frac{H}{6} \times 2B = \frac{1}{3}HB.$

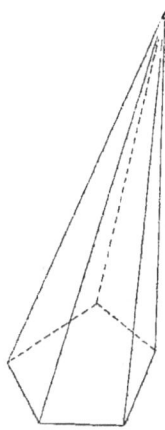

Fig. 32.

50. Remarque. — La pyramide est le tiers du prisme ayant même base et même hauteur.

TRONC DE PYRAMIDE A BASES PARALLÈLES.

51. Théorème. — *Le volume d'un tronc de pyramide, à bases parallèles, est équivalent à la somme de trois pyramides ayant pour hauteur la hauteur du tronc, et pour bases : l'une la petite base, l'autre la grande base, la troisième une moyenne proportionnelle entre les deux bases.*

Soient (fig. 33) a, A', A des côtés correspondants de la petite base, de la moyenne coupe, et de la grande base, on a :

$$\frac{b}{B} = \frac{a^2}{A^2} \qquad \frac{a}{A} = \frac{\sqrt{b}}{\sqrt{B}}$$

$$A' = \frac{A+a}{2} \qquad \frac{A'}{A} = \frac{1}{2} \cdot \frac{\sqrt{b}+\sqrt{B}}{\sqrt{B}} = \frac{\sqrt{B'}}{\sqrt{B}}$$

d'où :
$$B' = \frac{b+B+2\sqrt{Bb}}{4}$$

$$V = \frac{H}{6}\left(b+B+4\frac{b+B+2\sqrt{Bb}}{4}\right)$$

(5) $\quad V = \frac{H}{3}(b+B+\sqrt{Bb}) = \frac{HB}{3}\left(\frac{b}{B}+1+\sqrt{\frac{b}{B}}\right)$

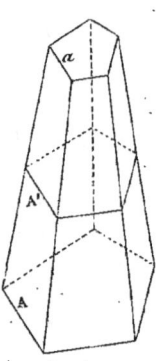

Fig. 33.

Application. — Un prisme, une pyramide, un tronc découpé dans cettpe yramide, ont pour base commune un hexagone inscrit dans un cercle de 5 centimètres de rayon ; la hauteur du prisme et du tronc est 10 centimètres, celle de la pyramide 40 centimètres, déterminer leurs volumes ?

On a :
$$B = 6 \times 5^2 \times \frac{\sqrt{3}}{4} = 37,5 \times \sqrt{3}$$

d'où :
$$V.\text{prisme} = 10 \times 37,5 \times \sqrt{3} = 649^{cmc},5$$

$$V.\text{pyramide} = \frac{40}{3} \times 37,5 \times \sqrt{3} = 866^{cmc}$$

$$V.\text{tronc} = \frac{10}{3} \times 37,5 \times \sqrt{3}\left[\left(\frac{3}{4}\right)^2 + 1 + \frac{3}{4}\right] = 500^{cmc},25$$

GÉOMÉTRIE.

TRONC DE PRISME TRIANGULAIRE

52. Théorème. — *Le volume d'un tronc de prisme triangulaire a pour valeur le produit de sa section droite par la moyenne arithmétique de ses trois arêtes.*

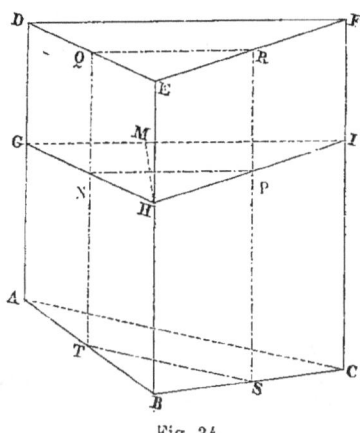

Fig. 34.

Considérons ce solide comme ayant pour bases : la face ADFC et l'arête EB ; la formule des trois niveaux s'appliquera, la moyenne coupe sera QRST (fig. 34).

Soit GHI la section droite, HM la hauteur de ce triangle relative au côté GI ; HM est aussi la hauteur du tronc de prisme. Évaluons les bases on a :

$$b = o \qquad B = \frac{AD + CF}{2} \times GI \qquad B' = \frac{QT + RS}{2} \times NP$$

Mais : $NP = \frac{GI}{2} \qquad QT = \frac{BE + AD}{2} \qquad RS = \frac{BE + CF}{2}$

on a donc : $\qquad B' = \frac{2BE + AD + CF}{4} \times \frac{GI}{2}$

d'où :

$$V = \frac{HM}{6}\left[\frac{AD + CF}{2} \times GI + (2.BE + AD + CF)\frac{GI}{2}\right]$$

$$V = \frac{HM \times GI}{12}[2.AD + 2.BE + 2.CF]$$

$$V = \frac{HM \times GI}{2} \times \frac{AD + BE + CF}{3}$$

Mais $\frac{HM \times GI}{2}$ est l'aire de la section droite, l'énoncé est donc vérifié.

53. Remarque. — Un tronc de prisme quelconque pourra toujours se décomposer en troncs de prismes triangulaires auxquels s'appliquera la formule ; un tronc de parallélipipède peut être évalué d'ensemble.

Observation. — Le volume d'un tronc de prisme est décomposable en 3 pyramides ayant sa base comme base commune, et pour sommets, les 3 sommets de la section oblique.

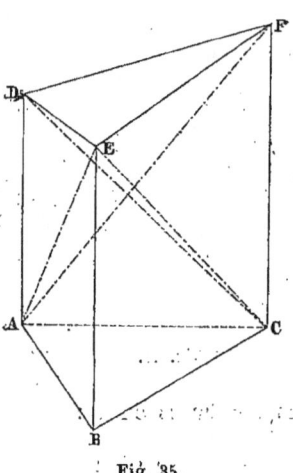

Fig. 35.

En effet on a : (fig. 35) les trois pyramides E.ABC, E.DAC et E.FDC.

La première satisfait à l'énoncé ; la deuxième E.DAC est équivalente à la pyramide B.DAC ; la base étant commune et leurs sommets E et B étant sur une parallèle à cette base. Or la pyramide B.DAC satisfait aussi à l'énoncé. La troisième pyramide E.DFC est équivalente pour la même raison, à la pyramide A.EFC, celle-ci à la pyramide F.ABC qui satisfait encore à l'énoncé.

Application. — Un tronc de prisme a pour section droite un triangle rectangle, dont les côtés de l'angle droit ont pour mesure 10 centimètres et 5 centimètres ; les arêtes sont de 12, 15 et 21 centimètres ; évaluer le volume de ce prisme ?

On a :

$$V = \frac{10 \times 5}{2} \left[\frac{12 + 15 + 21}{3} \right] = 25 \times 16$$

$$V = 400 \text{ centimètres cubes.}$$

TRONC DE PYRAMIDE TRIANGULAIRE QUELCONQUE.

54. Soit (fig. 36) ABCDEF, un tronc de pyramide, si l'on mène par D un plan parallèle à la face EFCB on aura une pyramide DAMN et un volume MDNBEFC à bases parallèles qu'on pourra évaluer par la formule des trois niveaux.

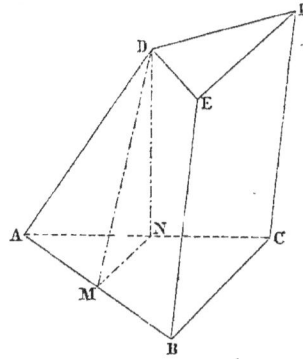

Fig. 36.

Application. — La base d'un tronc de pyramide ABCDEF (fig. 37) est un triangle équilatéral de 20 mètres de côté, la face BEFC est perpendiculaire à cette base, l'arête AD déter-

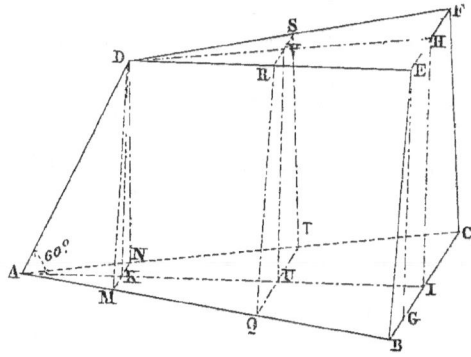

Fig. 37.

mine avec la médiane AI un plan perpendiculaire également à la base ; l'angle DAI est égal à 60°, l'arête AD a 15 mètres, les arêtes BE, FC sont égales ; le côté EF de la base oblique est égal à 4 mètres ; évaluer le volume de ce solide ?

On a :
$$V = \text{vol. pyr. DAMN} + \text{vol. DMNBEFC}$$
$$\text{Vol. pyr. DAMN} = \text{aire AMN} \times \frac{DK}{3}$$

$$\text{Vol. DMNBEFC} = \frac{KI}{6}(\text{aire DMN} + \text{aire BEFC} + 4 \text{ aire QRST}).$$

Le triangle DAK est rectangle en K, le triangle AMN est équilatéral, on en tire :

$$DK = AD\frac{\sqrt{3}}{2} \qquad AK = \frac{AD}{2} \qquad MK = \frac{AK}{\sqrt{3}} = \frac{AD}{2\sqrt{3}}$$

$$\text{Vol. pyr. DAMN} = AK \times MK \times \frac{DK}{3} = \frac{\overline{AD}^3}{24} = \frac{3375}{24}$$

On a aussi :

$$KI = AI - AK = \frac{AB\sqrt{3}}{2} - \frac{AD}{2} = \frac{AB\sqrt{3} - AD}{2}$$

Par raison de symétrie les figures QRST et BEFC sont des trapèzes isocèles, la hauteur HI du second est égale à EG, mais l'on a dans les triangles semblables MDK et BEG :

$$\frac{EG}{DK} = \frac{BG}{MK} = \frac{BI - GI}{MK} = \frac{AB - EF}{2MK}$$

$$HI = EG = DK \cdot \frac{AB - EF}{2MK} = \frac{3}{2}(AB - EF)$$

La hauteur UV du trapèze QRST est :

$$UV = \frac{DK + HI}{2} = \frac{AD\sqrt{3} + 3AB - 3EF}{4}$$

Les bases sont :

$$RS = \frac{EF}{2} \qquad QT = \frac{MN + BC}{2} = \frac{MK + AB}{2} = \frac{AD}{2\sqrt{3}} + \frac{AB}{2}$$

On a donc :

$$\text{Aire DMN} = DK \times MK = \frac{AD^2}{4}$$

$$\text{Aire BEFC} = \frac{BC + EF}{2} HI = \frac{AB + EF}{2} \times \frac{3}{2}(AB - EF)$$

$$= \frac{3}{4}\left[\overline{AB}^2 - \overline{EF}^2\right]$$

$$\text{Aire QRST} = \frac{RS + QT}{2} UV.$$

Aire QRST $= \frac{1}{2}\left(\frac{\text{EF}}{2}+\frac{\text{AD}}{2\sqrt{3}}+\frac{\text{AB}}{2}\right)\frac{1}{4}\left(\text{AD}\sqrt{3}+3\text{AB}-3\text{EF}\right)$

Aire QRST $= \frac{3}{16}\left(\frac{\text{AD}}{\sqrt{3}}+\text{AB}+\text{EF}\right)\left(\frac{\text{AD}}{\sqrt{3}}+\text{AB}-\text{EF}\right)$

$= \frac{3}{16}\left(\frac{\overline{\text{AD}}^2}{3}+\overline{\text{AB}}^2-\overline{\text{EF}}^2+\frac{2}{\sqrt{3}}\text{AD.AB}\right)$

Volume DMNBEFC $= \frac{\text{AB}\sqrt{3}-\text{AD}}{48} \times (\overline{\text{AD}}^2 + 3\overline{\text{AB}}^2 - 3\overline{\text{EF}}^2$

$+ \overline{\text{AD}}^2 + 3\text{AB}^2 - 3\text{EF}^2 + 2\sqrt{3}\text{AD.AB})$

Volume DMNBEFC $= \frac{\text{AB}\sqrt{3}-\text{AD}}{24}(\text{AD}^2 + 3\text{AB}^2 - 3\text{EF}^2$

$+ \sqrt{3}.\text{AD.AB})$

Remplaçant les données par leurs valeurs numériques on a :

Volume DMNBEFC $= \frac{19,64 \times 1896,5}{24} = \frac{32247.26}{24}$

Volume total $= \frac{3375 + 32247,26}{24} = 1484,26$ mètres cubes.

TOIT.

55. Définition. Nous appelerons *toit*, un volume à base rec-

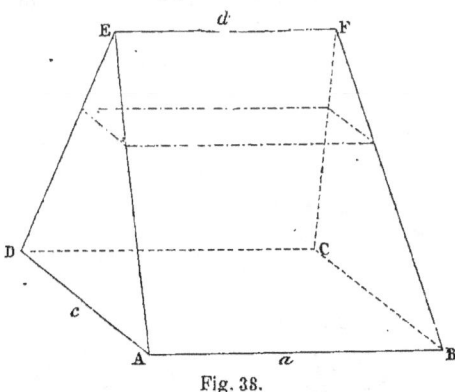

Fig. 38.

tangulaire ABCD terminé par une arête EF (fig. 38) formée par la rencontre de 2 faces latérales qui sont des trapèzes, les deux autres faces étant des triangles. Pour l'évaluation du volume, nous avons :

$$b = o \qquad B = a \times c \qquad B' = \frac{c}{2} \times \frac{a+d}{2}$$

$$V = \frac{H}{6}\left(a.c + c(a+d)\right) = \frac{H \times c}{6}(2a+d)$$

Cette formule peut servir à évaluer le volume des tas de pierres, de sel, etc., qui affectent fréquemment cette forme.

Application. — Un tas de pierres affecte la forme du toit,

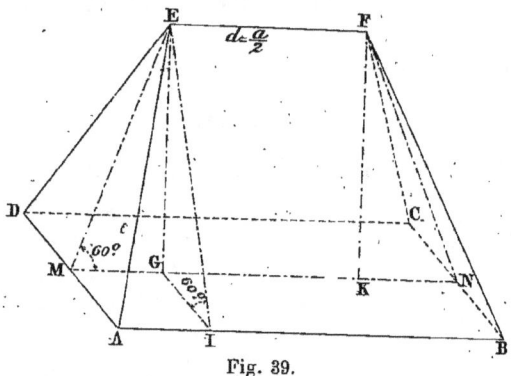

Fig. 39.

toutes les faces sont inclinés à 60° sur la base, calculer le volume du tas de pierres sachant que le grand côté de la base mesure $2^m,23$.

On a : (fig. 39)

$$H = EG = MG\sqrt{3} = \frac{1}{2}(MN - GK)\sqrt{3} = \frac{a}{4}\sqrt{3}$$

$$c = 2MA = 2GI = 2MG = \frac{a}{2}$$

$$d = \frac{a}{2}.$$

On a donc pour le volume :

$$V = \frac{a\sqrt{3}}{24} \times \frac{a}{2}\left(2a + \frac{a}{2}\right) = \frac{5\sqrt{3}\,a^3}{96}$$

$$V = \frac{8.66}{96} \times \overline{2.23}^3 = 1 \text{ mètre cube}$$

CHAPITRE II

SOLIDES DE RÉVOLUTION

CYLINDRE.

56. Théorème. — *Le volume d'un cylindre est égal au produit de sa base par sa hauteur*, ou bien :

Le volume d'un cylindre est égal au produit de sa section droite par la longueur de sa génératrice.

La première proposition se déduit comme pour le prisme de la formule des trois niveaux.

Considérons le cylindre oblique ABCD (fig. 40); on voit qu'il est équivalent au cylindre droit A'B'C'D' obtenu en menant par les centres des bases du premier des plans perpendiculaires à l'axe; les onglets A'OA et BOB' sont en effet égaux, il en est de même des onglets CO'C' et DO'D'.

La section droite du premier cylindre devient la base du second, et la hauteur de celui-ci est évidemment égale à la génératrice AD du premier.

La deuxième proposition est donc vérifiée.

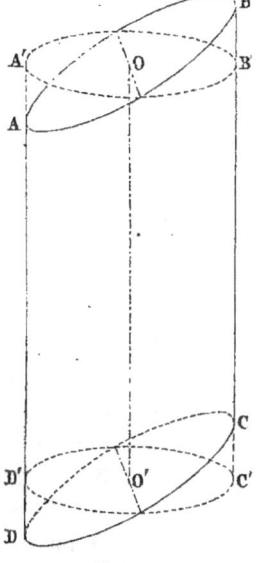

Fig. 40.

Application. — Un cylindre a une génératrice longue de $79^{cm},6$, son rayon est de 20 centimètres, calculer son volume.

On a :

$$V = B \times H = \text{sect. droite} \times \text{génératrice} = \pi . \overline{20}^2 \times 79.6$$
$$V = 100\,000^{cmc} = 100^{dmc}$$

CONE.

57. Théorème. — *Le volume d'un cône quelconque est égal au tiers du produit de sa base par sa hauteur.*

Cette proposition se démontre comme pour la pyramide.

Si le cône est droit, sa base est un cercle, et sa hauteur est la distance du sommet au centre de ce cercle.

$$V = \frac{1}{3} B \times H = \frac{1}{3} \pi \times r^2 \times H$$

Application. — Un cône a 30° pour demi-angle au sommet, (fig. 41) son rayon de base est de 2 mètres, calculer son volume ?

On a :

$$H = R\sqrt{3}$$

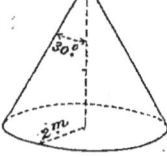

Fig. 41.

$$V = \frac{1}{3} \pi R^3 \sqrt{3} = 3,14 \times 0,577 \times 8 = 14^{mc},49$$

TRONC DE CONE A BASES PARALLÈLES.

58. Théorème. — *Le volume d'un tronc de cône à bases parallèles est égal à la somme des volumes de trois cônes qui auraient pour hauteur la hauteur du tronc et pour bases : le premier la grande base, la deuxième la petite base, le troisième une moyenne proportionnelle entre les deux bases.*

Un tronc de cône est en effet un tronc de pyramide régulier d'un nombre infini de faces.

$$V = \frac{H}{3}\left(B + b + \sqrt{Bb}\right)$$

59. Remarque. — Si le tronc de cône est droit, les bases sont des cercles et si R et r sont les rayons de ces bases on a :

$$V = \frac{\pi H}{3}(R^2 + r^2 + Rr)$$

GÉOMÉTRIE. 77

Application. — Un tronc de cône droit à bases parallèles (fig. 42) a pour rayons de bases 5 centimètres et 2 centimètres, sa génératrice mesure 5 centimètres. Calculer son volume ?

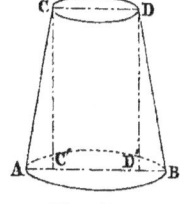

Fig. 42.

On a dans le triangle CAC', dans lequel $AC' = 5-2 = 3$ centimètres, $AC = 5$ centimètres, et qui est rectangle en C' :

$$H = CC' = \sqrt{\overline{AC}^2 - \overline{AC'}^2} = \sqrt{25-9} = 4 \text{ centimètres.}$$

$$V = \frac{3,14}{3} \cdot 4(25+4+10) = 163^{cmc},28$$

TONNEAU.

60. Soient r le rayon des fonds et R le rayon du grand cercle.

On a :

$$V = \frac{H}{6}(2\pi r^2 + 4\pi R^2) = \frac{1}{3}\pi H(2R^2 + r^2)$$

Remarque. — Le volume est donné plus exactement par la formule :

$$V = \frac{1}{3}\pi H\left[2R^2 + r^2 - \frac{1}{3}(R^2 - r^2)\right]$$

Pratiquement dans les octrois, on emploie la formule :

$$V = 0,625 \, D^3$$

D étant la diagonale BA (fig. 43) de la bonde à la partie la plus basse de l'un des fonds.

Application. — Dans un tonneau $R = 0^m,345$ $r = 0^m,305$ $H = 0,756$ déterminer sa capacité.

$$1° \quad V = \frac{\pi}{3} \times 7{,}56 \,(2 \times \overline{3{,}45}^2 + \overline{3{,}05}^2) = 261 \text{ litres}$$

$$2° \quad V = \frac{\pi}{3} \times 7{,}56 \left[2 \times \overline{3{,}45}^2 + \overline{3{,}05}^2 - \frac{1}{3}(\overline{3{,}45}^2 - \overline{3{,}05}^2) \right] = 254$$

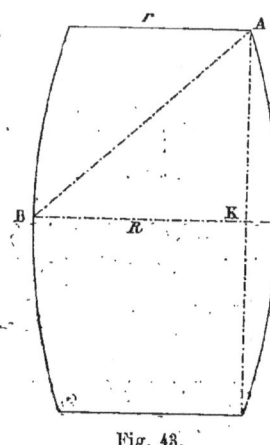

Fig. 43.

L'on a de plus :

$$AB^2 = D^2 = \overline{AK}^2 + \overline{BK}^2 = \overline{3{,}78}^2 + \overline{6{,}50}^2 = 56{,}54$$
$$D = 7{,}52 \qquad D^3 = 56{,}54 \times 7{,}52 = 425{,}2$$
$$3° \quad V = 0{,}625 \, D^3 = 0{,}625 \times 425{,}2 = 265 \text{ litres.}$$

SPHÈRE.

61. Théorème. — *Le volume de la sphère est égal au produit de la surface de quatre grands cercles par le tiers du rayon.*

Dans ce solide, on a en effet :

$$b = B = 0, \quad B' = \pi R^2, \quad H = 2R$$
$$V = \frac{2R}{6} 4\pi R^2 = \frac{R}{3} \times 4\pi R^2$$

Cette expression peut se mettre sous la forme :

$$V = \frac{4}{3} \pi R^3 = \frac{\pi D^3}{6}$$

D étant le diamètre.

GÉOMÉTRIE.

SECTEUR ET PYRAMIDE SPHÉRIQUE.

Définition. — *Le secteur sphérique est le volume engendré par un secteur circulaire tournant autour d'un diamètre de son cercle* (fig. 44). Quant ce diamètre se confond avec l'un des côtés du secteur, le volume engendré est celui que découperait un cône dans une sphère au centre de laquelle serait son sommet (fig. 44). Nous appellerons ce volume *pyramide sphérique*.

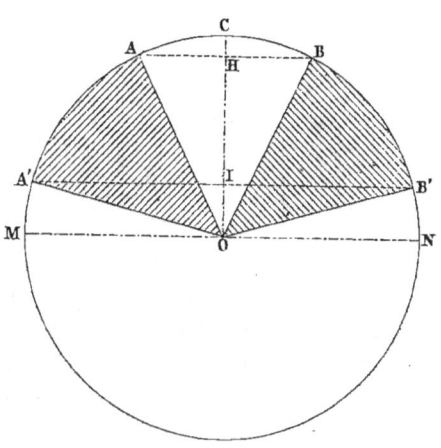

Fig. 44.

62. Théorème. — *Le volume d'un secteur sphérique ou d'une pyramide sphérique a pour mesure le tiers du produit du rayon par la surface sphérique qui lui sert de base.*

En effet ces volumes peuvent se décomposer en une infinité de pyramides, ayant toutes leurs sommets au centre de la sphère et dont les bases forment par leur ensemble la base du volume considéré.

$$V = \Sigma \left(\frac{1}{3} R \times \text{surf. élém.} \right) = \frac{1}{3} R \Sigma (\text{surf. élém.})$$

$$\text{Vol. sect. sph.} = \frac{1}{3} R \times \text{surface zone}$$

$$V \text{ pyr. sph.} = \frac{1}{3} R \times \text{surface calotte} = \frac{\pi R}{3} c^2$$

c étant la corde CA.

Application. — Dans un secteur sphérique, l'angle A'OM = 30° l'angle AOM = 45° évaluer en fonction du rayon le volume de ce secteur et celui de la pyramide sphérique AOBC ?

On a :

$$\text{Hauteur zone} = HI = R\left(\frac{\sqrt{2}}{2} - \frac{1}{2}\right) = \frac{R(\sqrt{2}-1)}{2}$$

$$\text{Surface zône} = 2\pi R . \frac{R(\sqrt{2}-1)}{2} = \pi R^2(\sqrt{2}-1)$$

$$\text{Surface calotte} = 2\pi R . R\left(1 - \frac{\sqrt{2}}{2}\right) = \pi R^2(2-\sqrt{2})$$

$$\text{Vol. sect. sph. AOA'} = \frac{R}{3} . \pi R^2(\sqrt{2}-1) = \frac{\pi R^3}{3}(\sqrt{2}-1) = 0,43 R^3$$

$$\text{Vol. pyr. sph. AOCB} = \frac{R}{3} \pi R^2(2-\sqrt{2}) = \frac{\pi R^3}{3}(2-\sqrt{2}) = 0,61 R^3$$

63. Remarque. — La connaissance des formules donnant les volumes précédents, suffit pour déterminer le volume d'un solide quelconque dans lequel figure une portion de sphère : nous en ferons l'application à la recherche du volume du segment sphérique et du volume engendré par un segment circulaire tournant autour d'un diamètre.

SEGMENT SPHÉRIQUE.

Définition. — Le volume découpé dans une sphère par deux plans parallèles s'appelle *segment sphérique*.

L'un des plans peut être tangent à la sphère, le segment sphérique n'a alors qu'une base.

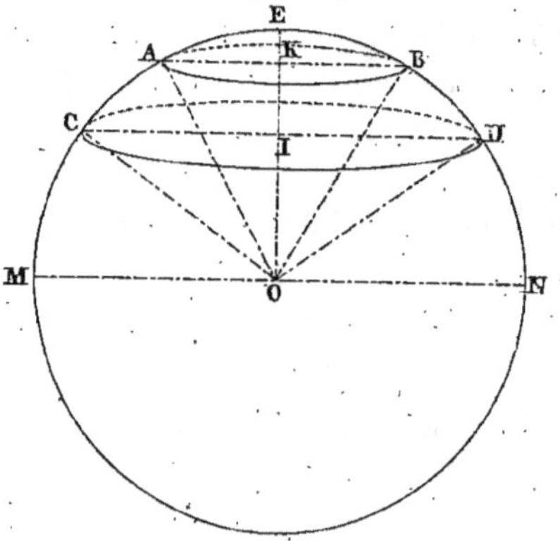

64. Théorème. — *Le volume d'un segment sphérique est équivalent au volume d'une sphère qui aurait pour diamètre la hauteur du segment, plus la demi-somme des*

Fig. 45.

volumes de deux cylindres ayant même hauteur que le

GÉOMÉTRIE.

segment, et pour bases respectives les deux bases du segment.

On a en effet (fig. 45).

Volume seg. ABDC = vol. sect. sph. AOC + vol. cône AOB — vol. cône COD.

Soit H la hauteur du segment, c'est aussi celle de la zone qui sert de base au secteur sphérique.

Soient r et r' les rayons des bases, d et d' les distances de ces bases au centre de la sphère, on a :

$$r = AK \quad r' = CI \quad d = KO \quad d' = IO \quad d - d' = H = KI$$

La surface de la zone base du secteur est :
$$2\pi R \times H = 2\pi R (d - d').$$

$$V = \text{vol. segment sph.} = 2\pi R (d - d') \frac{R}{3} + \frac{\pi r^2}{3} d - \frac{\pi r'^2}{3} \cdot d'.$$

$$V = \frac{\pi}{3} [2R^2(d - d') + r^2 d - r'^2 d'.]$$

$$V = \frac{\pi}{6} [4R^2(d - d') + 2r^2 d - 2r'^2 d'].$$

$$V = \frac{\pi}{6} [R^2(d - d') + 3R^2 d - 3R^2 d' + 3r^2 d - r^2 d - 3r'^2 d' + r'^2 d']$$

$$V = \frac{\pi}{6} [(R^2 - r^2)d - (R^2 - r'^2)d' + 3R^2 d - 3R^2 d' + 3r^2 d - 3r'^2 d'].$$

Remarquons que l'on a :
$$R^2 = d^2 + r^2 = d'^2 + r'^2$$

ou bien :
$$d^2 = R^2 - r^2 \qquad d'^2 = R^2 - r'^2$$

Utilisant ces relations et remplaçant R^2 par $d'^2 + r'^2$ dans $3R^2 d$ et par $d^2 + r^2$ dans $3R^2 d'$, on a :

$$V = \frac{\pi}{6} [d^3 - d'^3 + 3dd'^2 + 3dr'^2 - 3d^2 d' - 3d'r^2 + 3r^2 d - 3r'^2 d'].$$

$$V = \frac{\pi}{6} [(d - d')^3 + 3r^2 (d - d') + 3r'^2 (d - d')].$$

$$V = \frac{\pi}{6} H^3 + \frac{\pi}{2} H (r^2 + r'^2).$$

ce qui vérifie le théorème énoncé.

65. Remarque. — Dans le cas où le segment n'a qu'une base on a $r = 0$ d'où :

$$V_1 = \frac{\pi}{6} H^3 + \frac{\pi}{2} H r'^2$$

mais l'on a :

$$r'^2 = H(2R - H)$$

$$V_1 = \frac{\pi}{6} H^3 + \frac{\pi H^2}{2}(2R - H)$$

$$V_1 = \pi H^2 R - \frac{\pi H^3}{3}$$

Dans cette dernière expression n'entre plus le rayon de base.

Application. — Dans une sphère, on mène des plans parallèles, tels qu'ils coupent le rayon perpendiculaire à leur direction commune, à des distances du centre de $\frac{1}{3}$ et $\frac{1}{2}$ du rayon, déterminer le volume du segment sphérique ainsi obtenu et le volume du segment à une base qui le surmonte.

On a :

Hauteur du 1er segment $H = R\left(\frac{1}{2} - \frac{1}{3}\right) = \frac{1}{6} R$

Hauteur du 2e segment $H' = R\left(1 - \frac{1}{2}\right) = \frac{1}{2} R$

Rayon de leur base commune $r = R\sqrt{1 - \frac{1}{4}} = R\frac{\sqrt{3}}{2}$

Rayon de la grande base $r' = R\sqrt{1 - \frac{1}{9}} = R\frac{\sqrt{8}}{3}$

Volume du 1er segment $V_1 = \pi\left[\frac{R^3}{1296} + \frac{R^3}{12}\left(\frac{3}{4} + \frac{8}{9}\right)\right] = 0{,}43 R^3$

Volume du 2e segment $V_2 = \pi\left(\frac{R^3}{48} + R^3 \times \frac{3}{16}\right) = 0{,}65 R^3$

ou encore par la 2e formule

$$V_2 = \pi \frac{R^2}{4}\left(R - \frac{R}{6}\right) = 0{,}65 R^3$$

VOLUME ENGENDRÉ PAR UN SEGMENT CIRCULAIRE.

66. Théorème. — *Le volume engendré par un segment circulaire tournant autour d'un diamètre extérieur à sa surface est égal au $\frac{1}{6}$ du volume d'un cylindre ayant pour rayon la corde du*

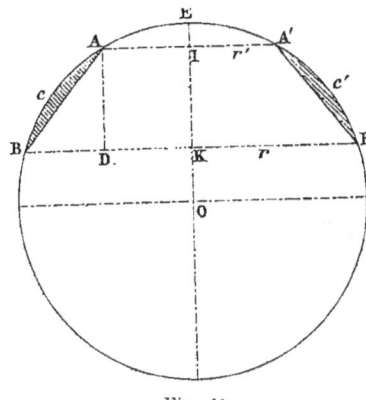

Fig. 46.

segment et pour hauteur la projection de cette corde sur le diamètre.

On a en se servant des notations précédentes (fig. 46).

V. = vol. segment $AA'c'B'Bc$ — vol. tronc de cône $ABB'A'$.

$$V. = \frac{\pi H^3}{6} + \frac{\pi H}{2}(r^2 + r'^2) - \frac{\pi H}{3}(r^2 + r'^2 + rr')$$

$$V. = \frac{\pi H}{6}(H^2 + 3r^2 + 3r'^2 - 2r^2 - 2r'^2 - 2rr')$$

$$V. = \frac{\pi H}{6}(H^2 + r^2 + r'^2 - 2rr')$$

$$V. = \frac{\pi H}{6}[H^2 + (r - r')^2]$$

Mais l'on a dans le triangle rectangle ABD :

$$(r - r')^2 = \overline{BD}^2 = \overline{AB}^2 - \overline{AD}^2 = C^2 - H^2$$

En appelant C la corde du segment circulaire générateur.

$$V = \frac{\pi H C^2}{6}$$

Application. — On a : $OK = \frac{1}{4}R, OI = \frac{1}{2}R$, calculer le volume engendré par le segment circulaire ACB tournant autour de OE.
On a :

$$H = \left(\frac{1}{2} - \frac{1}{4}\right) R = \frac{1}{4} R$$

$$C^2 = H^2 + (r - r')^2 = \frac{1}{16} R^2 + \frac{15}{16} R^2 + \frac{3}{4} R^2 - \frac{\sqrt{45}}{4} R^2 = R^2 \times \frac{1,17}{16}$$

$$V = \pi R^3 \frac{1,17}{384} = 0,0095 R^3$$

VOLUME ENGENDRÉ PAR UN TRIANGLE TOURNANT AUTOUR D'UN AXE SITUÉ DANS SON PLAN.

67. Théorème. — *Le volume engendré par un triangle tour-*

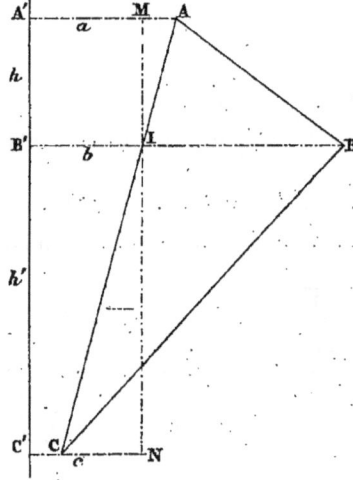

Fig. 47.

nant autour d'un axe situé dans son plan, et extérieur à sa surface a pour mesure le produit de son aire par la moyenne arithmétique des circonférences décrites par les 3 sommets.

On a (fig. 47) en désignant par V le volume engendré :
V = vol. tronc de cône ABB'A' + vol. tronc de cône BCC'B'
— vol. tronc de cône AA'C'C.

GÉOMÉTRIE.

En désignant par a, b, c les distances des trois sommets à l'axe; par h et h' les hauteurs A'B' et B'C' on a :

$$V = \frac{\pi}{3}[h(a^2+b^2+ab) + h'(b^2+c^2+bc) - (h+h')(a^2+c^2+ac)].$$

$$V = \frac{\pi}{3}[hb^2 + hab + h'b^2 + h'bc - h'a^2 - hc^2 - hac - h'ac.]$$

Ajoutons et retranchons $h'ab$ et hbc, on a :

$$V = \frac{\pi}{3}[hb^2 + hab + h'b^2 + h'bc - h'ab + h'ab - hbc + hbc$$
$$- h'a^2 - hc^2 - hac - h'ac].$$

$$V = \frac{\pi}{3}(a+b+c)(hb + h'b - h'a - hc)$$

Appelons d la longueur BI, on a :

$$AM = a - b + d, \quad CN = b - d - c.$$

Mais les triangles semblables AIM, CIN donnent :

$$\frac{AM}{MI} = \frac{CN}{NI} \text{ ou : } \frac{a-b+d}{h} = \frac{b-d-c}{h'}$$
$$h'a - h'b + h'd = hb - h'd - hc.$$
$$hb + h'b - h'a - hc = hd + h'd.$$

or $hd + h'd$ est le double de l'aire A du triangle, on a donc :

$$V = \frac{2\pi}{3}(a+b+c)A.$$

68. Remarque. — Cette expression peut être transformée comme il suit :

Soit (fig. 48) H = CP, la hauteur du triangle relative au côté AB, B le côté AB lui-même, on peut écrire :

$$V = \frac{H.B}{6} 2\pi(a+b+c)$$

Désignons par B', la base moyenne A'B', soit M' son milieu, M celui de AB, r' et r les distances de ces points à l'axe, on a :

$$2r = a+b \qquad 2r' = r+c$$
$$a+b+c = r+2r'$$

On a donc :

$$V = \frac{H.B}{6}(2\pi r + 4\pi r')$$

$$V = \frac{H.B}{6} 2\pi r + \frac{H.B'}{6} 8\pi r'$$

$$V = \frac{H}{6}(2\pi r B + 8\pi r' B')$$

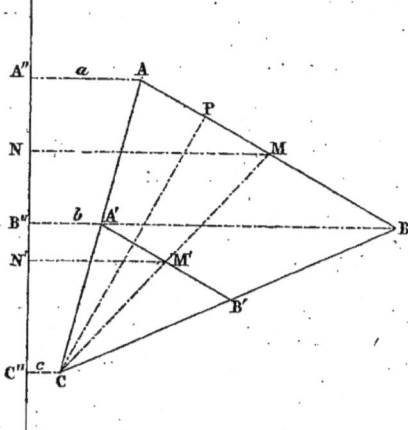

Fig. 48.

Mais $2\pi r B$ et $2\pi r' B'$ sont les surfaces engendrées par AB et A'B', on a donc :

$$V = \frac{H}{6}(\text{aire eng. par AB} + 4 \text{ aire eng. par A'B'}).$$

Application. — Le triangle ABC (fig. 49) tourne autour de xy, le côté AC mesure 10 centimètres, la distance CC' est 3 centimètres, les autres éléments sont les angles inscrits sur la figure. Calculer le volume engendré ?

Des mêmes notations que plus haut nous aurons :

$$c = 3 \quad a = 3 + \frac{10}{2} = 8 \quad b = 3 + CK$$

$$A = \frac{1}{2} \times AC \times GB = 5 \times GB$$

GB et BK étant des perpendiculaires abaissées de B sur AC et C'C.

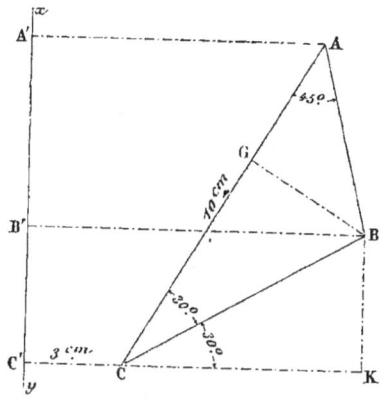

Fig. 49.

Or on a :
$$GB = AG = GC \frac{1}{\sqrt{3}} \qquad AG + GC = AC$$

D'où l'on tire :
$$GB = AG = \frac{AC - AG}{\sqrt{3}} \qquad GB = AG = \frac{AC}{1 + \sqrt{3}}$$
$$GC = AC \frac{\sqrt{3}}{1 + \sqrt{3}}$$

Mais l'on remarquera que les deux triangles CBG et CBK sont égaux, donc CK = CG; tous les éléments nécessaires sont connus et l'on a :
$$b = 3 + \frac{10\sqrt{3}}{1+\sqrt{3}} = \frac{3+13\sqrt{3}}{1+\sqrt{3}}$$
$$A = 5 \times \frac{10}{1+\sqrt{3}} = \frac{50}{1+\sqrt{3}}$$
$$V = \frac{2\pi}{3} \frac{50}{1+\sqrt{3}} \left(8 + \frac{3+13\sqrt{3}}{1+\sqrt{3}} + 3 \right)$$
$$V = \frac{100\pi}{3(1+\sqrt{3})^2} [14 + 24\sqrt{3}] = 780^{\text{cmc}}$$

69. Volume engendré par un secteur polygonal régulier tournant autour d'un diamètre. — Soit (fig. 50) ABCD une

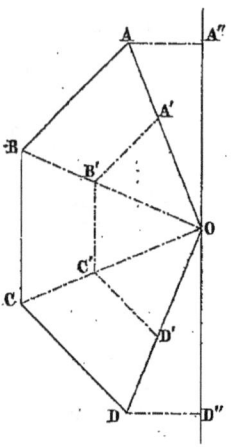

Fig. 50.

ligne polygonale régulière, O son centre sur l'axe, A'B'C'D' la ligne polygonale moyenne, a l'apothème.

Tous les triangles ont cet apothème pour hauteur et l'on a évidemment pour le volume engendré :

$$V = \frac{a}{6}(\text{aire eng. par ABCD} + 4 \text{ aire eng. par A'B'C'D'}).$$

Mais le rapport de similitude des deux lignes étant $\frac{1}{2}$, le rapport des surfaces engendrées est $\frac{1}{4}$ et l'on a :

$$V = \frac{a}{3} \times \text{aire engendrée par ABCD}.$$

Mais l'aire engendrée par ABCD est égale à la projection A"D" de cette ligne multipliée par $2\pi a$, d'où :

$$V = \frac{2\pi a^2}{3} \times \text{projection de ABCD sur l'axe}.$$

70. Remarque I. — Si le contour polygonal est limité à un diamètre, on a :

$$\text{projection} = 2R \qquad V = \frac{4\pi a^2 R}{3}$$

71. Remarque II. — Si le contour polygonal se limite aux côtés perpendiculaires à l'axe (fig. 51), on a :

$$\text{projection} = 2a \qquad V = \frac{4\pi a^3}{3}$$

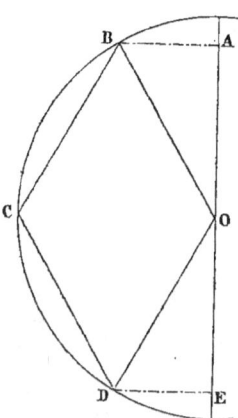

Fig. 51.

Application. — Soit dans ce dernier cas un contour BCD formé par deux côtés d'un hexagone, on a :

$$a = \frac{R\sqrt{3}}{2}$$

$$V = \frac{\pi R^3 \sqrt{3}}{2} = 2,71\ R^3$$

72. Volume engendré par un polygone quelconque, tournant autour d'un axe situé dans son plan et extérieur à sa surface. — On découpera le polygone en figures telles qu'on puisse évaluer facilement le volume qu'elles engendrent.

La même méthode permettra d'évaluer les volumes engendrés par des surfaces limitées par des lignes courbes, en décomposant ces surfaces en éléments de cercle et en éléments à côtés rectilignes.

Il faut cependant remarquer que la formule des trois niveaux ne s'applique exactement aux volumes engendrés par des éléments de cercle, que quand ceux-ci tournent autour d'un diamètre.

TABLEAU

donnant les valeurs des côtés et des apothèmes
des principaux polygones réguliers
en fonction du rayon du cercle circonscrit

DÉNOMINATION DES POLYGONES	CÔTÉS	APOTHÈMES
Carré...............	$R\sqrt{2}$	$\dfrac{R}{2}\sqrt{2}$
Triangle équilatéral..	$R\sqrt{3}$	$\dfrac{R}{2}$
Pentagone..........	$\dfrac{R}{2}\sqrt{10-2\sqrt{5}}$	$\dfrac{R}{4}(\sqrt{5}+1)$
Pentagone étoilé.....	$\dfrac{R}{2}\sqrt{10+2\sqrt{5}}$	$\dfrac{R}{4}(\sqrt{5}-1)$
Hexagone...........	R	$\dfrac{R}{2}\sqrt{3}$
Octogone...........	$R\sqrt{2-\sqrt{2}}$	$\dfrac{R}{2}\sqrt{2+\sqrt{2}}$
Décagone...........	$\dfrac{R}{2}(\sqrt{5}-1)$	$\dfrac{R}{4}\sqrt{10+2\sqrt{5}}$
Décagone étoilé......	$\dfrac{R}{2}(\sqrt{5}+1)$	$\dfrac{R}{4}\sqrt{10-2\sqrt{5}}$

GÉOMÉTRIE. 91

APPLICATIONS.

1. — Déterminer la surface et le volume engendrés par la rotation de la partie ombrée autour de AB (fig. 1).

$$OL = 0^m,60$$
$$AB = \frac{OL}{2} = 0^m,30$$
$$OC = \frac{AB}{3} = 0^m,10$$

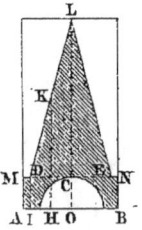
Fig. 1.

Solution: Appelant S et V la surface et le volume demandés, on a :

S = 2 [surf. eng. par LD + surf. eng. par MD + surf. eng. par MA] + surf. sphère de rayon OC

V = 2 [vol. tronc de cône LDIO + vol. cyl. MDIA] — vol. sph. de rayon OC

Surf. eng. par LD = $2\pi \times$ KH $\times$ LD

K étant le milieu de LD

Surf. eng. par MD = 2π AM $\times$ MD

Surf. eng. par MA = $\pi \overline{AM}^2$

Surf. sph. de rayon OC = $4\pi \overline{OC}^2$

Vol. tr. cône LDIO = $\dfrac{\pi \times IO}{3} [\overline{DI}^2 + \overline{OL}^2 + DI \times OL]$

$= \dfrac{\pi . IO}{3} [\overline{AM}^2 + \overline{OL}^2 + AM \times OL]$

Vol. cyl. MDIA = $\pi MD \times \overline{AM}^2$

Vol. sph. de rayon OC = $\dfrac{4}{3} \pi \times \overline{OC}^3$

Calculons les éléments linéaires ; on a en décimètres :

$$AM = OC = 1 \quad OL = 6$$

$$IO = DC = AO \times \frac{CL}{OL} = \frac{3}{2} \times \frac{6-1}{6} = 1,25$$

$$KH = \frac{LC}{2} + OC = 3,5 \quad LD = \sqrt{\overline{LC}^2 + \overline{DC}^2} = 1,25\sqrt{17}$$

$$DI = OC = 1$$

$$MD = AI = AO - IO = \frac{3}{2} - 1,25 = 0,25$$

$$S = 2\pi \left[2 \times 3,5 \times 1,25\sqrt{17} + 2 \times 1 + 0,25 + 1 \right] + 4\pi \times 1$$
$$S = \pi\, 79,15 = 248^{\text{dcmq}}$$

$$V = 2\pi \left[\frac{1,25}{3}(1 + 36 + 6) + 0,25 \times 1 \right] - \frac{4}{3}\pi \times 1 = \pi \times 35$$
$$V = 110^{\text{dcmc}}$$

2. — Exprimer en fonction du côté c la surface de la figure ci-contre :

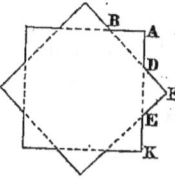

Fig. 2.

Solution. — Appelant S la surface cherchée, on a :

$$S = \text{surf. carré} + 4\,\text{surf. tr. BAD}$$

$$\text{Surface carré} = c^2$$

$$\text{Surface BAD} = \frac{1}{2}\overline{DA}^2$$

$$DA = c - DE - EK. \quad DE = DF\sqrt{2} = DA\sqrt{2}. \quad EK = DA$$

$$DA = c - DA\sqrt{2} - DA. \quad DA = \frac{c}{2 + \sqrt{2}}$$

$$\text{Surface BAD} = \frac{c^2}{12 + 8\sqrt{2}}$$

$$S = c^2 \left(1 + \frac{4}{12 + 8\sqrt{2}} \right) = c^2\, \frac{4 + 2\sqrt{2}}{3 + 2\sqrt{2}} = 1,172\, c^2$$

GÉOMÉTRIE. 93

3. — Déterminer le volume engendré par la rotation de la partie ombrée ci-contre autour du diamètre DH.

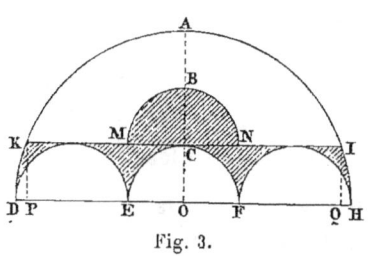

Fig. 3.

$$OA = R = 0^m,90$$
$$DE = EF = FH = \frac{2}{3}R$$
$$OC = BC = \frac{R}{3}$$

Solution. — Appelant V le volume cherché, on a :

$$V = \frac{4}{3}\pi R^3 - \text{vol. eng. par seg. KAI} + \text{vol. eng. par } \frac{1}{2} \text{ cercle MBN}$$
$$- 3 \text{ vol. sph. ECF.}$$

$$\text{Vol. eng. par segment} = \frac{\pi}{6}\overline{KI}^2 \times PQ = \frac{\pi}{6}\overline{KI}^3$$

$$\text{Vol. eng. par } \frac{1}{2} \text{ cercle MBN} = 4\pi \frac{MN}{6}[\overline{OB}^2 - \overline{OC}^2]$$

$$= 2\pi \frac{MN}{3}[\overline{OB}^2 - \overline{OC}^2] = \frac{4\pi R^3}{27}$$

$$3 \text{ vol. sph. ECF} = 3 \times \frac{4}{3}\pi \overline{OC}^3 = 4\pi \cdot \overline{OC}^3 = \frac{4\pi R^3}{27}$$

$$KI = 2KC = 2\sqrt{R^2 - OC^2} = 2R\sqrt{1 - \frac{1}{9}} = \frac{2R}{3}\sqrt{8}$$

$$V = \frac{4}{3}\pi R^3 - \frac{8\pi R^3}{6 \times 27} 8\sqrt{8} + \frac{4\pi R^3}{27} - \frac{4\pi R^3}{27} = \frac{4}{3}\pi R^3\left(1 - \frac{8\sqrt{8}}{27}\right)$$

$$V = 495^{dmc}$$

4. — Exprimer en fonction du rayon R la surface de la coupe formée par le raccordement de la calotte ADN avec le tronc de cône tangent GANB (fig. 4).

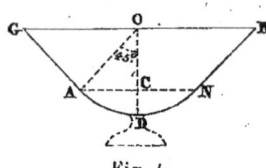

Fig. 4.

Arc ADN $= 90°$
OA $=$ R

Solution. — Appelant S la surface cherchée, on a :

S = surf. calotte ADN + surf. lat. tronc de cône GANB

Surf. calotte ADN $= 2\pi R \times CD$

Surf. lat. tronc de cône $= 2\pi (OG + AC) \dfrac{AG}{2}$

$$AC = OC = R\dfrac{\sqrt{2}}{2}$$

$$CD = R\left(1 - \dfrac{\sqrt{2}}{2}\right)$$

$$OG = 2AC = R\sqrt{2}$$

$$AG = OA = R$$

$$S = 2\pi\left[R^2\left(1 - \dfrac{\sqrt{2}}{2}\right) + \left(R\sqrt{2} + \dfrac{R\sqrt{2}}{2}\right)\dfrac{R}{2}\right]$$

$$S = 2\pi \times R^2\left(1 - \dfrac{\sqrt{2}}{2} + \dfrac{\sqrt{2}}{2} + \dfrac{\sqrt{2}}{4}\right)$$

$$S = 1{,}3535 \times \pi \times R^2$$

5. — Combien de billes d'un centimètre de diamètre faut-il jeter dans le verre conique ci-contre (fig. 5) pour en chasser la portion de liquide d'abord contenue dans le premier dixième de la hauteur ?

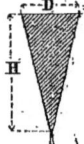

Fig. 5.

$H = 2D = 10$ centimètres.

Solution. — Appelant N le nombre de billes demandé, on a :

$$N \times \dfrac{1}{6}\pi 1^3 = \dfrac{1}{3}\pi\dfrac{D^2}{4}H\left[1 - \overline{0{,}9}^3\right] = \dfrac{1}{3}\pi\dfrac{D^2}{4}H(1 - 0{,}729)$$

car le volume primitif et le volume d'eau restant sont deux volumes semblables dont le rapport de similitude est $\dfrac{1}{0,9}$, celui de leurs volumes est $\dfrac{1}{\overline{0,9}^3}$. et, comme le volume primitif est $\dfrac{1}{3}\pi\dfrac{D^2}{4}H$, leur différence est : $\dfrac{1}{3}\pi\dfrac{D^2}{4}H\left(1-\overline{0,9}^3\right)$

Faisant $H = 2D = 10$, on a :

$$\frac{\pi N}{6} = \frac{250}{12} \times \pi \times 0{,}271$$

$$N = 125 \times 0{,}271 = 34 \text{ (par excès)}.$$

6. — Le cône A immergé dans la coupe hémisphérique B en a fait sortir 412 grammes d'eau. Déterminer à 1^{cmc} près le volume de la coupe (fig. 6).

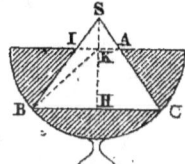

Rayon de la coupe $= R$
Hauteur du cône $= R$
$SK = \dfrac{R}{3}$

Fig. 6.

Solution. — Appelons V le volume cherché, le volume d'eau chassé étant 412^{cmc}, on a :

$$412 = \text{vol. tr. de cône immergé} = \frac{\pi}{3}KH(\overline{KI}^2 + \overline{BH}^2 + KI \times BH)$$

$$V = \frac{2}{3}\pi R^3$$

$$R = \frac{3}{2}KH \qquad KH = \frac{2}{3}R$$

$$KI = \frac{1}{3}BH; \quad \overline{BH}^2 = R^2 - \overline{KH}^2 = \frac{5}{9}R^2; \quad KI \times BH = \frac{1}{3}\overline{BH}^2 = \frac{5}{27}R^2$$

$$412 = \frac{\pi}{3}R^3\frac{2}{3}\left[\frac{5}{81} + \frac{5}{9} + \frac{5}{27}\right] = \frac{2}{3}\pi R^3\frac{65}{243} = V\frac{65}{243}$$

$$V = 412 \times \frac{243}{65} = 1540^{\text{cmc}}$$

7. — AB côté du pentagone régulier, CD côté du carré, ces deux côtés sont parallèles (fig. 7); OB = R rayon du cercle circonscrit. On joint AC, BD, déterminer la surface du trapèze ainsi obtenu et le volume engendré par la rotation du trapèze autour de AB.

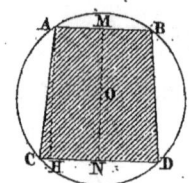

Fig. 7.

Solution. — 1° Soit S la surface du trapèze; on a :

$$S = \frac{AB+CD}{2}(OM+ON); \quad \frac{AB}{2} = \frac{R}{4}\sqrt{10-2\sqrt{5}};$$

$$\frac{CD}{2} = \frac{R}{2}\sqrt{2}; \quad OM = \frac{R}{4}[\sqrt{5}+1]; \quad ON = \frac{R}{2}\sqrt{2}$$

$$S = \frac{R^2}{16}\left[\sqrt{10-2\sqrt{5}}+2\sqrt{2}\right]\left[1+\sqrt{5}+2\sqrt{2}\right]$$

$$S = \frac{R^2}{16}\left[(\sqrt{5}+1)\sqrt{10-2\sqrt{5}}+2\sqrt{2}+2\sqrt{10}+8+2\sqrt{2}\sqrt{10-2\sqrt{5}}\right]$$

Mais : $\sqrt{5}+1 = \dfrac{10+2\sqrt{5}}{2\sqrt{5}} = \dfrac{1}{2\sqrt{5}}\sqrt{10+2\sqrt{5}}\sqrt{10+2\sqrt{5}}$

$$(\sqrt{5}+1)\times\sqrt{10-2\sqrt{5}} = \frac{1}{2\sqrt{5}}\sqrt{10+2\sqrt{5}}\sqrt{100-20}$$

$$= \frac{1}{2\sqrt{5}}\sqrt{10+2\sqrt{5}}\,4\sqrt{5} = 2\sqrt{10+2\sqrt{5}}$$

$$S = \frac{R^2}{8}\left(\sqrt{10+2\sqrt{5}}+\sqrt{2}+\sqrt{10}+4+\sqrt{2}\sqrt{10-2\sqrt{5}}\right)$$

$$S = \frac{R^2}{8}(3{,}804+1{,}414+3{,}162+4+3{,}324) = 1{,}96\,R^2$$

2° Soit V le volume engendré, on a :

$$V = 2(\text{cyl. eng. par AMNH} + \text{vol. eng. par tri. CAH})$$

Cyl. eng. par AMNH $= \pi(MO+ON)^2 \dfrac{AB}{2} = \pi\dfrac{R^2}{16}(\sqrt{5}+1+2\sqrt{2})^2$

$$\times \frac{R}{4}\sqrt{10-2\sqrt{5}} = \frac{\pi R^3}{32}[7+\sqrt{5}+2\sqrt{10}+2\sqrt{2}]\sqrt{10-2\sqrt{5}}$$

Vol. eng. par tri. CAH $=$ aire ACH $\dfrac{4\pi AH}{3}$

$$= \frac{2}{3}\pi\overline{AH}^2 \times CH = \frac{2}{3}\pi(MO+ON)^2\frac{CD-AB}{2}$$

$$=\frac{2}{3}\pi\frac{R^3}{32}(7+\sqrt{5}+2\sqrt{10}+2\sqrt{2})(2\sqrt{2}-\sqrt{10-2\sqrt{5}})$$

$$V=\frac{\pi R^3}{48}(7+\sqrt{5}+2\sqrt{10}+2\sqrt{2})(4\sqrt{2}+\sqrt{10-2\sqrt{5}})=9{,}7\,R^3$$

8. — Arc $AC=60°$, arc $BC=30°$; M est le milieu de OC, $OC=R$, déterminer le volume engendré par la partie ombrée autour de Oy (fig. 8).

Solution. — Soit V le volume cherché, on a :

V = vol. eng. par segm. circ. AdB + vol. eng. par tri. ABM.

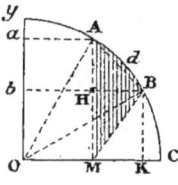

Fig. 8.

$$\text{Vol. eng. par segm. cir. } AdB = \pi\frac{AH}{6}\times\overline{AB}^2$$

$$\text{Vol. eng. par triangle ABM} = \text{aire ABM}\times\frac{2\pi}{3}(Aa+Bb+MO)$$

$$AH=AM-HM=AM-BK=\frac{R}{2}(\sqrt{3}-1);\ BH=AH$$

$$\overline{AB}^2=\overline{AH}^2+\overline{BH}^2=2\overline{AH}^2=\frac{R^2}{2}(4-2\sqrt{3})=R^2(2-\sqrt{3})$$

$$\text{Aire ABM}=\frac{AM\times BH}{2}=\frac{R\sqrt{3}}{4}\times\frac{R}{2}(\sqrt{3}-1)=\frac{R^2}{8}(3-\sqrt{3})$$

$$Aa=OM=\frac{R}{2}\quad Bb=OK=\frac{R}{2}\sqrt{3}$$

$$V=\pi\frac{R^3}{12}(\sqrt{3}-1)(2-\sqrt{3})+\frac{2}{3}\pi\frac{R^3}{8}(3-\sqrt{3})\left(\frac{1}{2}+\frac{\sqrt{3}}{2}+\frac{1}{2}\right)$$

$$=\frac{\pi R^3}{12}\left[(\sqrt{3}-1)(2-\sqrt{3})+\frac{3-\sqrt{3}}{2}(2+\sqrt{3})\right]$$

$$V=\frac{\pi R^3}{24}(4\sqrt{3}-4-6+2\sqrt{3}+6-2\sqrt{3}+3\sqrt{3}-3)$$

$$V=\frac{\pi R^3}{24}(7\sqrt{3}-7)$$

$$V=\frac{\pi R^3}{24}\times 7(\sqrt{3}-1)$$

$$V=0{,}671\,R^3$$

9. — Déterminer la surface ombrée ci-contre (fig. 9) :

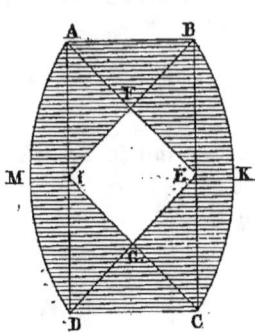

Fig. 9.

$AB = CD = a$

$AD = BC = 2a$

$AI = BE = a$

$IK = EM = IB = EA = IG = ED.$
(Mars 1895).

Solution. — La figure EFIG est un carré, on a donc pour la surface S cherchée :

$S =$ aire rectan. ABCD $+ 2$ aires seg. AMD $-$ aire carré FIGE

Aire ABCD $= 2a \times a = 2a^2$

Aire seg. AMD $= \dfrac{AE}{2}(\text{arc AD} - AE) = \dfrac{a\sqrt{2}}{2}\left(\dfrac{\pi a\sqrt{2}}{2} - a\sqrt{2}\right)$

$= \pi \dfrac{a^2}{2} - a^2$

2 aires seg. AMD $= a^2(\pi - 2)$

Aire carré IFEG $= IF \times FE = \left(\dfrac{a\sqrt{2}}{2}\right)^2 = \dfrac{a^2}{2}$

$S = 2a^2 + a^2(\pi - 2) - \dfrac{a^2}{2} = a^2\left(\pi - \dfrac{1}{2}\right) = 2,64\,a^2$

10. — Déterminer la surface ombrée ci-contre (fig. 10) :

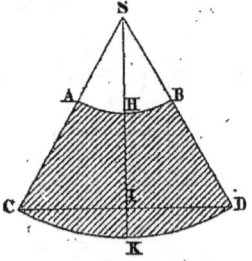

Fig. 10.

$CD = SC = SK = SD = a$

$SA = SH = \dfrac{SI}{2}$

(Mars 1895.)

Solution. — Le triangle CSD est équilatéral, on a donc :

$$SI = \frac{a\sqrt{3}}{2} \quad SH = \frac{a\sqrt{3}}{4}$$

et pour la surface cherchée S :

$$S = \text{aire secteur CSD} - \text{aire secteur ASB}$$

et comme ces secteurs sont semblables et que leur rapport de similitude est $\dfrac{SH}{SK}$, on a :

$$S = \text{aire sect. CSD}\left(1 - \frac{\overline{SH}^2}{\overline{SK}^2}\right)$$

$$\text{Aire sect. CSD} = \frac{\pi \overline{CS}^2}{6} = \frac{\pi a^2}{6}$$

$$\frac{SH}{SK} = \frac{a\sqrt{3}}{4a} = \frac{\sqrt{3}}{4}$$

$$S = \frac{\pi a^2}{6}\left[1 - \left(\frac{\sqrt{3}}{4}\right)^2\right] = \frac{\pi a^2}{6} \times \frac{13}{16} = \frac{13}{96}\pi a^2 = 0,425.a^2$$

11. — Calculer la surface de la rosace ci-contre inscrite dans un carré dont le côté est a (fig. 11).

Solution. — On a pour la surface S cherchée :

$$S = 8 \text{ aire } \frac{1}{2} \text{ feuille AEO}$$

Aire AEO = aire sect. MAEO
— aire tri. MAO

$$= \frac{\pi a^2}{16} - \frac{a^2}{8} = \frac{a^2}{16}(\pi - 2)$$

$$S = \frac{a^2}{2}(\pi - 2) = 0,57.a^2$$

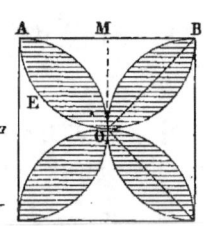

Fig. 11.

12. — On donne un octogone régulier inscrit dans un cercle de rayon R, calculer la surface et le volume engendrés par sa rotation autour du diamètre AE (fig. 12).

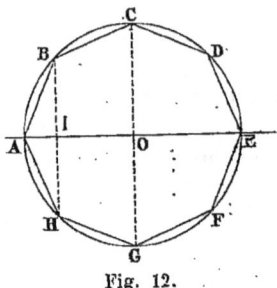

Fig. 12.

Solution. — Soient S la surface, V le volume, on a :

$$S = 2\pi \times \text{apot.} \times 2R = 4\pi R \times \text{apot.} = 2\pi R^2 \overline{\sqrt{2+\sqrt{2}}} = 11{,}60\,R^2$$

$$V = 2[\text{vol. tronc de cône BCGH} + \text{vol. cône ABH}]$$

$$\text{Vol. tronc de cône BCGH} = \frac{\pi \text{IO}}{3}\left[\overline{CO}^2 + \overline{BI}^2 + CO \times BI\right]$$

$$\text{Vol. du cône ABH} = \frac{\pi \text{AI}}{3} \times \overline{BI}^2$$

$$IO = BI = \frac{R\sqrt{2}}{2};\; CO = R;\; AI = R - IO = R\left(1 - \frac{\sqrt{2}}{2}\right)$$

$$\text{Vol. tronc de cône BCGH} = \frac{\pi R^3 \sqrt{2}}{6}\left[1 + \frac{1}{2} + \frac{\sqrt{2}}{2}\right]$$

$$= \frac{\pi R^3 \sqrt{2}}{12}(3 + \sqrt{2})$$

$$\text{Vol. cône ABH} = \frac{\pi R^3}{3}\left[1 - \frac{\sqrt{2}}{2}\right]\frac{1}{2} = \frac{\pi R^3}{12}(2 - \sqrt{2})$$

$$V = 2\left[\frac{\pi R^3}{12}\sqrt{2}(3+\sqrt{2}) + \frac{\pi R^3}{12}(2-\sqrt{2})\right] = \frac{\pi R^3}{3}(2+\sqrt{2})$$

$$= 3{,}573\,R^3$$

On peut d'ailleurs déduire ce volume de la surface trouvée conformément au paragraphe 69 :

$$V = \frac{\text{apothème} \times S}{3} = \frac{R\sqrt{2+\sqrt{2}} \times 2\pi R^2 \sqrt{2+\sqrt{2}}}{6} = \frac{\pi R^3}{3}(2+\sqrt{2})$$

GÉOMÉTRIE.

13. — Calculer le volume engendré par la figure ombrée ci-contre tournant autour de xy (fig. 13).

$AB = ED = a$

$AE = BD = 2a$

$CK = \dfrac{a}{2}$; $\quad MD = MI = NE = NR = \dfrac{3a}{2}$

(Mars 1895.)

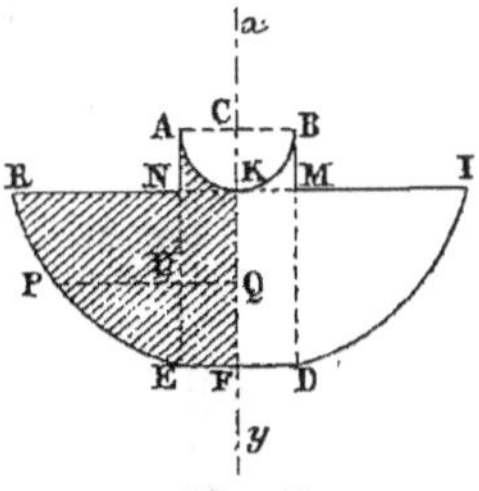

Fig. 13.

Solution. — On a en appelant V le volume cherché :

$$V = \text{vol. cyl. ABMN} - \text{vol.} \tfrac{1}{2} \text{sphère AKB} + \text{vol. eng. par RKFE}$$

$$\text{Vol. cyl. ABMN} = \pi \times \overline{NK}^2 \times AN = \pi \times \overline{CK}^3 = \frac{\pi a^3}{8}$$

$$\text{Vol.} \tfrac{1}{2} \text{sphère AKB} = \frac{2}{3} \pi \overline{CK}^3 = \frac{2}{3} \pi \frac{a^3}{8}$$

Nous évaluerons par la formule des 3 niveaux le volume engendré par RKFE ; les rayons des bases sont :

$$RK = NR + NK = \frac{4a}{2} = 2a$$

$$PQ = PU + UQ = \frac{NR\sqrt{3}}{2} + NK = \frac{a}{2}\left(\frac{3\sqrt{3}}{2} + 1\right)$$

$$EF = \frac{a}{2}$$

La hauteur est : $\quad KF = NE = \dfrac{3a}{2}$

$$\text{Vol. eng. par RKFE} = \frac{\pi \times 3a}{12}\left(4a^2 + \frac{a^2}{4} + \frac{a^2}{4}(3\sqrt{3}+2)^2\right)$$

$$\text{Vol eng. par RKFE} = \frac{\pi a^3}{16}(16 + 1 + 27 + 4 + 12\sqrt{3})$$

$$= \frac{\pi a^3}{8}(24 + 6\sqrt{3})$$

d'où, en combinant les volumes partiels :

$$V = \frac{\pi a^3}{8}\left(1 - \frac{2}{3} + 24 + 6\sqrt{3}\right) = \frac{\pi a^3}{8} \times 34{,}725 = 13{,}630 \times a^3$$

Remarque. — La formule des 3 niveaux ne s'applique pas exactement au cas considéré, l'expression exacte du volume est :

$$V = \frac{\pi a^3}{8} \times 35{,}13 = 13{,}789 \times a^3$$

14. — Calculer le volume engendré par la partie ombrée ci-contre tournant autour de xy (fig. 14).

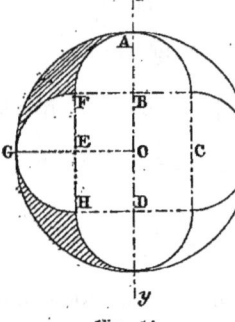

Fig. 14.

$OA = R$

$OB = OC = OD = OE = \dfrac{R}{2}$

(Mars 1895.)

Solution. — En appelant V le volume engendré, on a :

$$V = \frac{4}{3}\pi R^3 - \text{vol. sph. de rayon AB}$$
$$- \text{vol. eng. par BFGHD}$$

Nous appliquerons la formule des trois niveaux au dernier de ces volumes partiels, les éléments linéaires sont :

$$AB = \frac{R}{2}; \quad FB = \frac{R}{2}; \quad GO = R; \quad HD = \frac{R}{2}; \quad BD = 2\frac{R}{2} = R$$

$$\text{Vol. sph. de rayon AB} = \frac{4}{3}\pi \overline{AB}^3 = \frac{1}{6}\pi R^3$$

$$\text{Vol. eng. par BFGHD} = \pi \frac{BD}{6}\left[\overline{FB}^2 + \overline{HD}^2 + 4\overline{OG}^2\right]$$

$$= \pi \frac{R}{6}\left(\frac{R^2}{4} + \frac{R^2}{4} + 4R^2\right) = \frac{\pi R^3}{24} \times 18 = \frac{9}{12}\pi R^3$$

$$V = \pi R^3 \left(\frac{4}{3} - \frac{1}{6} - \frac{9}{12}\right) = \frac{5}{12}\pi R^3 = 1{,}309\, R^3$$

Remarque : Le volume exact est : $V = 1{,}122\, R^3$

15. — Déterminer le volume engéndré par la rotation de la partie ombrée autour de xy (fig. 15).

$$OA = R$$
$$OB = 2R \qquad \text{(Octobre 1895.)}$$

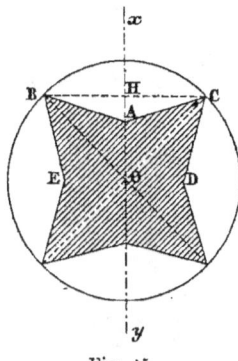

Fig. 15.

Solution. — En appelant V le volume engendré, on a :

$$V = 2(\text{vol. tronc de cône BCDE} - \text{vol. cône ABC})$$

$$\text{Vol. tronc de cône BCDE} = \pi \frac{OH}{3}\left(\overline{HC}^2 + \overline{OD}^2 + OD \times HC\right)$$

$$\text{Vol. cône ABC} = \pi \frac{AH}{3} \times \overline{HC}^2$$

$$OH = OB\frac{\sqrt{2}}{2} = R\sqrt{2}; \quad OD = OA = R; \quad HC = OH = R\sqrt{2}$$

$$AH = OH - OA = R(\sqrt{2} - 1)$$

$$V = \frac{2\pi}{3}\left[R\sqrt{2}\left(2R^2 + R^2 + R^2\sqrt{2}\right) - R(\sqrt{2} - 1)2R^2\right]$$

$$V = 2\pi \frac{R^3}{3}\left(3\sqrt{2} + 2 - 2\sqrt{2} + 2\right)$$

$$V = 2\pi \frac{R^3}{3}\left(4 + \sqrt{2}\right)$$

$$V = 11{,}336\ R^3$$

16. — Déterminer le volume engendré par la rotation de la partie ombrée autour de xy (fig. 16), sachant que :

$$AB = BC = \text{côté de l'octogone.}$$

$$OA = OC = \text{rayon du cercle} = 0^m,20.$$

$$OH = OF = \frac{OG}{2} = \frac{1}{2} \text{ apothème de l'octogone.}$$

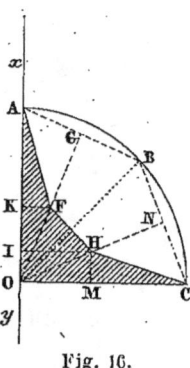

Fig. 16.

Solution. — En appelant V le volume engendré, on a :

$$V = \text{vol. cône AKF} + \text{vol. tronc de cône FKIH} + \text{vol. tr. de cône HIOC}$$

$$\text{Vol. cône AKF} = \frac{1}{3} \pi \times AK \times \overline{KF}^2$$

$$\text{Vol. tr. de cône FKIH} = \frac{1}{3} \pi KI \left[\overline{KF}^2 + \overline{IH}^2 + KF \times IH \right]$$

$$\text{Vol. tr. de cône HIOC} = \frac{1}{3} \pi IO \left[\overline{IH}^2 + \overline{OC}^2 + IH \times OC \right]$$

GÉOMÉTRIE.

Calculons les éléments linéaires en fonction de R, on a :

$$OK = OM = IH = OG\frac{OF}{OA} = \frac{R}{8}\left(2 + \sqrt{2}\right)$$

car les deux triangles AOG et FOK sont semblables, de plus, par hypothèse, $OF = \frac{OG}{2}$ et $OG = \frac{R}{2}\sqrt{2 + \sqrt{2}}$.

De même, on a, puisque $AG = \frac{AB}{2} = \frac{R}{2}\sqrt{2 - \sqrt{2}}$:

$$KF = HM = IO = AG\frac{OF}{OA} = R\frac{\sqrt{2-\sqrt{2}}}{2}\frac{\sqrt{2+\sqrt{2}}}{4} = R\frac{\sqrt{2}}{8}$$

$$KI = OK - IO = \frac{R}{8}\left(2 + \sqrt{2} - \sqrt{2}\right) = \frac{R}{4}$$

$$AK = OA - OK = \frac{R}{8}\left(8 - 2 - \sqrt{2}\right) = \frac{R}{8}\left(6 - \sqrt{2}\right)$$

$$\text{Vol. cône AKF} = \frac{1}{3}\pi\frac{R^3}{256}\left(6 - \sqrt{2}\right)$$

$$\text{Vol. tr. cône FKIH} = \frac{1}{3}\pi\frac{R^3}{256}\left[2 + (2+\sqrt{2})^2 + \sqrt{2}(2+\sqrt{2})\right]$$

$$= \frac{1}{3}\pi\frac{R^3}{256}\left[10 + 6\sqrt{2}\right]$$

$$\text{Vol. tr. cône HIOC} = \frac{1}{3}\pi\frac{R^3}{256}\frac{\sqrt{2}}{2}\left((2+\sqrt{2})^2 + 64 + 8(2+\sqrt{2})\right)$$

$$= \frac{1}{3}\pi\frac{R^3}{256}\left[12 + 43\sqrt{2}\right]$$

$$V = \frac{1}{3}\pi\frac{R^3}{256}\left(6 - \sqrt{2} + 10 + 6\sqrt{2} + 12 + 43\sqrt{2}\right)$$

$$= \frac{1}{3}\pi\frac{R^3}{256}\left[28 + 48\sqrt{2}\right]$$

En décimètres cubes :

$$V = \frac{1}{3}\pi\frac{8}{256}\left(28 + 48\sqrt{2}\right) = 3^{\text{dmc}},135$$

17. — Dans une sphère de rayon $OA = 0^m,72$ on inscrit un cône tel que sa surface latérale soit égale à la surface de la

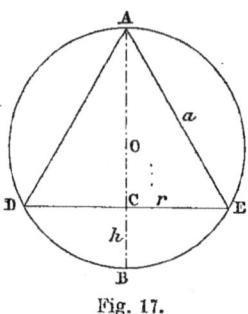

Fig. 17.

calotte sphérique DBE qui lui correspond, on demande la hauteur AC de ce cône?

Solution. — Si nous désignons par a, r, h (fig. 17), les éléments inconnus que nous avons à déterminer, R étant le rayon de la sphère, nous obtenons le système d'équations suivant :

$$\begin{cases} \pi\, ar = 2\pi R h & (1) \\ r^2 = h\,(2R - h) & (2) \\ a^2 = 2R\,(2R - h) & (3) \end{cases}$$

d'où nous tirons en le traitant par rapport à h :

$$4R^2 h^2 = 2Rh\,(2R - h)^2$$

c'est-à-dire, en effectuant et en ordonnant par rapport à h, après simplifications :

$$h^2 - 6Rh + 4R^2 = 0$$

d'où :

$$h = \frac{6R - \sqrt{36R^2 - 16R^2}}{2} = \frac{6R - 4,47R}{2} = 0,76R = 0^m,55$$

par suite :

$$AC = 2R - h = 1^m,44 - 0,55 = 0^m,89$$

18. — Un triangle équilatéral de 0^m,20 de côté tourne au-

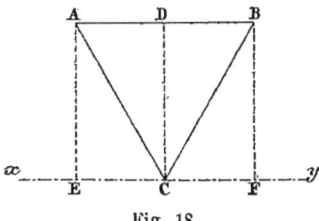

Fig. 18.

tour de xy parallèle au côté AB (fig. 18), évaluer la surface et le volume engendrés.

Solution. — Désignons le côté du triangle par a.

On sait que : $CD = \dfrac{a\sqrt{3}}{2}$.

Nous avons :

Surf. cherchée = surf. lat. cylindre ABFE + 2 surf. lat. cône BCF

Or :

$$\text{Surface latérale cylindre ABFE} = 2\pi \dfrac{a\sqrt{3}}{2} \times a = \pi a^2 \sqrt{3}$$

$$\text{Surface latérale cône BCF} = \pi \dfrac{a\sqrt{3}}{2} \times a = \pi \dfrac{a^2\sqrt{3}}{2}$$

Par suite :

$$\text{Surface cherchée} = \pi a^2 \sqrt{3} + 2 \times \dfrac{\pi a^2 \sqrt{3}}{2} = 2\pi a^2 \sqrt{3}$$
$$= 6,28 \times 4 \times 1,732 = 43^{dq},51$$

2° Volume cherché = vol. cylindre ABFE − 2 vol. cône BCF

Or :

$$\text{Vol. cylindre ABFE} = \pi \times \dfrac{3a^2}{4} \times a = \dfrac{3\pi a^3}{4}$$

$$\text{Vol. cône BCF} = \dfrac{1}{3} \pi \dfrac{a}{2} \times \dfrac{3a^2}{4} = \dfrac{\pi a^3}{8}$$

Donc :

$$\text{Volume cherché} = \dfrac{3}{4}\pi a^3 - \dfrac{1}{4}\pi a^3 = \dfrac{1}{2}\pi a^3 = \dfrac{3,14 \times 8}{2} = 12^{dc},56$$

19. — Déterminer la surface et le volume du corps qu'on obtiendrait par la rotation de la partie ombrée ci-contre autour de CE (fig. 19).

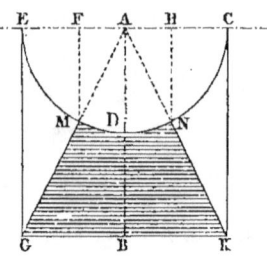

Fig. 19.

$$AB = h = 0^m,40$$
$$AD = AC = 0^m,20$$

Solution.

CALCULS PRÉLIMINAIRES

Triang. ABK	Triang. AHN, ACK	Triang. AHN, ACK
$\overline{AK}^2 = 16 + 4 = 20$	$\dfrac{AH}{2} = \dfrac{2}{4,47}$	$\dfrac{NH}{4} = \dfrac{2}{4,47}$
$AK = 4^d,47$	$AH = 0^d,89$	$NH = 1^d,78$

On a d'après la figure :

Surf. cherchée = surf. latérale cylindre ECKG + surf. zone MN
 + 2 surf. lat. tronc cône HNKC

Or :

Surf. lat. cyl. ECKG $= 2\pi h^2 = 2 \times 3,14 \times 16 = 100^{dq},48$

Surf. zone MN $= 2\pi \dfrac{h}{2} \times FH = 3,14 \times 4 \times 1,78 = 22^{dq},36$

Surf. latérale tronc cône HNKC $= \pi NK\,(h + NH)$
$= 3,14 \times 2,47 \times 5,78 = 44^{dq},83$

par suite :

Surface cherchée $= 100,5 + 22,4 + 89,7 = 213^{dq}$.

GÉOMÉTRIE. 109

2° On a, d'après la figure :

Vol. cherché = vol. cylindre ECKG — 2 vol. tr. cône HNKC
— vol. seg. sphérique HNMF

Or :

$\begin{cases} \text{Vol. cylindre ECKG} = \pi h^3 = 3{,}14 \times 64 = 201^{dc} \\ \text{Vol. tr. cône HNKC} = \dfrac{3{,}14 \times 1{,}11}{3}(16 + 3{,}17 + 7{,}12) = 30^{dc}{,}5 \\ \text{Vol. segm. sphérique FHNM} = 2{,}9 + 17{,}5 = 20^{dc}{,}4 \end{cases}$

par suite :

Vol. cherché $= 201 - 61 - 20{,}4 = 119^{dc}$.

20. — Déterminer la surface et le volume du corps qu'on

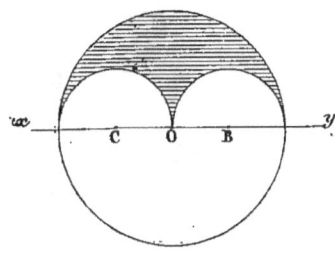

Fig. 20.

obtiendrait par la rotation de la partie ombrée ci-contre autour de xy (fig. 20).

$$R = 0^m{,}40$$

$$OB = OC = \frac{R}{2}$$

Solution :

1° Surface cherchée $= 4\pi R^2 + 2 \times 4\pi \dfrac{R^2}{4} = 6\pi R^2 = 301^{dq}$

2° Vol. cherché $= \dfrac{4}{3}\pi R^3 - 2 \times \dfrac{4}{3}\pi \dfrac{R^3}{8} = \pi R^3 = 201^{dc}$

21. On demande le volume engendré par la rotation de l'hexagone ci-contre, dont le côté est de $0^m,20$, autour de xy.

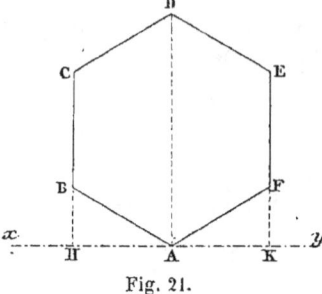

Fig. 21.

Solution. — On a, d'après la figure 21 :

Vol. cherché $= 2$ vol. HCDA $- 2$ vol. HAB

D'ailleurs :

$$BH = \frac{R}{2}$$

D'autre part :

$$\begin{cases} \text{Vol. HCDA} = \frac{R^3\sqrt{3} \times \pi}{2 \times 3}\left(4 + \frac{9}{4} + 3\right) = \frac{37\pi R^3\sqrt{3}}{24} \\ \text{Vol. BAH} = \frac{R\sqrt{3}}{2 \times 3} \times \frac{\pi R^2}{4} = \frac{\pi R^3\sqrt{3}}{24} \end{cases}$$

donc :

$$\text{Volume cherché} = \frac{36\pi R^3\sqrt{3}}{12} = 130^{dc}.$$

22. — On donne une circonférence de rayon $R = 0^m,40$ (fig. 22). Par l'extrémité B du diamètre AB on mène deux

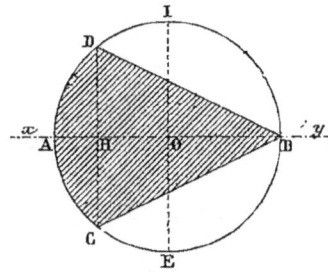

Fig. 22.

cordes BC, BD qui coupent les rayons OI et OE en leur milieu : Déterminer le volume engendré par la partie ombrée tournant autour du diamètre AB.

1re *Solution.* — On a :

Vol. cherché $=$ vol. cône DBC $+$ vol. segment sphérique DAC.

Calcul de DH, AH, BH :

Entre ces trois quantités nous avons les relations :

$$\begin{cases} \overline{DH}^2 = AH \times BH \\ AH + BH = 2R \\ 2DH = BH \end{cases}$$

De ce système de trois équations à trois inconnues on tire sans peine :

$$\begin{cases} AH = \dfrac{2R}{5} \\ DH = \dfrac{4R}{5} \\ BH = \dfrac{8R}{5} \end{cases}$$

Dès lors :

$$\text{Vol. cherché} = \frac{\pi \cdot 16R^2 \cdot 8R}{25 \times 3 \times 5} + \frac{4\pi R^3}{25} - \frac{8\pi R^3}{375} = \pi R^3 \times \frac{128 + 60 - 8}{375}$$

c'est-à-dire :

$$\text{Vol. cherché} = \frac{180}{375}\pi R^3 = \frac{12}{25}\pi R^3 = 96^{dc}.$$

2ᵉ *Solution*. — Le volume cherché est la différence entre le volume de la sphère et celui qu'engendre le segment circulaire DIB ; nous avons donc :

$$\text{Vol. cherché} = \frac{4}{3}\pi R^3 - \frac{1}{6}\pi \cdot \overline{BD}^2 \times \frac{8R}{5}$$

or :

$$\overline{BD}^2 = \frac{64R^2}{25} + \frac{16R^2}{25} = \frac{80R^2}{25}$$

donc :

$$\text{Vol. cherché} = \frac{4}{3}\pi R^3 - \frac{\pi R^3 \times 80 \times 8}{6 \times 25 \times 5} = \pi R^3 \left(\frac{4}{3} - \frac{640}{750}\right)$$

c'est-à-dire :

$$\text{Vol. cherché} = \frac{\pi R^3 (1000 - 640)}{750} = \frac{36}{75}\pi R^3 = \frac{12}{25}\pi R^3 = 96^{dc}.$$

PROBLÈMES A RÉSOUDRE.

1. — La plaque équilatérale P (fig. 23) évidée comme l'in-

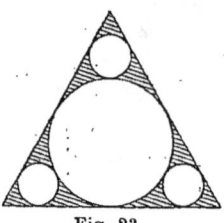

Fig. 23.

dique la figure, pèse $2^k,460$; combien pesait-elle quand elle était entière ?

Réponse : $12^k,680$.

2. — Le poids de la plaque échancrée est de 413 grammes. Combien pesait-elle quand elle était entière ?

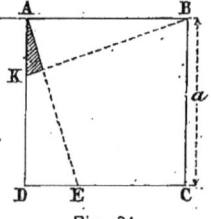

Fig. 24.

$$AK = DE = \frac{a}{3}$$

Réponse : 420 grammes.

3. — L'étoile et la rondelle à laquelle elle est fixée ont été découpées dans la même feuille de cuivre et pèsent ensemble $118^{gr},8$; quel est le poids de chacune d'elles, $ab = bc$?

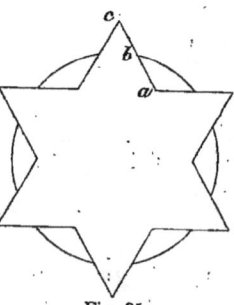

Fig. 25.

Réponse :
- Poids de la rondelle $= 61^{gr},1.$
- Poids de l'étoile $= 57^{gr},7.$

GÉOMÉTRIE.   113

4. — Sur le verre conique V plein d'eau on place la boule S ;

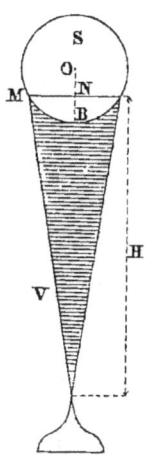

Fig. 26.

elle en fait sortir 50 grammes de liquide ; en conclure la capacité du verre (fig. 26)?

$$OB = R$$
$$ON = \frac{R}{2}$$
$$H = 6MN$$

Réponse : $311^{cc},700$.

5. — L'objet ci-contre étant façonné avec du fil de cuivre qui pèse 14 grammes le mètre courant, déterminer son poids à 1 milligramme près, sachant que les arcs tels que *amb*, *anc* sont de 240 degrés et qu'ils surmontent les côtés de l'hexagone régulier inscrit dans la circonférence pointillée dont le rayon est de $0^m,048$, l'anneau extérieur embrassant le tout (fig. 27)?

Réponse : $17^{gr},056$.

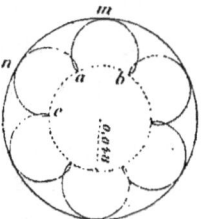

Fig. 27.

114   MANUEL DU MÉCANICIEN.

6. — Le prisme droit P pesait 100 kilos; on le coupe par le

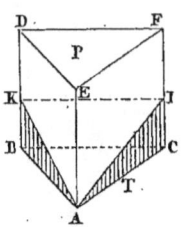

Fig. 28.

plan AKI comme l'indique la figure 28 et incliné de 45° sur la base; quel est le poids du fragment T détaché sachant que :

$$DF = 0^m,40$$
$$EF = 0^m,30$$
$$DE = 0^m,20$$
$$BD = 0^m,35$$

Réponse : $27^k,8$.

7. — Déterminer la longueur totale du fil qui compose la grille ci-contre (fig. 29), sachant que :

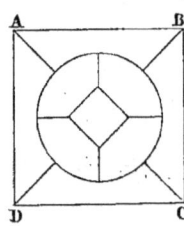

Fig. 29.

1° Le côté AB du grand carré = 2 mètres;

2° La surface du cercle = $\frac{1}{2}$ surface du grand carré;

3° Surface petit carré = $\frac{1}{10}$ surface grand carré.

Réponse : $19^m,409$.

8. — Un prisme droit, de 4 mètres de haut, a pour base le carré inscrit dans un cercle de 2 mètres de rayon ; on demande son volume?

Réponse : 32 mètres cubes.

GÉOMÉTRIE.

9. — Quelle est, en fonction du côté a du carré, la longueur

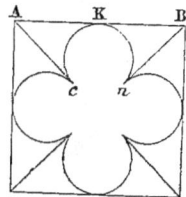

Fig. 30.

totale de fil de la grille figurée ci-contre ? (fig. 30).
(Les tiges telles que AC sont tangentes aux arcs).
Réponse : $9,902\ a$.

10. — Déterminer le volume du vase V dont le contour est la zone sphérique SK et dont le fond est le cône rentrant KCH, (fig. 31) sachant que :

Arc SK $= 45°$

$Cm = \dfrac{1}{2} Om$

$Om = 1$ mètre

Réponse :
Volume vase $= 4^{\text{mc}},710$.

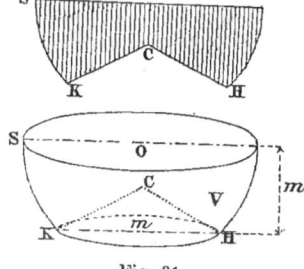

Fig. 31.

11. — Déterminer à 0,001 près, le rapport de la surface de la plaque échancrée ci-contre à la surface de la plaque entière (fig. 32).

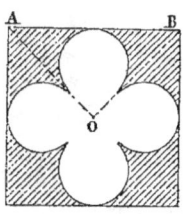

Fig. 32.

(Les arcs sont des arcs de circonférences inscrites dans les triangles tels que AOB.)

Réponse : $0,424$.

12. Le prisme droit P a pour base un triangle équilatéral et sa hauteur est égale au double du côté de ce triangle. En le

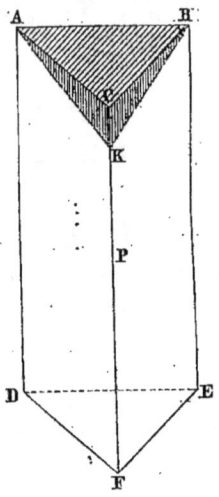

Fig. 33.

coupant suivant le plan ABK incliné à 45 degrés sur les bases, on en détache un morceau ABCK qui pèse $2^k,400$. Quel est le poids du prisme? (fig. 33).

Réponse : $16^k,632$.

— Calculer a un centimètre carré près la surface de l'é-

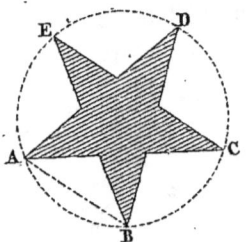

Fig. 34.

toile pentagonale ci-contre (fig. 34) inscrite dans un cercle de 1 mètre de rayon.

On prendra pour valeur du côté AB du pentagone inscrit : 1,18 R.

Réponse : $1^{mq},1239$.

GÉOMÉTRIE. 117

14. — La plaque évidée P pèse 326 grammes; combien pe sait-elle quand elle était entière ? (fig. 35).

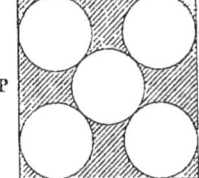
Fig. 35

Réponse :

1000 grammes.

1 . — La surface de l'octogone ABCDEFGH, formé par l'en-

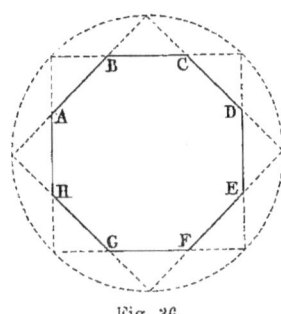
Fig. 36.

tre-croisement des deux carrés, étant de 1 mètre carré, calculer à 1 centimètre carré près la surface du cercle (fig. 36).

Réponse : $1^{mq},8950$.

16. — Évaluer en fonction de sa profondeur $BN = h$ le volume

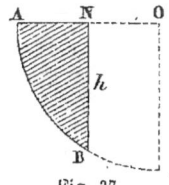
Fig. 37.

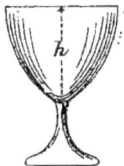
Fig. 38.

du coquetier engendré par la rotation du demi-segment ANB autour de sa demi-corde NB (fig. 37 et 38).

(L'arc AB est de 60 degrés.)

Réponse : $\dfrac{1,08 h^3}{\sqrt{3}}$

17. — Le vase V formé par la réunion de la calotte sphérique *abc* et du tronc de cône *eacf* (fig. 39) est fait d'une tôle

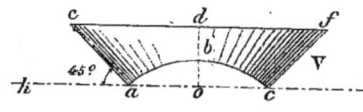

Fig. 39.

qui pèse 20 kilogrammes le mètre carré; combien pèse-t-il sachant que :

$$\text{angle } eah = 45°$$
$$\text{arc } abc = 90°$$
$$od = 2ob = 0^m,50$$

Réponse : $102^k,622$.

18. — Exprimer en fonction du côté *c* la surface de la

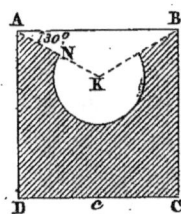

Fig. 40.

plaque carrée échancrée comme l'indique la figure 40, sachant que :

$$\text{Angle BAK} = 30°$$
$$\text{KN} = \frac{1}{2} \text{AK}$$

Réponse : $0,6813\ c^2$.

GÉOMÉTRIE.   119

19. — Le cylindre MNPQ pénétrant jusqu'à mi-hauteur de la baille ABCD pleine d'eau en a chassé 222 litres de liquide ;

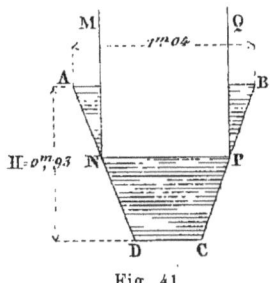

Fig. 41.

déterminer le diamètre CD du fond et la capacité de la baille sachant que son grand diamètre AB est égal à 1^m,04 et que sa hauteur H est de 0^m,93 (fig. 41).

Réponse : $\begin{cases} \text{Petit diamètre CD} = 0^m,52. \\ \text{Volume baille} = 460^{litres},61. \end{cases}$

20. — Quelle est la surface du cercle inscrit dans un heptagone régulier ayant 1 mètre carré de surface, sachant que le côté de l'heptagone inscrit est égal à la moitié du côté du triangle équilatéral ?

Réponse : 0^{mq},9345.

MÉCANIQUE

LIVRE I

GÉNÉRALITÉS

1. Définition de la mécanique. — La mécanique est la science du mouvement et des causes qui le produisent.

Corps en mouvement. — Un corps est dit *en mouvement* lorsqu'il occupe successivement diverses positions dans l'espace.

Corps en repos. — Un corps est dit *en repos* quand il ne change pas de position dans l'espace.

Points de repère. — On nomme ainsi les points fixes (ou considérés comme tels) auxquels est rapportée à chaque instant la position d'un corps et permettant de constater **le repos** ou **le mouvement** de ce corps.

Mouvement et repos absolus ou relatifs. — Quand les points de repère sont immobiles dans l'espace, le mouvement ou le repos est **absolu** ; si les points de repère se déplacent, le mouvement ou le repos est **relatif**.

Exemple. — Un marin qui se promène sur le pont d'un navire en marche a un mouvement relatif, par rapport à l'un des mâts ; son mouvement est absolu, si on le rapporte à un phare de la côte.

Point matériel. — C'est un point géométrique, auquel on attribue les propriétés de la matière.

Trajectoire. — C'est la ligne continue qui réunit les positions successives occupées dans l'espace par un point matériel en mouvement.

Origines. — Le *temps* est compté à partir d'un instant précis pris pour *origine*.

L'*origine des espaces* est le point de la trajectoire à partir duquel sont comptés les chemins parcourus.

Unités. — L'unité de temps est la *seconde*, ou $\frac{1}{3600}$ de l'heure moyenne; l'année tropique comprenant 365,2422 jours moyens de vingt-quatre heures moyennes.

L'unité de longueur est le *mètre* ou $\frac{1}{40000000}$ du méridien terrestre.

Loi du mouvement. — C'est la relation qui relie les espaces aux temps; avec la trajectoire, elle définit complètement le mouvement d'un corps. Il suffit en effet de déterminer, au moyen de la loi, l'espace parcouru à un moment donné et de porter cette longueur sur la trajectoire pour connaître la position du mobile à ce moment.

Diverses sortes de mouvements. — Suivant la loi du mouvement, celui-ci est *uniforme* ou *varié*.

Le mouvement est *continu* s'il a lieu toujours dans le même sens, *alternatif* s'il a lieu tantôt dans un sens, tantôt dans le sens opposé.

Suivant la forme de la trajectoire, le mouvement est *rectiligne* ou *curviligne*.

TITRE I

DES MOUVEMENTS

CHAPITRE I

MOUVEMENT UNIFORME.

2. Définition. — Dans le mouvement *uniforme* le mobile parcourt *des espaces égaux* en *des temps égaux*.

On peut encore dire : dans le mouvement *uniforme*, les espaces parcourus sont *proportionnels* aux temps.

3. Vitesse. — C'est le chemin parcouru dans l'*unité de temps*.

Nous représenterons cette quantité par v.

4. Loi du mouvement. — La loi du mouvement uniforme s'écrit :

$$(1) \qquad e = e_0 \pm vt$$

e_0 étant la distance du mobile à l'origine des espaces, au moment initial. Le signe — se rapporte à un mouvement pour lequel le mobile se dirige en sens inverse de la distance initiale e_0.

5. Représentation graphique de la loi du mouvement. — Si on porte sur une droite indéfini OX, des longueurs OA, OB etc., représentant les temps et si on prend sur des perpendiculaires à OX, menées par les points A, B, etc., des longueurs représentant les espaces, on obtient en joignant les points obtenus A'B', etc., une ligne O'A'B'.

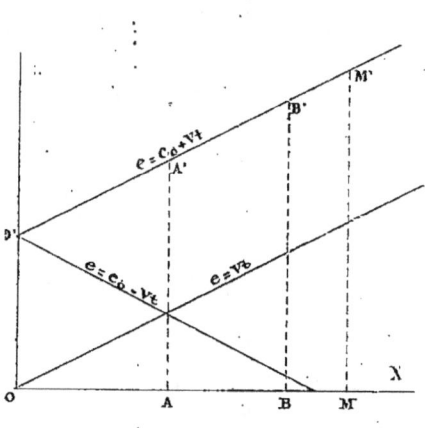

Fig. 1.

Cette ligne est une droite puisqu'elle représente une équation du premier degré. Pour en déduire l'espace parcouru au bout d'un temps représenté par OM, on mène l'ordonnée de M et l'on a ainsi MM' pour l'espace cherché.

6. Remarque I. — Si l'origine des espaces correspond à l'origine des temps, $e_o = 0$, la droite passe par le point 0 et la formule (1) devient :

$$(2) \qquad e = vt$$

7. Remarque II. — vt est l'aire d'un rectangle de dimensions v et t.

8. Remarque III. — De la formule (1) on tire :

$$(3) \qquad v = \frac{e - e_0}{t}$$

ce qui s'énonce :

La vitesse dans le mouvement uniforme est le rapport du chemin parcouru au temps employé à le parcourir.

9. Applications.

1° 2 trains partent de deux stations éloignées de 650 kilomètres, ils se dirigent l'un vers l'autre. Le premier part à midi de la station A et a une vitesse de 60 kilomètres à l'heure, le deuxième part à 1^h15^m de la station B et marche à raison de 45 kilomètres à l'heure.

A quelle heure et à quelle distance de A se rencontreront-ils ?

Solution algébrique. — Prenant la station A comme origine des espaces, appelant e_1 et e_2 les distances des deux trains à cette origine au même instant t compté à partir de midi on a :

$$e_1 = 60 \times t$$

$$e_2 = 650 - 45(t - 1{,}25)$$

car 1^h15^m correspond en nombre décimal à $1^h,25$.

Les deux trains se rencontreront quand les distances à l'origine seront égales :

$$60 \times t = 650 - 45(t - 1{,}25)$$

$$105\, t = 650 + 56{,}25 = 716{,}25$$

$$t = \frac{716{,}25}{105} = 6^h,82 = 6^h50^m$$

Pour la distance à la station A, nous aurons

$$e_1 = 60 \times 6{,}82 = 409^k,2$$

Solution graphique. — Sur des échelles d'abscisses et d'ordonnées convenables portons les heures et les distances à la station A.

Considérons qu'au bout de 5 heures, le premier train a par-

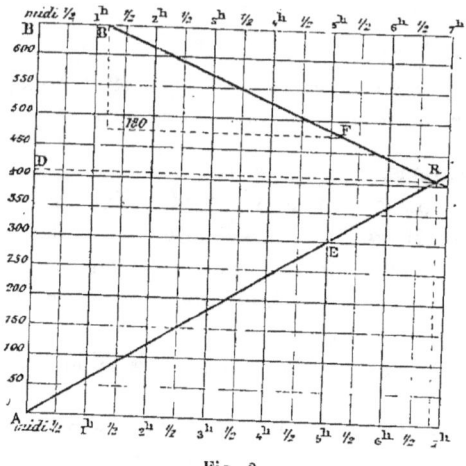

Fig. 2.

couru 300 kilomètres ; E correspondant à 5 heures et 300 kilomètres, AE est la loi du mouvement de ce train.

Le deuxième train parcourt en 4 heures 180 kilomètres, donc à 5 heures un quart il est à une distance 180 kilomètres de B, F représente cette situation, B'F est la loi du mouvement du deuxième train.

Les 2 droites se rencontrent en R qui correspond à 410 kilomètres et à 6^h50^m.

2° Deux trains partent dans le même sens de 2 stations A et B éloignées de 15 kilomètres, le premier train part de A à midi 15 minutes se dirigeant vers B à l'allure de 40 kilomètres à l'heure, le deuxième train part de B à midi 30 à l'allure de 35 kilomètres en s'éloignant de A ; à quelle heure et à quelle distance de A se rencontreront-ils ?

Solution algébrique. — On aura comme précédemment :

$$e_1 = 40 \times t$$
$$e_2 = 15 + (t - 0,25) 35.$$

Égalant on a :

$$40\,t = 15 + (t - 0,25)35$$
$$(40 - 35)\,t = 15 - 8,75$$
$$t = \frac{6,25}{5} = 1^h,25 = 1^h 15^m$$

La distance à la station A est :

$$c_1 = 40 \times 1,25 = 50$$

Solution graphique. — En procédant comme pour le problème précédent, nous obtiendrons l'intersection des 2 droites figuratives des lois en un point R qui correspond bien à une distance de A de 50 kilomètres et à un temps de $1^h 15^m$ après le départ du premier train.

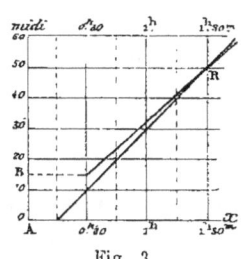

Fig. 3.

CHAPITRE II

MOUVEMENT VARIÉ

10. Définition du mouvement varié. — Dans le mouvement *varié*, les espaces parcourus en des temps *égaux* sont *inégaux*.

11. Vitesse. — La *vitesse* du mobile *à un moment donné* est celle du mouvement *uniforme* qui succéderait au mouvement varié, si les causes qui font que ce mouvement est varié venaient à cesser brusquement.

12. Vitesse moyenne. — C'est celle du mouvement *uniforme* qui ferait parcourir au mobile l'espace considéré dans le temps qui est *réellement employé* à le parcourir

$$v_m = \frac{c - c_0}{t} = \frac{v + v_0}{t}$$

13. Mouvement uniformément varié. — C'est celui dans lequel la *vitesse* varie de quantités *égales* en des temps *égaux*.

14. Accélération. — La variation j par seconde de la vitesse, s'appelle l'*accélération*.

Le mouvement est uniformément *accéléré* si la vitesse augmente :

(1) $$v = v_0 + jt.$$

Le mouvement est uniformément *retardé* si la vitesse diminue :

(1') $$v = v_0 - jt.$$

15. Loi du mouvement. — Portons sur un axe Ox des longueurs OA, OB, etc., représentant les temps. Aux points A, B etc., élevons des ordonnées AA', BB', etc., représentant les vitesses correspondantes.

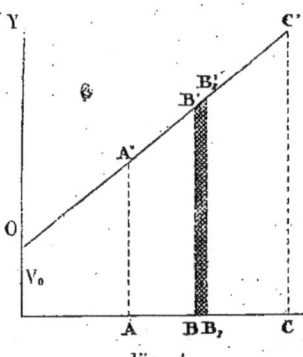

Fig. 4.

La ligne des points $A'B'$ etc., est une droite puisqu'elle représente l'équation $v = v_0 \pm jt$ qui est du premier degré.

Soit BB_1 un espace de temps très court ; pendant ce temps on peut considérer la vitesse comme constante et égale a BB', l'espace parcouru est alors représenté par l'aire du trapèze $BB_1B_1'B'$, qui se confond à la limite avec le rectangle de dimensions BB_1 et BB' (§ 6).

L'espace parcouru dans le temps total $OC = t$ est la somme de tels trapèzes, c'est-à-dire qu'il est représenté par le trapèze $OCC'O'$ dont l'aire est : $\dfrac{OC}{2}(OO' + CC')$

Or $OO' = v_0$, $CC' = v_0 + jt$, $OC = t$ et si e est l'espace parcouru on a :

$$e = \frac{t}{2}(v_0 + v_0 + jt) = v_0 t + \frac{1}{2}jt^2$$

Pour un mouvement uniformément retardé, on eut trouvé :

$$e = v_0 t - \frac{1}{2} j t^2$$

D'une façon générale, e_0 étant la distance du mobile à l'origine des espaces au temps initial, on aura :

(2) $$e = e_0 + v_0 t \pm \frac{1}{2} j t^2$$

16. Remarque I. — La loi du mouvement est une équation du deuxième degré, sa représentation graphique est suivant le

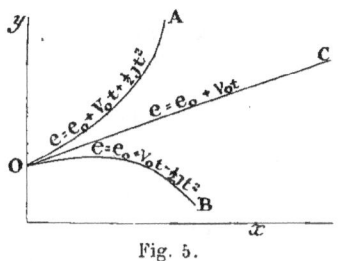

Fig. 5.

cas la courbe OA ou OB ; la ligne droite OC étant la représentation du mouvement uniforme de vitesse v_0.

17. Remarque II. — Les formules (1) et (2) peuvent se transformer ; on en tire en isolant les divers éléments pris successivement pour inconnues :

Mouvement uniformément accéléré :

(3) $t = \dfrac{v - v_0}{j}$ (4) $e - e_0 = \dfrac{v^2 - v_0^2}{2j}$ (5) $v^2 = v_0^2 + 2je$

Mouvement uniformément retardé :

(3') $t = \dfrac{v_0 - v}{j}$ (4') $e - e_0 = \dfrac{v_0^2 - v^2}{2j}$ (5') $v^2 = v_0^2 - 2je$

18. Applications.

1° Un mobile se déplace d'un mouvement uniformément accéléré, l'accélération est de 10 mètres, quelle vitesse aura-t-il au bout de la vingtième seconde et quel sera le chemin parcouru, la vitesse initiale étant 2 mètres ?

Solution. — Avec les formules (1) et (2) (§ 15), on a :

$$v = 2 + 10 \times 20 = 202 \text{ mètres}$$

$$e = 2 \times 20 + \frac{1}{2} 10 \times \overline{20}^2 = 40 + 5 \times 400 = 2040 \text{ mètres}$$

2° Avec quelle vitesse faut-il lancer un corps soumis à une accélération retardatrice $j = 10$ mètres pour qu'il s'arrête au bout de 10 secondes ; quel chemin aura-t-il parcouru ?

Solution. — Faisons dans les formules (1') et (4'), $v = 0$, $e_0 = 0$, on aura :

$$0 = v_0 - 10 \times 10$$

$$e = \frac{v_0^2}{2 \times 10}$$

$$v_0 = 100$$

$$e = \frac{10000}{20} = 500$$

CHAPITRE III

MOUVEMENT PÉRIODIQUE.

19. Définition du mouvement périodique. — Ce mouvement, fréquent dans les machines, est tel que la vitesse reprend des valeurs égales au bout d'intervalles de temps égaux appelés *périodes*.

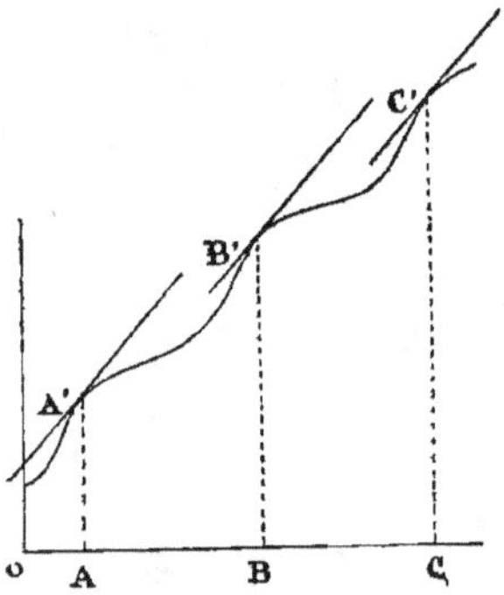

Exemple. — Mouvement du piston dans un cylindre à vapeur. La période est la durée d'un tour de l'arbre.

La loi du mouvement est représentée graphiquement par une courbe sinueuse A'B'C', telle

Fig. 6.

que les tangentes en des points A',B',C', espacés d'une période, sont parallèles, la vitesse moyenne du mouvement périodique est le rapport de l'espace parcouru pendant une période à cette période : $e = v_m \times p$.

MÉCANIQUE.

CHAPITRE IV

MOUVEMENT DE ROTATION.

20. Définition du mouvement de rotation. — Dans ce mouvement tous les points du corps décrivent des circonférences dont les plans sont perpendiculaires à l'axe de rotation et dont les centres se trouvent sur cet axe.

21. Vitesse angulaire. — Chaque point du corps décrit, pendant le même temps, un arc dont la longueur est proportionnelle à la distance de ce point à l'axe.

Lorsque le mouvement est *uniforme*, la *vitesse angulaire* v_a est la longueur de l'arc décrit en l'unité de temps par un point situé à l'unité de distance de l'axe.

22. La *vitesse linéaire* v_l d'un point situé à une distance R de l'axe, est l'arc décrit par ce point en l'unité de temps, on a évidemment (§ 21) :

$$v_l = v_a \times R$$

23. Remarque. — La vitesse angulaire s'exprime souvent en degrés de la circonférence et en nombre de tours à la minute.

Désignons par ω le premier de ces éléments, par N le second on a les relations :

$$\omega = v_a \frac{360}{2\pi} \qquad v_a = \omega \frac{2\pi}{360}$$

$$N = \frac{v_a}{2\pi} \times 60 \qquad v_a = \frac{2\pi N}{60}$$

$$\omega = 6N$$

24. Applications.

1° Calculer la vitesse linéaire d'un point de la périphérie d'un volant de 2 mètres de rayon, ses vitesses angulaires v_a et ω sachant qu'il fait 70 tours à la minute.

Solution. — On a :

$$v_a = \frac{2\pi \times 70}{60} = 7^m,33 \quad \omega = 420° \quad v_c = 7,33 \times 2 = 14^m,6$$

2° Deux roues d'engrenage ont respectivement pour rayons des circonférences théoriques d'entraînement $0^m,80$ et $0^m,20$; la première faisant 50 tours à la minute. Calculer la vitesse angulaire en tours de la seconde ?

Solution. — Les vitesses linéaires des points situés sur les circonférences d'entraînement sont les mêmes, on a donc en appelant x le nombre de tours cherché :

$$\frac{2\pi x}{60} \times 0,20 = \frac{2\pi \times 50}{60} \times 0,80$$

$$x = 50 \times \frac{0,80}{0,20} = 200 \text{ tours.}$$

CHAPITRE V

LOIS DE LA CHUTE DES CORPS.

25. *Dans le vide les corps tombent tous avec la même vitesse.* (Expérience du tube de Newton.)

26. **Loi du mouvement.** — *Les espaces parcourus sont proportionnels aux carrés des temps.*

27. **Loi des vitesses.** — *Les vitesses sont proportionnelles aux temps.*

Nous vérifierons plus loin ces deux lois au moyen de la machine d'Atwood.

28. Le mouvement d'un corps qui tombe est donc un mouvement *uniformément accéléré*; l'accélération de ce mouvement se désigne par la lettre g; elle varie suivant l'altitude et la latitude :

A Paris $g = 9^m,8088$, à l'équateur $g = 9,7806$.

MÉCANIQUE. 133

29. Le mouvement d'un corps lancé de bas en haut est *uniformément retardé*.

30. Appelons h la hauteur de chute ou d'ascension, nous résumerons les différentes formules de la chute des corps dans le tableau suivant :

Mouvement de haut en bas.

(1) $\qquad v = gt = \sqrt{2gh}$

(2) $\qquad h = \dfrac{1}{2} gt^2 = \dfrac{v^2}{2g}$ $\qquad$ } sans vitesse initiale.

(3) $\qquad t = \sqrt{\dfrac{2h}{g}}$

(4) $\qquad v = v_0 + gt = \sqrt{v_0^2 + 2gh}$

(5) $\qquad h = v_0 t + \dfrac{1}{2} gt^2 = \dfrac{v^2 - v_0^2}{2g}$ $\qquad$ } avec vitesse initiale.

(6) $\qquad t = \dfrac{v - v_0}{g} = -v_0 + \dfrac{\sqrt{v_0^2 + 2gh}}{g}$

Mouvement de bas en haut.

(1)' $\qquad v = v_0 - gt = \sqrt{v_0^2 - 2gh}$

(2)' $\qquad h = v_0 t - \dfrac{1}{2} gt^2 = \dfrac{v_0^2 - v^2}{2g}$

(3)' $\qquad t = \dfrac{v_0 - v}{g} = \dfrac{1}{g} \left(v_0 - \sqrt{v_0^2 - 2gh} \right)$

Quand le mobile arrive au repos :

(1)″ $\qquad v = 0 \quad$ (2)″ $H = \dfrac{v_0^2}{2g} \quad$ (3)″ $T = \dfrac{v_0}{g} = \dfrac{\sqrt{2H}}{g}$

31. Applications.

1° Un corps tombe d'une hauteur de 100 mètres, avec quelle vitesse arrivera-t-il au sol? Quelle sera la durée de la chute?

Solution. — Prenons pour simplifier $g = 10$ mètres, on a :

$$v = \sqrt{2 \times 10 \times 100} = 44^m,7.$$

$$t = \sqrt{\frac{2 \times 100}{10}} = 4^s,47$$

2° Un corps est lancé de bas en haut avec une vitesse initiale de 100 mètres, à quelle hauteur montera-t-il? Durée de l'ascension?

Solution.

$$v = 0 \quad v_0 = 100$$

$$H = \frac{v_0^2}{2g} = \frac{10000}{20} = 500^m$$

$$T = \frac{v_0}{g} = \frac{100}{10} = 10^s$$

3° Un corps est lancé de bas en haut avec une vitesse initiale de 100 mètres, quelle sera la vitesse au bout de 15 secondes? sa hauteur?

Solution. $v = v_0 - gt = 100 - 150 = -50$ mètres.
Le corps retombe.

$$h = 100 \times 15 - \frac{1}{2} 10 \times \overline{15}^2 = 375^m.$$

TITRE II

DES FORCES

CHAPITRE I

PROPRIÉTÉS GÉNÉRALES DES CORPS.

32. Les corps sont formés par la réunion de particules très petites appelées *molécules*. Ces molécules agissent les unes sur les autres et la physique s'occupe spécialement des phénomènes qui en résultent.

En mécanique on ne considère que l'effet des actions extérieures sur l'ensemble de ces molécules.

33. **Impénétrabilité.** — Deux molécules ne peuvent se pénétrer, c'est-à-dire occuper ensemble le même espace.

34. **Étendue.** — C'est la propriété qu'a tout corps d'occuper une certaine portion de l'espace, appelée *son volume*.

35. **Divisibilité.** — Tous les corps peuvent être séparés en parties distinctes qui peuvent ne comprendre qu'une seule molécule, mais une entière.

36. **Porosité.** — Les molécules d'un corps sont séparées par des interstices appelés *pores*.

37. **Compressibilité.** — Tous les corps à des degrés différents diminuent de volume sous l'effet d'une pression.

Les gaz sont très compressibles, les solides le sont beaucoup moins et les liquides extrêmement peu.

Les corps solides sont considérés, en mécanique théorique, comme incompressibles.

38. **Élasticité.** — C'est la propriété qu'ont les corps de revenir à leur forme ou à leur volume primitif quand les causes de déformation cessent d'agir.

39. **Mobilité.** — Tous les corps peuvent être mis en mouvement.

40. **Inertie.** — Un corps est incapable de changer de lui-même son état de repos ou de mouvement.

CHAPITRE II

FORCES.

41. Définitions. — On appelle *force* une cause de production ou de modification de mouvement.

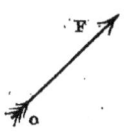

Fig. 7.

Nous représenterons une force par une flèche indiquant la direction dans laquelle elle agit, la longueur de cette *flèche* représentant à l'échelle l'*intensité* de la force.

Le point O d'où émane la flèche est *le point d'application*.

42. Égalités des forces. — Deux forces sont égales, quand, appliquées dans les mêmes conditions à un même corps, elles produisent des effets identiques.

Appliquées en sens contraire, à un même point matériel, elles ne lui communiquent aucun mouvement.

43. Mesure expérimentale des forces. — Mesurer une force c'est la comparer à une autre force prise pour unité.

La force de comparaison est la *pesanteur* et l'unité est *le gramme* ou poids d'un centimètre cube d'eau distillée à 4° centigrades.

On compare les forces aux poids avec le *dynamomètre*.

Essentiellement un dynamomètre se compose d'un ressort

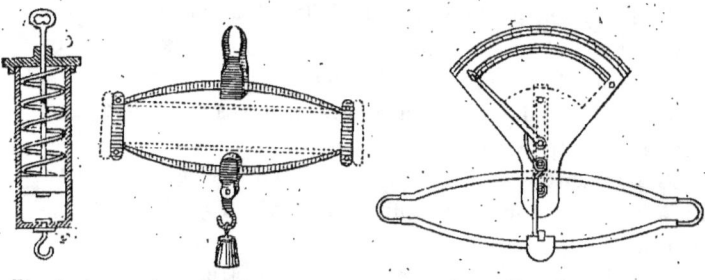

Fig. 8.   Fig. 9.   Fig. 10.

dont une des extrémités est fixe, tandis que l'autre est soumise à l'action de la force à évaluer.

Pour graduer l'instrument, on suspend au dynamomètre des poids marqués. La partie mobile porte un index qui se déplace devant une graduation sur laquelle on inscrit le poids correspondant à chaque position de l'index. Les forces appliquées à cet appareil sont considérées comme égales aux poids qui ont amené l'index aux mêmes points.

44. Principes qui régissent les effets des forces. — Les deux premiers principes, dus à Galilée, sont :

1° *L'effet d'une force sur un corps est indépendant de l'état de mouvement ou de repos de ce corps.*

2° *Quand plusieurs forces agissent sur un corps, chacune d'elle agit comme si elle était seule.*

EXEMPLE. — Un projectile, dans un temps donné, descend sous l'action de la pesanteur d'une quantité égale à celle dont il tomberait si on l'abandonnait simplement. Cette considération permet de construire la trajectoire du projectile, il suffit en effet de porter en dessous de la trajectoire rectiligne due à la vitesse de lancement, des longueurs égales aux chemins verticaux parcourus pendant les mêmes temps que les chemins pris sur cette trajectoire rectiligne.

La composition des forces concourantes sera une application de ce principe.

3° *La réaction est égale et de sens contraire à l'action.* — Si on interpose, en sens inverse, deux dynamomètres sur une corde servant à tirer un corps, on constate que ces deux dynamomètres accusent le même effet.

L'un est soumis à l'*action* et l'autre à une force égale qui semble venir du corps et qu'on appelle la *réaction*.

La réaction du point fixe, auquel est suspendu un corps, est égale au poids de ce corps.

CHAPITRE III

EFFETS D'UNE FORCE CONSTANTE EN GRANDEUR ET EN DIRECTION.

45. 1° Théorème. — *Le mouvement que communique à un corps une force constante en grandeur et en direction est uniformément varié.*

Soit en effet une force F agissant sur un corps, elle lui communique au bout d'une seconde une vitesse j.

Pendant la deuxième seconde, d'après le principe 1er (§ 44) cette force communique au corps une deuxième vitesse j égale et de même direction que la première, la vitesse devient donc $2j$.

On voit que la vitesse croit d'une quantité constante j par seconde, le mouvement est donc uniformément accéléré ; son accélération est j.

46. 2° Théorème. — *L'accélération, la vitesse et l'espace parcouru sont à chaque instant proportionnels à la force agissante, si elle est seule à agir.*

Soit appliquée au même corps que précédemment une force 2F, elle comprend deux forces F qui communiquent chacune à ce corps une accélération j, l'accélération totale est donc $2j$ (principe 2° § 44) ; de même une force $F' = nF$ communiquera une accélération $j' = nj$, d'où :

$$(1) \qquad \frac{F}{F'} = \frac{j}{j'}$$

$$(2) \qquad \frac{F}{j} = \frac{F'}{j'} = m$$

Le rapport constant m s'appelle la *masse* du corps, c'est un élément caractéristique de ce corps au même titre que son volume.

MÉCANIQUE.   139

La pesanteur communiquant à ce corps une accélération g, on a :

$$\frac{P}{g} = m$$

47. *La masse d'un corps est le quotient du poids exprimé en grammes par l'accélération g exprimée en centimètres.*

L'unité de masse est la masse d'un corps pesant 980^{gr},88 à Paris.

48. L'équation (2) peut s'écrire :

$$j = \frac{F}{m}$$

$$v = jt = \frac{t}{m} \times F$$

$$e = \frac{1}{2} jt^2 = \frac{t^2}{2m} \times F$$

L'énoncé du théorème 2 est ainsi vérifié.

49. 3° Théorème. — *L'impulsion d'une telle force pendant un temps donné est égale à la quantité de mouvement acquise pendant ce temps.*

L'équation (2) peut s'écrire :

$$F = mj = m \frac{v - v_0}{t}$$

(3) $$Ft = mv - mv_0$$

La quantité Ft est l'*impulsion* de la force pendant le temps t, la *quantité de mouvement* est l'expression mV ; mV_0 est cet élément à l'origine des temps.

50. Corollaire. — Si une même force agit pendant le même temps sur deux corps, les accroissements des vitesses sont inversement proportionnels aux masses.

On a en effet :

$$Ft = mv - mv_0 = m'v' - m'v'_0$$
$$m(v - v_0) = m'(v' - v'_0)$$
$$\frac{v - v_0}{v' - v'_0} = \frac{m'}{m}$$

51. Applications.

1° Un corps pesant 10 kilogrammes est soumis à une force

de 2 kilogrammes, quel chemin parcourra-t-il en 2 secondes ? Quelle sera sa vitesse au bout de ce temps ?

Solution. — On a :

$$j = \frac{F}{m} = \frac{g}{P} \times F = g\frac{2}{10} = 2^m$$

$$e = \frac{1}{2}jt^2 = 4^m$$

$$v = jt = 4^m$$

2° Un ressort est maintenu comprimé entre deux billes pesant respectivement 5 grammes et 8 grammes ; la vitesse de projection de la première de ces billes est 10 mètres, quelle est la vitesse de la deuxième ?

Fig. 11.

Solution. — La même force agit évidemment sur les deux billes et pendant le même temps, on a de plus :

$$v_0 = 0, \ v'_0 = 0$$

$$\frac{10}{v} = \frac{8}{5}, \ v = 6^m,25$$

3° Quelle force appliquer à un corps pour qu'il parcoure 4 mètres dans les deux premières secondes ? Ce corps pèse 10 kilogrammes.

Solution. — On a :

$$j = \frac{2e}{t^2} = \frac{8}{4} = 2^m$$

$$F = mj = \frac{P}{g}j = \frac{10}{10} \times 2 = 2^{kg}$$

CHAPITRE IV

VÉRIFICATION EXPÉRIMENTALE DES EFFETS DES FORCES. — MACHINE D'ATWOOD.

52. Cette machine comprend essentiellement une roue R très soigneusement montée, sur la gorge de laquelle passe un fil très léger, portant à chacune de ses extrémités, un poids.

MÉCANIQUE.

Un système d'horlogerie permet de noter les temps et de laisser se produire le mouvement du système juste au commencement d'une seconde indiqué par un battement du pendule.

Une règle graduée verticale permet les mesures de longueur, elle est munie de plateaux coulissants, l'un plein, l'autre évidé juste assez pour laisser passer le poids moteur A tout en arrêtant la surcharge p, surcharge appelée *poids additionnel*.

On déplace ces plateaux le long de la règle jusqu'à ce qu'ils soient choqués par le poids, au moment où se fait entendre un battement de l'horloge.

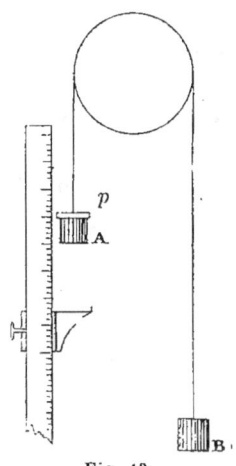

Fig. 12.

Nous négligerons dans l'étude suivante, la quantité de mouvement des différentes molécules de la roue.

Ceci posé, on vérifiera de la façon suivante :

1° La formule $e = \frac{1}{2} j t^2$

Par tâtonnements successifs, on placera le plateau plein à un degré de l'échelle qui le fasse choquer au deuxième battement du pendule, on a $t = 1^s$ et la distance e est mesurée sur la règle par la position du plateau, soit 15 centimètres. On répète l'opération en plaçant le plateau pour le troisième battement, $t = 2^s$, on trouve $e = 60$ ce qui vérifie la formule.

2° La formule $v = jt$

Plaçons le plateau évidé à 15 centimètres, le poids additionnel sera enlevé après la première seconde ; le mouvement sera dès lors uniforme puisque toute force motrice est supprimée ; la vitesse v de ce mouvement sera celle acquise pendant cette première seconde.

Pour la mesurer on détermine l'espace parcouru pendant la deuxième seconde en plaçant le plateau plein pour le troisième battement: on trouve alors que l'espace compris entre les deux plateaux est 30 centimètres, d'où $v = 30$ centimètres pour $t = 1^s$.

On refait l'expérience en plaçant le plateau évidé et le plateau plein pour le troisième et le quatrième battement, on a ainsi $v_2 = 60^{cm}$ pour $t_2 = 2^s$.

La formule est donc vérifiée.

3° La formule $F = mj$ ou $\dfrac{F}{F'} = \dfrac{j}{j'}$

Pour une première expérience, prenons un poids additionnel p, les deux poids égaux étant P, on a :

$$F = p \quad m = \frac{2P + p}{g}$$

Mais, comme dans l'expérience précédente, la vitesse au bout de 1^s est de 30^{cm}; cette vitesse étant aussi l'accélération du mouvement, on a donc : $j = 30^{cm}$.

Enlevons au poids ascendant B un petit poids $\dfrac{p}{2}$ que nous ajouterons au poids descendant A, la masse du système n'aura pas changé, mais l'on aura :

$$F' = 2p$$

L'expérience faite avec ce dispositif donne, $j = 60^{cm}$.

La troisième formule est donc vérifiée.

53. Mesure de g. — On a :

$$\frac{j}{g} = \frac{p}{2P + p}$$

$$g = j \frac{2P + p}{p}$$

Dans l'expérience précédente, les poids P étaient chacun de 80 gr., p de 5 gr., on a donc :

$$g = 30 \frac{160 + 5}{5} = 30 \times 33 = 990^{cm} = 9^m,90$$

54. Applications.

1° Dans une machine d'Atwood les deux poids égaux sont de 50 grammes, le poids additionnel est de 10 grammes. Calculer : 1° l'accélération du mouvement; 2° l'espace parcouru pendant les deux premières secondes?

Solution.

$$j = g\frac{p}{2P+p} = 1000\,\frac{10}{110} = 91^{cm}$$

$$e = \frac{1}{2}jt^2 = \frac{91}{2} \times 4 = 1^m,82$$

2° Dans une machine d'Atwood les poids sont chacun de 100 grammes. Calculer le poids additionnel à ajouter à l'un d'eux pour que l'espace parcouru pendant la deuxième seconde de chute soit $0^m,30$?

Solution. — Soient e_1 et e_2 les espaces parcourus en 1^s et en 2^s, on a :

$$e_2 - e_1 = 30$$

$$e_2 = \frac{1}{2}j \times 4$$

$$e_1 = \frac{1}{2}j \times 1$$

$$30 = \frac{1}{2}j\,(4-1) = \frac{3}{2}.$$

$$j = 20^{cm}$$

$$\frac{p}{2P+p} = \frac{j}{g} = \frac{20}{1000} = 0{,}02$$

$$p = 0{,}02\,(2P+p)$$

$$0{,}98p = 0{,}02 \times 200 = 4$$

$$p = \frac{4}{0{,}98} = 4^{gr} \text{ environ.}$$

CHAPITRE V

COMPOSITION DES FORCES CONCOURANTES.

55. Définition de la résultante. — Le plus souvent, il est possible de remplacer plusieurs des forces appliquées à un corps sans rien changer à son état de mouvement ou de repos par une seule force qui est appelée la *résultante* des forces considérées.

Chercher la résultante, c'est *composer* ces forces.

Définition de l'équilibre des forces. — Quand plusieurs forces appliquées à un corps peuvent être supprimées, sans que le mouvement ou le repos de ce corps soit modifié, on dit que ces forces se font *équilibre*. Leur résultante est nulle.

56. Principes préliminaires.

1° *Deux forces égales et directement opposées, appliquées au même point ou aux extrémités d'une droite rigide et inextensible dirigée dans leur direction, se font équilibre.*

2° *L'état de repos d'un corps n'est pas troublé, si on rend fixes un ou plusieurs de ses points, ou si l'on établit entre ces points des liaisons nouvelles qui ne modifient point celles existant déjà.*

3° *Un corps étant en mouvement, en repos ou en équilibre, cet état ne sera pas troublé, si on introduit ou si on supprime dans le système des forces auxquelles il est soumis, un ensemble de forces qui se font équilibre.*

4° *Une force peut être appliquée en un point quelconque de sa direction, pourvu que ce point soit invariablement lié au premier point d'application.*

5° *Une force est détruite, lorsque sa direction passe par un point fixe.*

57. Théorème I. — *Si deux forces appliquées à un corps se font équilibre, elles sont égales et directement opposées.*

En effet, soient deux forces F, F′ appliquées en A et A′ au corps C.

Les directions de ces deux forces se rencontrent en A_1, point que nous supposerons invariablement lié aux premiers.

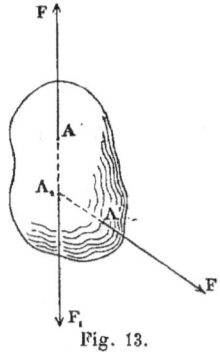

Fig. 13.

Appliquons en ce point une force F_1 égale et directement opposée à F; ces deux forces s'équilibrent. (Principe I, § 56.)

Or il est évident que F′ et F_1 ne sont point des forces équivalentes et que l'on ne pourra les considérer comme telles que si F′ est dans la même direction que F_1, et lui est égale, et que si les points A′ et A, sont eux-mêmes dans cette direction, l'un par rapport à l'autre.

58. Théorème II. — *Si plusieurs forces appliquées à un même corps se font équilibre, chacune d'elles est égale et directement opposée à la résultante des autres.*

Soit R la résultante des forces F_1, F_2, F_3... appliquées au corps, F la force qui reste; l'équilibre devra (§ 55) subsister évidemment entre les forces R et F, donc celles-ci doivent être égales et directement opposées (§ 57).

59. Composition des forces agissant suivant une même ligne droite. — La résultante est égale à la différence entre la somme des forces d'un sens et la somme des forces de sens contraire.

Sa direction est dans le sens de la somme la plus forte.

60. Composition des forces concourantes. — 1° Soient deux forces F et F′ appliquées au même point O. Si la force F agissait seule sur O elle lui ferait parcourir, dans le temps t, un chemin OE tel que l'on ait (§ 48) :

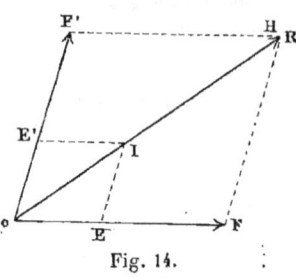
Fig. 14.

$$OE = \frac{1}{2}\frac{F}{m}t^2$$

Dans les mêmes conditions, la force F′ lui ferait parcourir un chemin :

$$OE' = \frac{1}{2}\frac{F'}{m}t^2$$

Finalement (§ 44), le point sera venu en I quatrième sommet du parallélogramme construit sur OE et OE′, sa trajectoire réelle est donc OI, c'est évidemment aussi la direction de la résultante.

L'accélération du mouvement sera :

$$J = \frac{2 \times OI}{t^2}$$

et la force qui lui correspond ou la résultante sera :

$$R = mJ = 2m \times \frac{OI}{t^2}$$

On voit donc que l'on a :

$$\frac{R}{OI} = \frac{F}{OE} = \frac{F'}{OE'}$$

Par le point F menons une parallèle à F′ elle rencontre la direction OI prolongée en un point H, tel que l'on ait :

$$\frac{OH}{OI} = \frac{F}{OE}$$

On voit donc que l'on a R = OH, or comme OH est la diagonale du parallélogramme OFHF′, on a :

MÉCANIQUE.   147

Théorème III. — *La résultante de deux forces concourantes est représentée en grandeur et en direction par la diagonale du parallélogramme construit sur les deux forces.*

61. 2° Soient plusieurs forces F, F′, F″, F‴, etc..., appliquées au même point O, on cherche la résultante des forces F et F′ soit r, puis celle de r et de F″ et finalement la résultante R de la dernière force et de la résultante des autres.

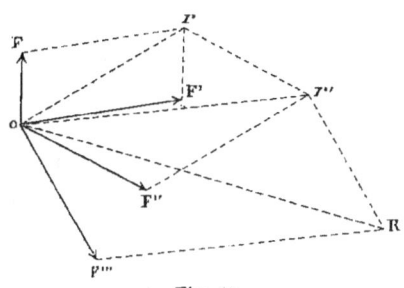

Fig. 15.

On voit que cela revient à tracer un contour polygonal partant de l'extrémité de l'une des forces et ayant ses côtés égaux et parallèles aux autres forces, la résultante est représentée par la ligne droite qui joint l'extrémité de cette ligne polygonale au point d'application.

62. **Remarque.** — Si le polygone est fermé la résultante est nulle, il y a équilibre.

63. **Cas particulier de trois forces rectangulaires.** — Soient X, Y, Z trois forces rectangulaires; on a pour résultante r de X et Y :

$$r^2 = X^2 + Y^2$$

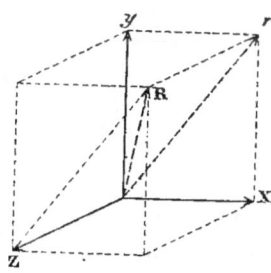

Fig. 16.

et pour la résultante de r et de Z, ou la résultante finale :

$$R^2 = r^2 + Z^2 = X^2 + Y^2 + Z^2$$
$$R = \sqrt{X^2 + Y^2 + Z^2}$$

64. Décomposition d'une force suivant deux directions données. — Décomposer une force en deux autres, c'est trouver deux forces dont elle soit la résultante ; cette force

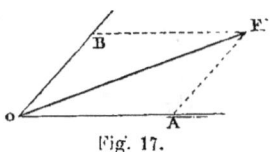
Fig. 17.

est donc la diagonale du parallélogramme construit sur les deux directions données.

Il faut par suite, mener par les deux extrémités de la force, des droites en sens inverse, parallèles aux directions données : les lignes OA, OB, représentent les forces cherchées.

65. Applications.

1° Trouver la résultante de deux forces de 10 kilogrammes et 20 kilogrammes faisant un angle de 30°.

Solution. — Le parallélogramme construit à l'échelle de

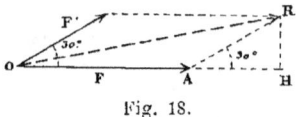
Fig. 18.

$1^{mm},5$ par kilog., donne pour la diagonale $43^{mm},4$. La résultante est donc de 29 kilogrammes.

Géométriquement, on voit que l'on aurait :

$$R^2 = F^2 + F'^2 + 2F \times AH = 400 + 100 + 40 \times 10 \times \frac{\sqrt{3}}{2} = 846,40$$

$$R = \sqrt{846,40} = 29^{kil},1$$

2° Un point est attiré vers les 3 sommets d'un triangle équilatéral par des forces de 3, 4 et 5 kilogrammes. Trouver sa position pour que les forces se fassent équilibre.

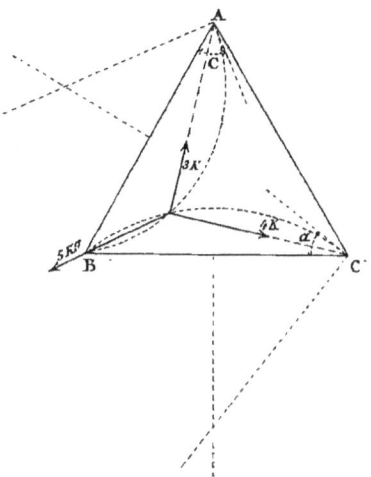

Fig. 19.

Solution. — Le polygone des trois forces doit être fermé, c'est donc un triangle *abc* construit avec des longueurs 3,4,5 comme côtés.

On mesurera l'angle *a* fait par les deux forces 5 et 4 kilogrammes, dirigées vers les sommets B et C.

Sur le côté BC on construira un segment capable de l'angle *a*.

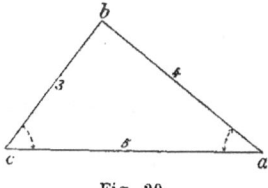

Fig. 20.

De même sur le côté AB on construira un segment capable de l'angle *c*; le point O d'intersection des deux segments est le point cherché.

3° Un poids de 1000 kilogrammes est suspendu par des fils qui font avec la verticale des angles de 30° et 60°. Les points de fixation sont soumis à des efforts qu'il s'agit de déterminer.

Solution. — Graphiquement, nous porterons, dirigée vers le haut, une longueur OP, verticale, représentant 1000 kilogrammes à l'échelle de 4 millimètres par 100 kilogrammes.

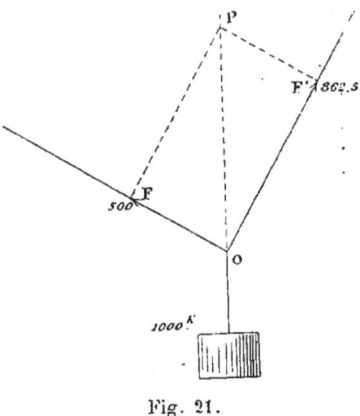

Fig. 21.

Par P nous mènerons des droites faisant avec la verticale des angles de 60° et 30°, on obtiendra ainsi les points F et F'. OF et OF' mesurent les tensions des deux cordes ou les efforts sur les points de fixation, on trouve : OF = 20 millimètres, OF' = 34^{mm},5, ce qui correspond à 500 kilogrammes et 862^{kil},5.

On voit d'ailleurs que le parallélogramme est rectangle et que l'on a :

$$\mathrm{OF} = \frac{\mathrm{OP}}{2} = 500 \text{ kil.} \qquad \mathrm{OF'} = \mathrm{OP}\frac{\sqrt{3}}{2} = 866 \text{ kil.}$$

CHAPITRE VI

COMPOSITION DES FORCES PARALLÈLES.

66. Soient à composer deux forces parallèles appliquées à deux points A et B invariablement liés.

Appliquons en ces points deux forces f et f' égales et directement opposées. Ces deux forces se faisant équilibre, le mouvement ou le repos du corps n'est pas modifié (§ 55, 3°) ; en d'autres termes, le second système de forces est équivalent au premier ; il est aussi équivalent au système des deux résultantes R et R'.

Prolongeons les directions de ces résultantes, elle se rencontrent en O que nous supposerons invariablement lié aux points A et B.

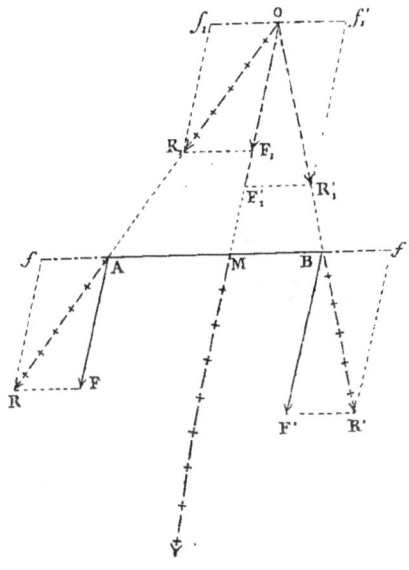

Fig. 22.

Transportons les forces R et R' en ce point ; décomposons R, en une force F, parallèle aux forces primitives et en une force f, parallèle à AB ; on a évidemment $F_1 = F$ et $f_1 = f$.

De même R'_1 donnera les deux forces $F'_1 = F'$ et $f'_1 = f' = f$.

Les deux forces égales f_1 et f'_1 se détruisent, il ne reste plus que les deux forces F_1 et F'_1 qui ont évidemment comme résultante la somme ou la différence de leurs valeurs, suivant que les forces composantes sont de même sens ou de sens contraire.

Soit r cette résultante appliquée au point M, où sa direction rencontre AB.

On a évidemment par suite des similitudes des triangles :

$$\frac{f}{AM} = \frac{F}{OM} \qquad \frac{f}{BM} = \frac{F'}{OM}$$

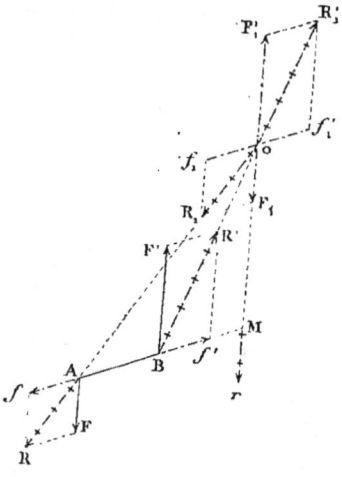

Fig. 23.

De ces deux expressions, on tire :

(1) $$\frac{F}{BM} = \frac{F'}{AM} = \frac{r}{AB}$$

Théorème. — *La résultante de deux forces parallèles leur est parallèle, égale à leur somme, si elles sont de même sens, à leur différence, si elles sont de sens contraire et se trouve appliquée en un point de la droite qui joint leurs points d'application tel que cette droite se trouve partagée par lui en deux segments inversement proportionnels aux composantes voisines.*

67. **Remarque I.** — Soient 2 forces F et F' parallèles, r leur résultante, ab une sécante limitée à ces deux forces, m le point où elle coupe la résultante. Je dis que l'on a :

$$F \times am = F' \times bm$$

MÉCANIQUE.   153

En effet menons par M une parallèle $a'b'$ à ab, on a les relations

$$am = a'M \quad bm = b'M$$

(2)
$$\frac{a'M}{AM} = \frac{b'M}{BM}$$

Or d'après la relation (1) on a :

$$F \times AM = F' \times BM$$

Multiplions membre à membre avec (2), il vient :

$$F \times a'M = F' \times b'M$$

ou :

$$F \times am = F' \times bm.$$

Donc la résultante de deux forces parallèles divise toute

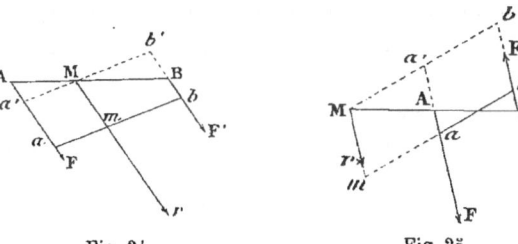

Fig. 24.   Fig. 25.

droite, comprise entre les composantes, en segments qui leur sont inversement proportionnels.

68. Définition du couple. — Quand les forces parallèles et de sens contraire sont égales, le point d'application de la résultante est à l'infini ; mais la résultante est nulle, ainsi que le montre l'expression (1).

En réalité, ce système de forces appelé *couple*, n'admet pas de résultante ; il ne peut être équilibré par une simple force.

Le moment d'un couple est le produit de la valeur commune des forces par la longueur de la perpendiculaire limitée à ces forces.

Cette longueur se nomme le *bras de levier* du couple.

69. Construction graphique de la résultante de deux forces parallèles. — Soient P et Q les deux forces. Porter sur la direction de P une longueur AD égale à Q et en sens inverse de Q une longueur BE égale à P, joindre ED ; cette droite coupe la droite AB au point M d'application de la résultante. Mener par ce point une parallèle aux forces et par Q une parallèle à ED ; ces deux droites se coupent en R, MR, représente en grandeur et en direction la résultante cherchée.

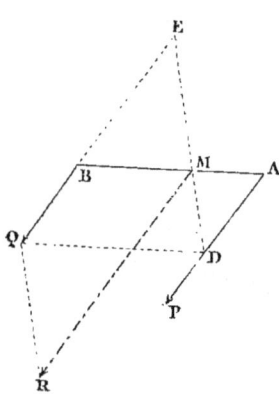

Fig. 26.

La règle à suivre est la même pour des forces de sens contraires, mais les deux points D et E sont du même côté de AB.

70. Décomposition d'une force en deux forces parallèles. — Soit à décomposer une force F appliquée en I en deux autres qui lui soient parallèles.

1° On donne les deux points d'application A et B des 2 forces. Par les 2 points A et B mener AM et BN parallèles à la force F.

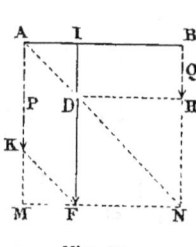   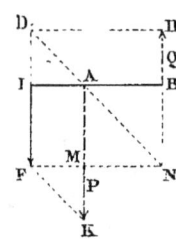

Fig. 27.   Fig. 28.

Par l'extrémité de celle-ci mener une parallèle à AB qui rencontre la ligne BN en N.

Joindre NA qui rencontre IF en D, mener DH parallèle à AB, BH représente la composante en B.

Par F mener une parallèle à AN, elle coupe AM en K, AK est la composante P en A.

MÉCANIQUE.   155

2° On donne le point d'application A de la composante P représentée par AK : (mêmes figures) joindre FK, mener AN qui rencontre la force F en D et la parallèle FN à AI en N.

Mener NB parallèle à la force F ; B est le point d'application de la deuxième force Q, finalement mener DH parallèle à AI, BH représente Q.

71. Composition de plusieurs forces parallèles. — Quand un corps est soumis à un système de forces parallèles, on compose deux d'entre elles, puis leur résultante avec une troisième, et on arrive finalement à une seule force.

Si les forces sont les unes d'un sens, les autres de l'autre, on cherche la résultante de chaque sens et il ne reste plus qu'à composer 2 forces parallèles de sens contraire, à moins qu'elles ne forment un couple.

72. Centre des forces parallèles. — Quand un corps est soumis à un ensemble de forces parallèles de même sens, leur résultante a un point d'application qui est indépendant de la direction générale des forces et de leurs valeurs absolues ; sa position dépend des valeurs relatives de ces forces et de leurs points d'application.

Ce point a reçu le nom de *centre des forces parallèles*.

73. Application.

Aux 3 sommets d'un triangle sont appliquées des forces inversement proportionnelles à leurs distances aux côtés opposés, trouver le centre de ces forces.

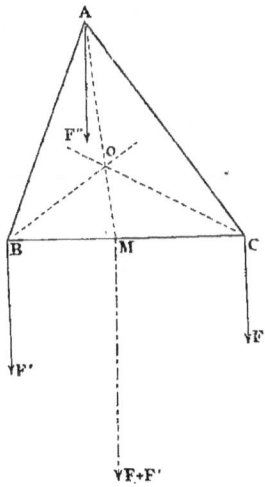

Fig. 29.

Solution. — Soit 1 le coefficient de proportionnalité, on a en appelant h, h', h'' les hauteurs du triangle :

$$F = \frac{1}{h} \quad F' = \frac{1}{h'} \quad F'' = \frac{1}{h''}$$

Mais on a :

$$BA \times h = AC \times h' = BC \times h'' = 2S$$

S étant la surface du triangle, d'où :

$$F = \frac{BA}{2S} \quad F' = \frac{AC}{2S} \quad F'' = \frac{BC}{2S}$$

Composons les 2 forces F et F', elles ont une résultante appliquée en un point M tel que :

$$F' \times BM = F \times MC$$

ou en remplaçant F' et F par leurs valeurs :

$$AC \times BM = MC \times AB$$

$$\frac{MC}{AC} = \frac{MB}{AB}$$

AM est donc la bissectrice de l'angle BAC.

La résultante de F'' et de $F + F'$ a son point d'application évidemment sur AM ; pour la même raison ce centre des trois forces parallèles est sur les bissectrices des deux autres angles, il est donc à leur point de concours qui est aussi le centre du cercle inscrit.

Conséquences des principes qui régissent la composition des forces.

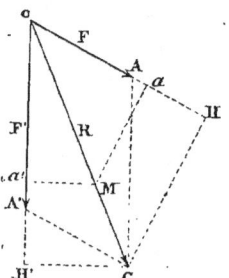

Fig. 30.

74. Théorème. — *La résultante de deux forces concourantes est le lieu géométrique des points dont les distances aux forces sont en raison inverse de ces forces.*

Soient en effet 2 forces F et F', R leur résultante, les 2 triangles A'OC et AOC sont égaux et l'on a :

$$OA \times CH = OA' \times CH'$$

ou :

(1) $$F \times CH = F' \times CH'$$

Soit M un point de la résultante, Ma et Ma' ses distances aux forces, on a évidemment :

$$\frac{Ma}{CH} = \frac{Ma'}{CH'}$$

ce qui avec (1) donne :

$$F \times Ma = F' \times Ma'$$

75. Corollaire. — Si un corps soumis à l'action de deux forces a un point fixe, ces deux forces seront équilibrées par la réaction du point fixe s'il satisfait à la condition précédente.

76. Théorème. — *Un système quelconque de forces peut toujours se ramener à trois forces passant par des points donnés.*

Soit en effet F l'une des forces appliquée en O ; A,B,C trois points quelconques dans l'espace liés au premier.

Le plan de la droite OF et du point A, coupe le plan des droites OB et OC, suivant OX.

Décomposons F suivant OA et OX, on a ainsi les forces f et N.

Décomposons finalement N en 2 forces f' et f''' suivant OB et OC.

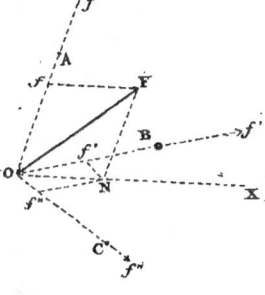

Fig. 31.

La force F est donc remplacée par trois forces f', f'', f''' passant par A,B,C et qu'on peut appliquer en ces points.

Les autres forces du système donneront de même des composantes appliquées aux mêmes points, et, si en chacun de ceux-ci on compose les forces telles que f, on aura finalement trois forces appliquées en A,B et C.

77. Théorème. — *Quand trois forces* F, F′, F″ *se font équilibre, si on décompose les forces* F′ *et* F″ *suivant la direction* O′O″ *de leurs points d'application et suivant une direction parallèle à* F, *les deux premières composantes* f′₁ *et* f″₁ *se font équilibre, les autres* f′₂ *et* f″₂ *font équilibre à* F.

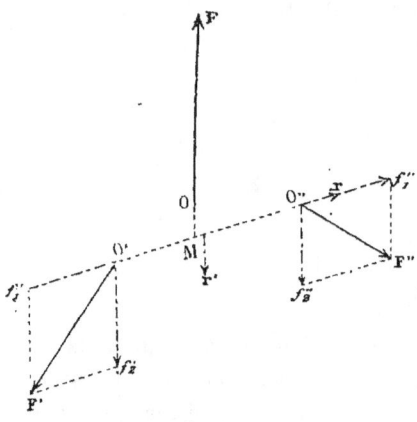

Fig. 32.

En effet, les deux forces f'_1 et f''_1, si elles ne se font pas équilibre admettent une résultante r; de même, si f'_2 et f''_2 n'équilibrent pas F, ces trois forces forment un couple, ou bien admettent une résultante r' qui leur est parallèle : or r ne peut équilibrer la force r' puisqu'elles n'ont pas la même direction; elle n'équilibrera pas non plus le couple supposé; pour l'équilibre il faut donc que r et r' soient séparément nulles et que de plus la résultante des forces f'_2 et f''_2 passe par le point M, ce qui veut dire :

$$f'_1 = f''_1 \quad f'_2 + f''_2 = F \quad f'_2 \times O'M = f''_2 \times O''M.$$

CHAPITRE VII

CENTRE DE GRAVITÉ.

78. Définition du centre de gravité. — La pesanteur agit également sur toutes les molécules d'un corps; la résultante de ces actions parallèles est le *poids* du corps et son point d'application le *centre de gravité*.

MÉCANIQUE.   159

En d'autres termes, c'est le *centre des forces parallèles dues à la pesanteur*.

Nous le représenterons par abréviation par CG.

Quand un corps est homogène, les poids de volumes égaux sont égaux : aussi, dans la recherche théorique des CG, prendrons-nous les volumes pour les poids, la valeur absolue des forces n'intervenant pas comme on l'a vu (§ 71) dans la position du centre des forces parallèles.

79. Par assimilation, on appelle CG d'une ligne ou d'une surface, le centre des forces parallèles appliquées aux divers éléments de la ligne ou de la surface et proportionnelles à la longueur où à l'aire de ces éléments.

80. **Détermination expérimentale du CG.** — Quand un corps a un point fixe, il est en équilibre dès que la verticale du CG passe par ce point fixe, car alors la résultante de toutes les forces de la pesanteur passe par ce point et est détruite.

De là résulte un moyen de trouver le CG d'un corps.

1° Suspendons le corps par un des points A de sa surface, au moyen d'un fil fixé en B, le CG sera dans la direction BA ; répétons l'expérience pour un autre point A'.

Les deux directions trouvées BA et B'A' se couperont au CG, soit en G.

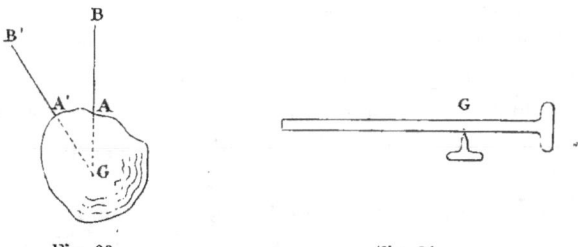

Fig. 33.   Fig. 34.

2° Si le corps possède une forme très allongée, il sera préférable de le mettre en équilibre sur une arête ; la verticale de cette arête passe par le CG.

3° On peut aussi suspendre le corps par une patte d'oie, le CG est sur la verticale du sommet I de la patte d'oie.

Cette méthode est notamment employée pour connaître la distance du CG des cônes de charge des torpilles automobiles à la tranche AR de ces cônes, l'axe doit alors être horizontal.

4° Pour les réservoirs d'air de ces mêmes torpilles on cherche la position du CG en couchant ce réservoir sur un plan ho-

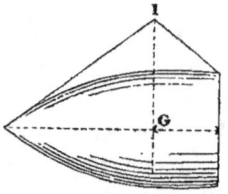 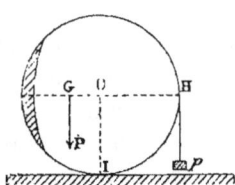

Fig. 35. Fig. 36.

rizontal et en le maintenant à 90° de sa position normale, au moyen d'un poids p fixé à une corde enroulée sur le cylindre. L'équilibre existant entre le poids P et le poids p c'est que leur résultante passe par le point d'appui I ou par le centre O du cylindre, on a donc (§ 66) :

$$p \times \text{OH} = P \times \text{OG}$$
$$\text{OG} = \frac{p}{P} \times \text{OH}$$

81. Détermination théorique du CG.

CG d'une ligne droite. — Le CG d'une ligne droite est le milieu géométrique de cette droite.

Celle-ci peut en effet se décomposer de chaque côté de son milieu en un même nombre d'éléments égaux qui pris deux à deux ont leurs CG en ce milieu.

82. CG du périmètre d'un triangle. — **Théorème.** — *Le CG du périmètre d'un triangle est le point de concours de la bissectrice du triangle obtenu en joignant les milieux des côtés du premier, ou encore c'est le centre du cercle inscrit dans ce second triangle.*

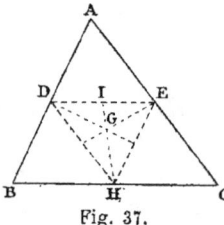

Fig. 37.

Soit ABC un triangle, D,E,H les milieux ou CG de ses côtés. La force appliquée en D est supposée proportionnelle à AB, de même celle appliquée en E est proportionnelle à AC, leur résultante est appliquée en I tel que :

$$AB \times DI = AC \times EI$$

ou :

$$\frac{DI}{EI} = \frac{AC}{AB}$$

Mais :

$$AC = 2DH, \quad AB = 2EH$$

on a donc :

$$\frac{DI}{EI} = \frac{DH}{EH}$$

Ce qui signifie que I est le pied de la bissectrice de l'angle DHE.

Le CG cherché est évidemment sur HI puisque les deux forces restantes sont appliquées en ces points ; pour la même raison il est sur les bissectrices des angles en D et en E et par suite à leur point de concours qui est aussi le centre du cercle inscrit au triangle DHE.

83. CG d'un rectangle. — On peut considérer un rectangle comme formé d'une série de droites égales, parallèles à la base, les CG de ces droites sont sur une même perpendiculaire à cette base en son milieu ; le CG du rectangle est donc sur cette perpendiculaire. Il est de même sur la perpendiculaire aux autres côtés en leur milieu. On voit que ce point est le point de concours des diagonales.

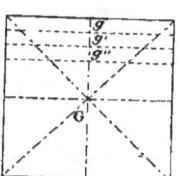

Fig. 38.

84. CG de la surface d'un triangle. — **Théorème.** — *Le CG de la surface d'un triangle est le point de concours de ses médianes.*

Le triangle peut en effet se décomposer en rectangles de hauteurs très petites dont les centres de gravités sont g, g', etc.

Le lieu géométrique de ces points est évidemment la médiane AM ; cette droite contenant les CG de tous les éléments du triangle contient celui du triangle lui-même.

Ce point est de même sur les deux autres médianes et par suite c'est leur point de concours. On sait que ce point est au tiers de chacune des médianes à partir de la base.

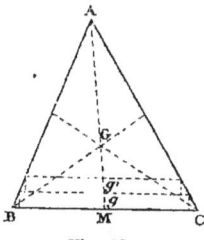

Fig. 39.

85. **Remarque.** — Une surface plane pouvant toujours se décomposer en triangles et en rectangles, il suffira de composer les poids supposés de ces divers éléments pour avoir le CG total.

86. **CG d'un parallélogramme.** — Le CG du triangle ABD est sur la diagonale AC puisque c'est une médiane ; il en est de même de celui du triangle CBD.

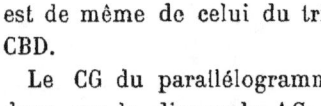

Fig. 40.

Le CG du parallélogramme est donc sur la diagonale AC ; il est pour la même raison sur la diagonale BD ; par suite il se confond avec leur point de rencontre.

87. **CG d'un trapèze.** — Soit ABCD un trapèze :

1° Son CG est sur la ligne EF qui joint les milieux des bases, car cette droite est le lieu géométrique des CG des rectangles élémentaires, découpés dans le trapèze, parallèlement aux bases.

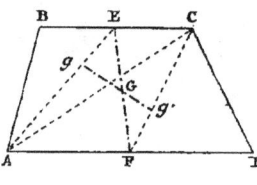

Fig. 41.

2° Le CG est sur la ligne gg', qui joint les CG des deux triangles BAC, DAC qui constituent le trapèze.

Donc le point est en G, point de rencontre de gg' avec EF.

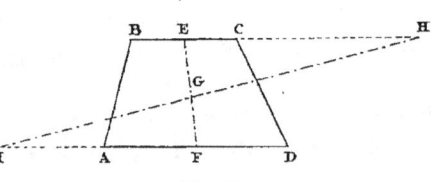

Fig. 42.

Détermination graphique. — On peut démontrer que l'on a :

$$\frac{GF}{GE} = \frac{B + 2b}{b + 2B}$$

B étant la grande base AD, b la petite base BC, d'où la construction :

1° Mener EF ; 2° prolonger BC d'une quantité CH = AD, et AD en sens inverse, d'une quantité AI = BC, joindre HI ; cette droite coupe EF en G.

88. CG d'un quadrilatère. — *Première méthode.* — Mener les diagonales ; les CG des triangles ABC et ADC étant g et g', le CG du trapèze est sur gg'.

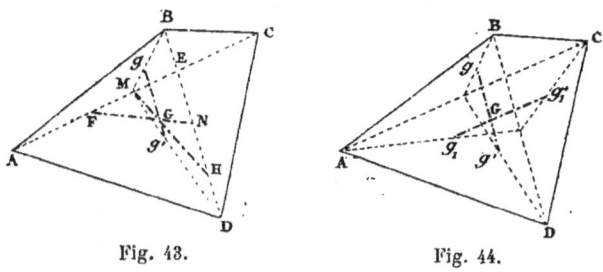

Fig. 43.   Fig. 44.

De même il est sur $g_1 g'_1$; g_1 et g'_1 étant les CG des triangles BAD et BCD.

Le CG du trapèze est donc en G, point de rencontre de gg' et de $g_1 g'_1$.

Deuxième méthode. — Soit M le milieu de AC, portons sur la diagonale BD, une longueur BH = DE ; joignons MH, cette ligne passe par le CG, on a en effet :

$$\frac{DE}{BE} = \frac{\text{aire ADC}}{\text{aire ABC}} = \frac{BH}{DH}$$

mais :

$$\frac{Gg}{Gg'} = \frac{\text{aire ADC}}{\text{aire ABC}}$$

d'où

$$\frac{Gg}{Gg'} = \frac{BH}{DH}$$

ce qui exige que MH passe par G, puisque gg' est parallèle à BD.

De même, le CG sera sur NF, tel que AF = CE ; MH et NF se coupent donc en G.

89. CG d'un prisme. Théorème. — *Le CG d'un prisme est au milieu de la ligne qui joint les CG des bases.*

1° Prisme triangulaire. — Soit ABCA'B'C' un prisme triangulaire ; ce prisme peut se décomposer, par des plans parallèles aux bases, en prismes très minces qui peuvent être assimilés à des triangles égaux aux bases ; or les CG de ces triangles ont comme lieu géométrique la ligne qui joint les CG des bases ; le CG du prisme est donc sur cette ligne ; par raison de symétrie, il est en son milieu.

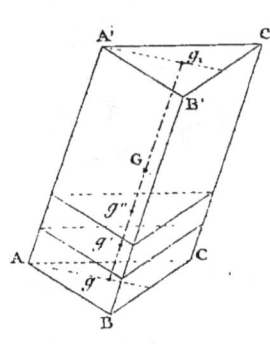 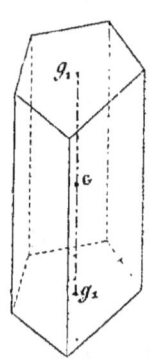

Fig. 45.   Fig. 46.

2° Prisme quelconque. — Par un raisonnement analogue nous décomposerons ce prisme en prismes élémentaires se confondant avec des polygones égaux à ceux des bases et ayant leurs CG sur la ligne qui joint les CG des bases. Pour la même raison, le CG sera au milieu de cette ligne.

90. CG de la pyramide. — **Théorème.** — *Le CG d'une pyramide est situé sur la droite qui joint le sommet au CG de la base et au quart de la longueur de cette droite à partir de la base.*

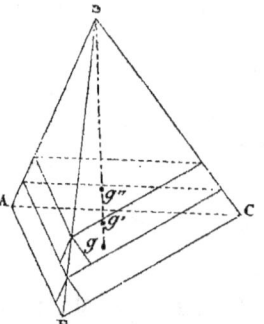

Fig. 47.

1° Pyramide triangulaire. — Soit SABC une pyramide. Décomposons-la en petits prismes triangulaires par des plans parallèles à la base et très voisins.

Les CG de ces prismes se confondront sensiblement avec ceux de leurs bases.

MÉCANIQUE.

Or celles-ci sont des triangles semblables, dont les sommets sont sur des droites concourant au même point S; il en résulte que leurs CG sont sur une même droite passant par ce point, c'est-à-dire sur la droite qui joint le sommet S au centre de gravité g de la base.

Le CG de la pyramide est donc sur cette droite.

Pour la même raison il est sur la droite Ag' qui joint le sommet A au CG de la face correspondante SBC.

Les deux droites Sg et Ag' se rencontrent en G qui est le CG de la pyramide.

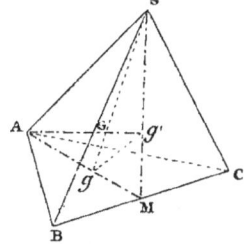

Fig. 48.

Joignons Sg' et Ag, ces droites sont des médianes et se rencontrent au milieu M de BC; de plus l'on a :

$$Mg' = \frac{1}{3} SM \qquad Mg = \frac{1}{3} AM$$

Il en résulte que gg' est parallèle à AS et que l'on a :

$$\frac{gg'}{AS} = \frac{Mg}{MA} = \frac{1}{3}$$

On tire des triangles semblables Ggg' et AGS :

$$\frac{Gg}{GS} = \frac{gg'}{AS} = \frac{1}{3}$$

$$\frac{Gg}{GS + Gg} = \frac{1}{3+1} = \frac{1}{4}$$

$$Gg = \frac{1}{4} Sg$$

2° *Pyramide quelconque.* — Soit SABCDE une pyramide à base polygonale; menons par l'arête SA des plans passant par les arêtes SC et SD.

Ces plans découpent la pyramide en pyramides triangulaires.

Les CG de ces pyramides sont g_2, g_2', g_2'' et sont dans un plan parallèle à la base.

Ce plan coupe toutes les arêtes en des points A'B'C'D'E' situés au quart de leurs longueurs.

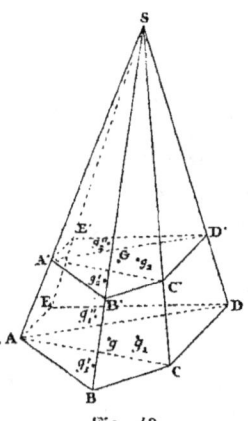

Fig. 49.

Il contient le CG de la pyramide et comme les CG des pyramides triangulaires composantes sont ceux des triangles A'B'C', A'C'D', A'D'E', le CG de la pyramide totale se confond avec celui du polygone A'B'C'D'E'.

Par raison de similitude, il est sur la ligne Sg qui joint le sommet au CG de la base et au quart de cette ligne à partir de la base.

91. CG du cylindre. — Un cylindre pouvant être considéré comme un prisme d'un nombre infini de côtés, son CG est au milieu de la ligne qui joint les CG des bases.

92. CG du cône. — Un cône est une pyramide d'un nombre infini de faces; son CG est sur la droite qui joint le sommet au CG de la base et au quart de cette droite à partir de la base.

93. Problèmes.

1° CG de la figure ombrée ci-contre : ABCD est un carré,

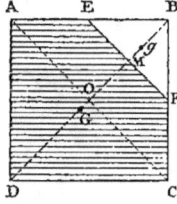

Fig. 50.

$$AB = a$$
$$AE = EB = BF = FC = \frac{a}{2}$$

Solution. — Le poids supposé du carré est appliqué en O et peut être représenté par a^2.

Ce poids est la résultante des poids de la figure ombrée et du triangle EBF, appliqués en G et en g.

Le poids du triangle est :

$$\frac{1}{2} EB \times BF = \frac{a^2}{8}$$

celui de la partie ombrée est :

$$a^2 - \frac{a^2}{8} = \frac{7a^2}{8}.$$

G étant le point d'application de leur résultante, on a :

$$\frac{7}{8}a^2 \times OG = \frac{a^2}{8} \times Og$$

$$OG = \frac{Og}{7}$$

Mais :

$$Og = OM + Mg \quad OM = BM = \frac{a\sqrt{2}}{4} \quad Mg = \frac{1}{3}BM$$

d'où :

$$Og = \frac{a\sqrt{2}}{4}\left(1 + \frac{1}{3}\right) = \frac{a\sqrt{2}}{3}$$

$$OG = \frac{a\sqrt{2}}{21} = 0{,}0673\,a$$

94. 2° CG du tronc de pyramide à bases parallèles. — Soit ABCA'B'C' un tronc de pyramide ; son CG est sur la ligne qui joint le sommet S de la pyramide composante aux CG des bases, puisque cette ligne contient les CG des deux pyramides dont la différence constitue le tronc.

Rapportons toutes les distances au CG de la grande base, appelons x, D, d, les distances des 3 CG à ce point ; V le volume de la pyramide totale, v celui de la petite pyramide, V' celui du tronc de pyramide.

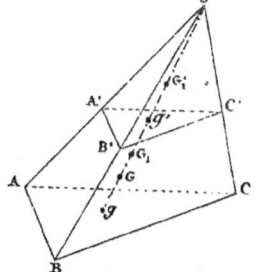

Fig. 51.

On a :

(1) $\qquad V' = V - v$

et :

(2) $\qquad V'(D-x) = v(d-D)$

car le CG de la grande pyramide est le point d'application de la résultante des poids du tronc et de la petite pyramide.

Soient l et L les distances des CG des bases au sommet S, on a :

(3) $\qquad D = \frac{1}{4}L \qquad d = L - l + \frac{1}{4}l = L - \frac{3}{4}l$

et :

(4) $\qquad \dfrac{v}{V} = \dfrac{l^3}{L^3}$

En divisant membre à membre les équations (2) et (1), on a :

$$D - x = \frac{v}{V - v}(d - D)$$

Remplaçant D, d, v et V par leurs valeurs en fonction de l et L, on trouve :

$$\frac{1}{4}L - x = \frac{3}{4}\frac{l^3}{L^3 - l^3}(L - l)$$

$$x = \frac{1}{4}\left(L - 3(L - l)\frac{l^3}{L^3 - l^3}\right)$$

$$x = \frac{1}{4}\left(L - 3\frac{l^3}{L^2 + Ll + l^2}\right)$$

$$x = \frac{1}{4}\frac{L^3 + L^2 l + L l^2 - 3l^3}{L^2 + Ll + l^2}$$

$$x = \frac{1}{4}\frac{L - l}{L^2 + Ll + l^2}\left(L^2 + 2Ll + 3l^2\right)$$

Mais si on appelle b et B les bases du tronc, on a :

$$\frac{b}{B} = \frac{l^2}{L^2}$$

d'ou :

$$x = \frac{1}{4}\frac{L-l}{L^2+Ll+l^2} L \left(1 + 2\sqrt{\frac{b}{B}} + 3\frac{b}{B}\right)$$

En appelant y la distance du CG à la petite base du tronc, on aurait :

$$y = \frac{1}{4}\frac{L-l}{L^2+Ll+l^2} L^2 \left(\frac{b}{B} + 2\sqrt{\frac{b}{B}} + 3\right)$$

d'où :

$$\frac{x}{y} = \frac{B + 2\sqrt{bB} + 3b}{b + 2\sqrt{bB} + 3B}$$

Remarque. — Cette relation s'applique aussi au tronc de pyramide polygonale et au tronc de cône à bases parallèles.

TITRE III

CHAPITRE I

ÉQUILIBRE

95. Définition de l'équilibre d'un corps. — On dit qu'un corps est en *équilibre* lorsque toutes les forces qui lui sont appliquées se font équilibre.

Si le corps est au repos, c'est l'*équilibre statique*.

Si le corps est en mouvement, ce mouvement est uniforme, l'équilibre est dit *dynamique*.

Nous étudierons seulement l'équilibre statique.

96. Points fixes, axes fixes, surfaces d'appui. — Lorsqu'un corps a un point ou un axe fixe, ou s'appuie sur une surface fixe, on considère ceux-ci comme introduisant dans le système des forces, une réaction qui fait partie du système total.

La valeur absolue de cette réaction n'influe en rien sur l'équilibre, puisqu'elle dépend de cet équilibre lui-même.

Sa direction seule et son point d'application doivent être spéciaux pour que l'équilibre existe.

Dans le cas d'un point fixe, le point d'application de cette réaction est déterminé; sa direction dépend des conditions de l'équilibre.

Dans le cas d'un axe fixe, le point d'application dépend des conditions d'équilibre, mais la direction de la réaction est normale à cet axe.

Lorsqu'un corps s'appuie sur une surface fixe, par un seul

point, la réaction est normale à la surface au point de contact.

Si le contact a lieu par plusieurs points, il y a en chacun de ceux-ci, une réaction normale et la réaction résultante passe à l'intérieur du contour polygonal formé par les points d'appui extérieurs ; ce contour a reçu le nom de *polygone d'appui*.

Si la surface est plane, la réaction résultante est normale à cette surface comme toutes ses composantes.

97. Diverses sortes d'équilibre.

1° *Équilibre stable.* — Lorsqu'un corps écarté de sa position d'équilibre y revient de lui-même, il est en équilibre *stable*.

2° *Équilibre instable.* — Si le corps continue à s'écarter de plus en plus de sa position d'équilibre, il était en équilibre *instable*.

Pratiquement l'équilibre instable n'est pas réalisable.

3° *Équilibre indifférent.* — Si le corps reste en équilibre à la nouvelle position à laquelle on l'a amené, l'équilibre est *indifférent*.

Un cône droit posé sur un plan horizontal par sa base est en équilibre stable ; par sa pointe, en équilibre instable, par une génératrice, il est en équilibre indifférent.

98. Conditions générales d'équilibre. — Conformément au théorème II (§ 58), les conditions d'équilibre s'énoncent :

Pour qu'un corps soit en équilibre, il faut et il suffit que l'une quelconque des forces, auxquelles il est soumis, soit égale et directement opposée à la résultante des autres.

99. Étude de l'équilibre d'un corps. — Nous supposons le système des forces ramené à trois (§ 76).

Dès lors, pour que l'une de ces forces soit directement opposée à la résultante des deux autres il faut que ces trois forces soient dans le même plan.

Cette condition vérifiée, l'étude de l'équilibre se réduit à chercher si la force considérée est bien égale et directement opposée à la résultante des deux autres.

Nous résoudrons cette question graphiquement.

Pour cela, nous représenterons les forces connues à une échelle convenable, nous les composerons, et nous en déduirons la valeur et la direction des forces inconnues pour que les conditions d'équilibres soient satisfaites.

100. Applications.

1º *Équilibre d'un corps posé sur un plan incliné.* — Soit un corps posé sur un plan incliné et maintenu par une force F. Soient P son poids, N la réaction normale du plan. Ces deux dernières forces déterminent un plan d'équilibre normal au plan incliné et vertical; ce plan coupe donc le plan incliné suivant la ligne de plus grande pente. C'est, par suite, par cette ligne que nous représenterons le plan incliné; le plan de la feuille étant le plan d'équilibre.

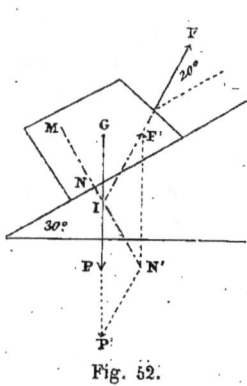

Fig. 52.

Ceci posé : soit $P = 100^k$; inclinaison du plan 30°; inclinaison de la force F par rapport au plan 20°.

La figure montre quelle doit être la valeur de F pour l'équilibre, on trouve :

$$F = 53$$

Pour obtenir ce résultat, on prolonge la direction de la force F jusqu'à sa rencontre en I avec la verticale du centre de gravité du corps.

I est le point de concours des trois forces.

Transportons-y le poids, soit IP'; la réaction normale est dirigée en sens inverse de IN', son point d'application est N.

Le problème à résoudre est celui de la détermination d'une force F, connaissant sa direction, celle de sa résultante avec une force P et la direction ainsi que la valeur de cette dernière; c'est ce que donne le parallélogramme IP'N'F'.

2º Soit une balle B solidaire d'une tige AC et pesant 25 grammes. La tige AC est maintenue horizontale au moyen de deux fils inclinés à 30° et 45° sur la verticale. Déterminer les tensions de ces deux fils et la position de la balle. La tige est supposée sans poids.

Solution. — Soit AC la tige, AE et CD les fils. Prolonger leurs directions qui se rencontrent en I, la balle est en O sur la verticale de I.

Tracer en I, IP' représentant 25 grammes.

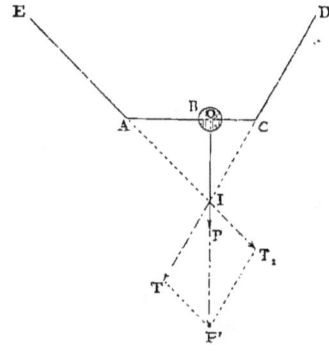

Fig. 53.

Construire le parallélogramme ITP'T$_1$ sur les directions des fils; T et T$_1$ sont les tensions des fils, on a :

$$T = 18^{gr} \qquad T_1 = 14^{gr}$$

3° Déterminer la tension du hauban qui soutient le mât de

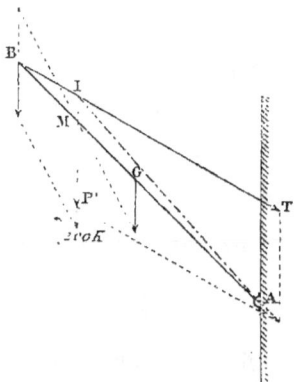

Fig. 54.

charge ci-contre : Poids du mât 100^{kg}; charge en B 100^{kg}. Représenter le portage de l'articulation A.

Solution. — Composer les deux poids, on a ainsi 200^{kg} appliqués en M, les transporter en I sur le hauban.

AI est la réaction de l'articulation.

Le portage est représenté ci-contre à grande échelle, le tourillon est porté par le mât.

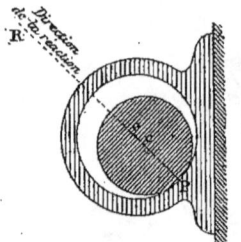

Fig. 55.

Le parallélogramme construit sur cette réaction; sur la résultante IP′ et sur la direction du hauban, donne la tension de celui-ci.

On a :

$$T = 400 \text{ kilogrammes.}$$

4° Un tableau est suspendu dans la position ci-contre ; déterminer la tension de la corde et la pression sur le clou C. Poids du tableau 3 kilogrammes.

Solution. — La réaction verticale du clou et celle horizontale du mur se rencontrent en E.

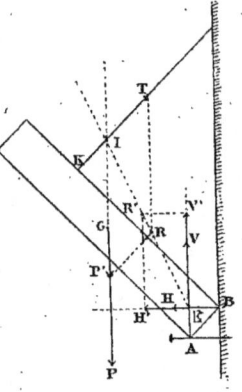

Fig. 56.

La verticale du poids et la direction de la corde se rencontrent en I.

Les résultantes particulières de ces deux groupes de forces doivent être dirigées suivant IE.

On obtient les éléments demandés en construisant le parallélogramme P′ITR qui donne la tension T de la corde et la résultante R de P et T.

Mais cette résultante est aussi celle des réactions en I ; si on porte ER′ = IR on a par le parallélogramme EHR′V′, la tension V sur le clou, on trouve :

$$T = 1^{kil},38 \qquad V = 2^{kil},05$$

5° Deux sphères sont suspendues au même point A et formant le dispositif d'équilibre ci-contre, déterminer la direction de la verticale.

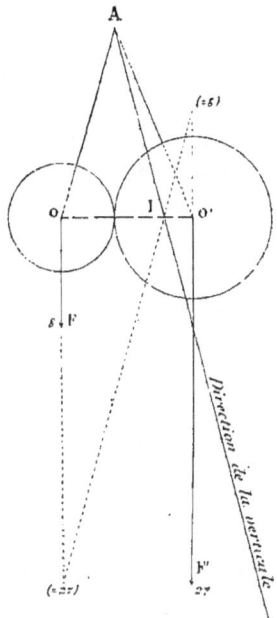

Fig. 57.

Solution. — Les poids des sphères sont proportionnels aux cubes de leurs rayons : représentons au centre de chacune d'elles, une longueur proportionnelle au cube du rayon ; les deux longueurs étant sur des droites parallèles OF, O′F′ ; composons ces forces, leur résultante est appliquée en I :

Or pour l'équilibre I doit être sur la verticale du point de suspension A, AI est donc la direction demandée de la verticale.

6° Équilibre d'un corps soumis seulement à son poids et posé sur un plan.

Le plan d'appui est forcément horizontal, puisque sa réaction pour équilibrer le poids doit être verticale.

De plus cette réaction passant à l'intérieur du polygone d'appui, il faut que la verticale du CG du corps y passe aussi ; de là l'énoncé de l'équilibre d'un corps pesant sur un plan horizontal :

Pour qu'un corps pesant posé sur un plan soit en équilibre, il faut que le plan soit horizontal et que la verticale du CG passe par le polygone de sustentation.

Le nom de *polygone de sustentation* est donné au polygone d'appui dans ce cas particulier.

On remarquera aussi que l'équilibre est d'autant plus stable que le CG du corps est plus bas.

TITRE IV

CHAPITRE I

TRAVAIL DES FORCES. — SA MESURE.

101. Définition générale du travail. — Quand sous l'action d'une force un corps se déplace, on dit qu'il y a travail produit.

102. 1° Force constante dont le point d'application se déplace suivant la direction de la force. — Dans ce cas, le travail se mesure par le produit de l'intensité de la force par le déplacement de son point d'application.

$$T. = F(e - e_0).$$

103. Exemple. — Quand on soulève un poids de 20 kilogrammes à 1 mètre de hauteur le travail produit est 20 kilogrammètres, il est quadruple de celui qui correspond au déplacement vertical d'un poids de 10 kilogrammes soulevé à 50 centimètres du sol.

104. Unité de travail. — C'est le travail produit par l'unité de force (*kilogramme*) déplaçant son point d'application de l'unité de longueur (*mètre*).

L'unité de travail a reçu le nom de *kilogrammètre*.

On peut encore le définir comme il suit :

Le kilogrammètre est le travail nécessaire pour soulever un poids *d'un kilogramme à un mètre de hauteur*.

105. Travail moteur. — On appelle *travail moteur* celui qui correspond à la force motrice ; il est positif.

106. Travail résistant. — On appelle *travail résistant* celui produit par la force qui s'oppose au mouvement du corps ; il est négatif.

107. Puissance. — On appelle *puissance* d'une machine le travail qu'elle développe dans l'unité de temps (*seconde*).

108. Cheval-vapeur. — L'unité de puissance est le *cheval-vapeur* qui correspond à un travail de 75 *kilogrammètres en une seconde*.

109. Cheval nominal. — On emploie aussi fréquemment le *cheval nominal* qui correspond à un travail de 300 *kilogrammètres en une seconde*.

110. 2º Force constante en direction oblique à la trajectoire. — Le travail d'une telle force se mesure par le produit de l'intensité de la force par la projection du chemin parcouru sur sa direction (fig. 58).

$$T. = F \times AC.$$

On voit que le travail d'une pareille force est indépendant

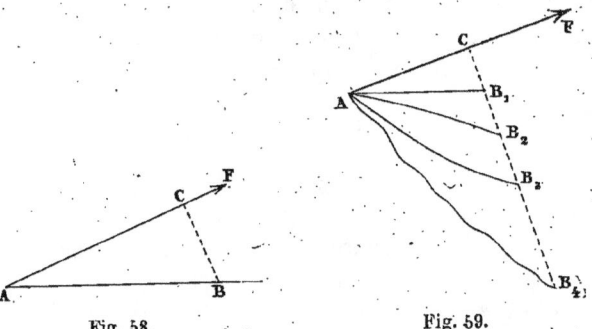

Fig. 58.   Fig. 59.

de la forme de la trajectoire suivie par son point d'application; il ne dépend que des points extrêmes de cette trajectoire, ainsi le travail de la force F pour les déplacements AB_1, AB_2, AB_3, AB_4 a la même expression ; il est le même dans chacun des quatre cas considérés (fig. 59).

111. Remarque I. — Si le point d'application de la force revient à son point de départ le travail est nul.

112. Remarque II. — Si la force est normale au déplacement le travail est encore nul.

113. Remarque III. — Si la trajectoire est une ligne droite,

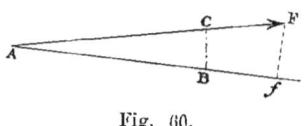

Fig. 60.

désignant par f la projection de la force F sur elle, les triangles semblables ABC, AFf donnent :

$$\frac{f}{AC} = \frac{F}{AB}$$

d'où l'on tire :

$$f \times AB = F \times AC$$

Le travail de la force F est donc aussi égal dans ce cas au produit de la projection de la force sur la trajectoire par le déplacement du point d'application.

114. 3° Force quelconque. — Soit une force variable en intensité et en direction. Le travail peut s'évaluer en considé-

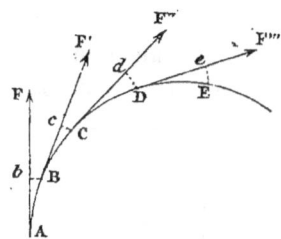

Fig. 61.

rant la force comme constante en ses deux éléments pendant un temps très court et l'on aura avec une certaine approximation :

$$T = F \times Ab + F' \times Bc + F'' \times Cd + F''' \times De + \ldots$$

115. Corollaire. — Si la force est constamment tangente à la courbe de la trajectoire et constante en intensité, le travail est égal au produit de la force par le chemin parcouru.

116. Exemple. — Travail de la vapeur dans un cylindre.

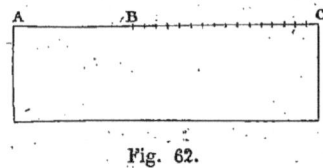

Fig. 62.

Supposons la pression exactement constante pendant la durée de l'introduction de A en B. Soit P sa valeur, désignons par D le diamètre du cylindre, on a :

Travail de A en B $= P \times \dfrac{\pi D^2}{4} \times AB$.

Divisons la longueur BC en n parties égales, si $BC = l$ chaque division vaudra $\dfrac{l}{n}$.

La partie BC correspond à la période de détente.

Si $p_1, p_2, p_3, p_4 \ldots p_n$ sont les pressions moyennes durant chacun de ces petits parcours on a :

Travail de B en C $= \dfrac{\pi D^2}{4} \left(p_1 \cdot \dfrac{l}{n} + p_2 \cdot \dfrac{l}{n} + \ldots + p_n \cdot \dfrac{l}{n} \right)$

117. Représentation graphique du travail d'une force tangente à la trajectoire. — Sur une horizontale ox portons des

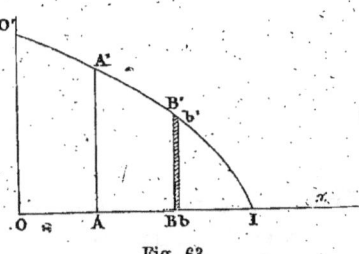

Fig. 63.

longueurs OA, OB..., etc., représentant les déplacements ; sur les ordonnées correspondantes prenons des longueurs OO', AA', BB'... etc., proportionnelles à l'intensité variable de la force au même instant, joignons tous les points tels que O′, A′, B′... etc., par un trait continu.

Pendant un temps très court correspondant à un déplacement Bb extrêmement petit, la force étant considérée comme constante, le travail sera représenté par la surface du trait d'épaisseur BB′b′b.

Le travail sera représenté par la somme des aires telles que BB′b′b c'est-à-dire par l'aire OO′A′IAO.

118. Exemple. — *Courbes d'indicateur des cylindres à vapeur.* — La courbe fournie par l'indicateur est précisément celle des

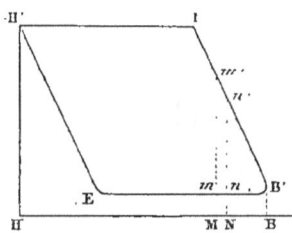

Fig. 64.

pressions successives d'un même côté du piston pendant un tour entier de la manivelle.

Le travail exécuté pendant l'aller de H en B est représenté par l'aire HH′IB′BH ; le travail résistant ou négatif effectué pendant le retour de B en H par l'aire :

$$H'EB'BHH'.$$

Le travail total positif sera donc représenté par l'aire de la courbe :

$$H'IB'EH'.$$

Pour l'évaluer on divise HB en parties égales telles que MN suffisamment petites ; on mène les ordonnées Mmm', Nnn', etc., et on fait la somme des aires des rectangles tels que $mnn'n'$ évaluées séparément dont tous les éléments sont connus.

LIVRE II

ÉQUILIBRE DES MACHINES

TITRE I

CHAPITRE I

LEVIER.

119. Définitions. — Le levier est un corps solide, rigide, mobile autour d'un point fixe.

Il a en général la forme d'une barre droite ou coudée.

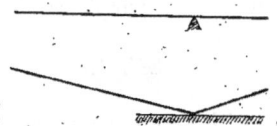

Fig. 65.

La force qui tend à le mouvoir est la *puissance*, celle qui s'oppose au mouvement est la *résistance*.

120. Bras de levier. — On appelle *bras de levier* les perpendiculaires abaissées du point fixe (ou point d'appui) sur les directions des deux forces.

121. Équilibre. — Pour qu'un levier soit en équilibre sous l'action de deux forces, il faut :

MÉCANIQUE.   183

1° *Que les deux forces soient dans un même plan, passant par le point d'appui.*

C'est en effet de ce point qu'émane la réaction qui équilibre ces deux forces; on sait (§ 99) que trois forces qui se font équilibre sont nécessairement dans un même plan.

2° *Que la résultante des deux forces passe par le point d'appui.*

Soit AOB un levier en équilibre, soit P la puissance, R la résistance, O le point d'appui.

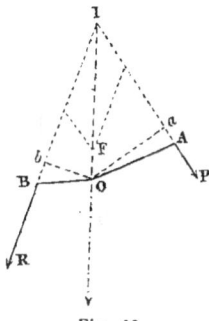

Fig. 66.

Menons les perpendiculaires Oa, Ob, aux directions des forces, ce sont, par définition, les bras de levier.

On sait (§ 74) que puisque le point d'appui O est un point de la résultante des deux forces P et R, on a :

$$P \times Oa = R \times Ob.$$

Ce qui s'énonce ainsi :

Pour qu'un levier soit en équilibre, il faut que les produits des forces par leurs bras de levier soient égaux.

122. **Remarque.** — Nous négligeons ici le poids du levier.

123. **Charge du point d'appui.** — La charge du point d'appui est égale à l'intensité de la résultante des deux forces ; elle est maxima quand les deux forces P et R sont parallèles.

Sur la figure précédente la charge du point d'appui est mesurée par IF.

124. Divers genres de leviers.

Premier genre. — Le point d'appui est situé entre la puissance et la résistance.

C'est le cas de la balance ordinaire et romaine, des tenailles, ciseaux..., etc. (fig. 67).

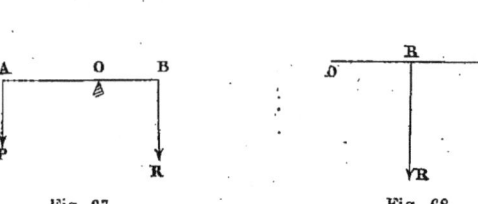

Fig. 67.   Fig. 68.

Deuxième genre. — Le point d'appui est en dehors des deux forces et du côté de la résistance (fig. 68).

L'avantage est à la puissance.

(Couteau de boulanger, brouette, aviron d'embarcation, casse-noix..., etc.).

Troisième genre. — Le point d'appui est en dehors des deux forces et du côté de la puissance (fig. 69).

L'avantage est à la résistance.

(Pincettes, soupape de sûreté, membres humains..., etc.).

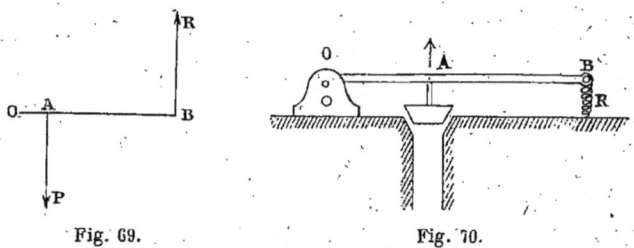

Fig. 69.   Fig. 70.

125. Application. — Une soupape de sûreté a 10 centimètres de diamètre, elle est montée sur un levier dont le point d'appui O est à 4 centimètres de la tige de la soupape ; l'extrémité B est chargée par un ressort R; la longueur OB est de 45 centimètres ; déterminer la tension du ressort R pour que la soupape commence à se soulever pour une pression de 11 kilogrammes par centimètre carré à la chaudière (fig. 70).

Solution :

$$\frac{\pi . \overline{10}^2}{4} \times 11 \times 4 = 45 \times x$$

d'où on tire :

$$x = \frac{3,1416 \times 100 \times 11}{45} = 76^{kil},800$$

CHAPITRE II

BALANCE ORDINAIRE.

126. Les appareils de pesage sont des applications plus ou moins compliquées du levier ; le plus simple de tous est la balance ordinaire qui se compose essentiellement d'un *fléau* formé de deux bras égaux portant à ses extrémités deux plateaux.

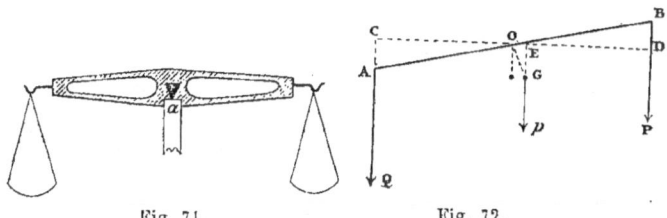

Fig. 71.   Fig. 72.

Ce fléau s'appuie par une arête vive a sur une surface très dure.

La forme du fléau doit être celle qui correspond à une rigidité aussi grande que possible jointe à un poids minimum.

Imaginons une légère inclinaison du fléau, l'une de ses extrémités portant un poids P, l'autre un poids Q ; désignons par p le poids du fléau appliqué en son centre de gravité G, nous avons d'après la théorie du levier :

$$Q \times OC = P \times OD + p \times OE.$$

186   MANUEL DU MÉCANICIEN.

Si les bras de la balance sont égaux les longueurs OC et OD le sont aussi et l'on a :

$$(Q - P)OD = p \times OE.$$

Entre certaines limites l'inclinaison du fléau permet de mesurer $Q - P$; avec une bonne balance, l'inclinaison est la même pour 1000 et 1001 grammes que pour 10 et 11 grammes.

127. Remarque. — La position du centre de gravité G du fléau n'est pas douteuse, elle doit être au-dessous du point de suspension pour que l'équilibre soit stable.

Si ce point se confondait avec le centre de gravité la balance serait dite *folle*, le fléau étant en équilibre indifférent.

128. Les deux conditions auxquelles doit satisfaire une balance sont :

1° *La justesse*.
2° *La sensibilité*.

1°. **Justesse.** — Une balance est dite juste si pour des poids

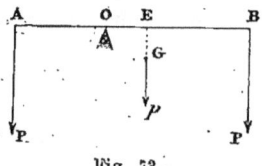

Fig. 73.

égaux déposés dans chaque plateau son fléau se tient horizontal.

Soit AB le fléau, O le point de suspension, G la position du centre de gravité du fléau ; supposons l'horizontalité pour des poids égaux P, nous avons :

$$P \times OA = P \times OB + p \times OE$$

c'est-à-dire :

(1) $$P(OA - OB) - p \times OE = 0$$

Cette égalité doit être vraie quelle que soit la valeur de P et en particulier pour $P = 0$, cette hypothèse nous donne :

$$p \times OE = 0$$

c'est-à-dire :

$$OE = 0$$

D'autre part, pour que l'égalité (1) soit sans cesse vérifiée nous devons avoir :

$$P(OA - OB) = 0$$

ce qui exige que :

$$OA = OB.$$

Les conditions de justesse d'une balance sont donc les suivantes :
1° *Le centre de gravité du fléau doit être sur la verticale du point de suspension quand le fléau est horizontal.*
2° *Les deux bras du fléau doivent être égaux.*

2° **Sensibilité.** — On dit qu'une balance est *sensible* quand

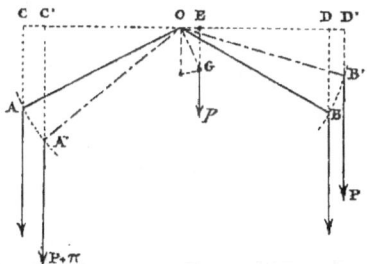

Fig. 74.

un poids léger mis en supplément dans l'un des plateaux entraîne une inclinaison du fléau appréciable à l'œil.

Supposons que le fléau soit tel que AOB ; plaçons dans l'un des plateaux un poids P et dans l'autre un poids $P + \pi$; désignons par p le poids du fléau ; celui-ci va prendre si π est suffisamment petit, une position d'équilibre A'OB' voisine de la première et nous aurons :

$$(P + \pi) OC' = P \times OD' + p \times OE$$

d'où nous tirons :

$$OE = \frac{\pi \times OC' + P \times OC' - P \times OD'}{p}$$

or : $\begin{cases} OC' = OC - CC' \\ OD' = OD + DD' \end{cases}$

donc :

$$OE = \frac{\pi \times OC' + P \times OC - P \times CC' - P \times OD - P \times DD'}{p}$$

d'autre part $OC = OD$, cette expression devient donc après réduction :

$$OE = \frac{\pi \times OC' - P(CC' + DD')}{p}$$

c'est-à-dire assez exactement :

(1) $$OE = \frac{\pi \times OC' - 2P \times CC'}{p}$$

Si les trois points A, B, C avaient été en ligne droite on aurait eu :

(2) $$OE_1 = \frac{\pi \times OC'}{p}$$

Donc $OE_1 > OE$.

Mais OE mesure d'une certaine façon l'inclinaison du fléau pour la surcharge π et par conséquent la sensibilité de la balance ; on voit donc que celle-ci est plus sensible lorsque les trois points de suspension des plateaux et du fléau sont en ligne droite.

L'égalité (2) nous montre en outre que la sensibilité est proportionnelle à OC' c'est-à-dire à la longueur du bras du fléau et en raison inverse de son poids p ; enfin de l'égalité (1) on conclut que la sensibilité varierait avec la charge si les trois points de suspension n'étaient pas en ligne droite.

EN RÉSUMÉ : — *La sensibilité d'une balance exige que les trois points de suspension du fléau et des plateaux soient en ligne droite, elle augmente avec la longueur des bras et diminue avec le poids de ce fléau et lorsque la distance du centre de gravité du fléau au point de suspension augmente.*

129. Remarque I. — Le fléau porte une aiguille perpendiculaire à la ligne des trois points de suspension ; cette aiguille se déplace devant un cadran divisé porté par le pied de la balance.

On n'attend pas, dans la pratique, pour apprécier l'équilibre que l'aiguille devienne immobile, on constate que l'équilibre est atteint lorsque l'aiguille oscillant de part et d'autre du zéro de la graduation décrit de chaque côté des arcs égaux.

130. Remarque II. — Toutes les arêtes de portage doivent être aussi fines que possible, celle de l'axe pour diminuer le frottement, celles des chaînes des plateaux pour que la verticale du centre de gravité de l'ensemble des poids, du plateau et des chaînes viennent toujours passer par le même point du fléau quelque position que prenne celui-ci ; ainsi, avec des arêtes arrondies, on voit que dans la position inclinée le portage du plateau ne se fait plus au point A mais au point B, ce qui a pour effet de diminuer le bras de levier correspondant et de fausser les indications de la balance.

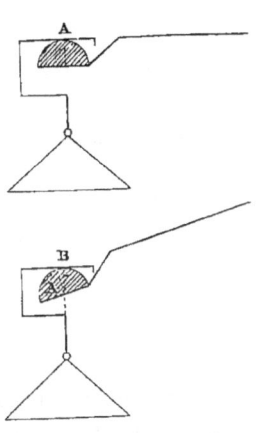

Fig. 75.

131. Méthode de Borda *ou de la double pesée.* — Dans les pesées précises on équilibre le corps par une tare déposée dans l'autre plateau puis on substitue au corps des poids marqués jusqu'à ramener l'horizontalité du fléau.

Ces poids marqués, produisant le même effet que le corps lui-même, représentent bien son poids.

Avec cette méthode la balance n'a pas besoin d'être juste, il suffit qu'elle soit sensible.

CHAPITRE III

BALANCE ROMAINE.

132. La *romaine* est un levier du premier genre à bras inégaux. Cet instrument se compose d'une tige métallique mobile autour d'un axe O. Cet axe s'appuie sur un crochet qui le supporte ; un deuxième axe A portant également un crochet sert à soutenir les corps qu'on veut peser ; un poids mobile Q peut être placé en un point quelconque de la tige de façon à faire équilibre au corps accroché en A.

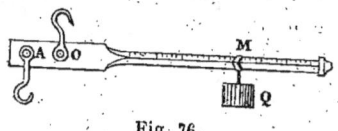

Fig. 76.

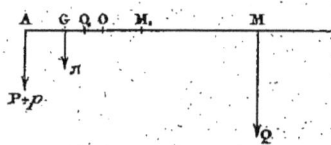

Fig. 77.

Supposons pour simplifier la théorie que cet instrument soit réduit à la figure géométrique ci-contre ; soit π son poids appliqué en son centre de gravité G, P le poids du corps qu'on veut peser, p le poids du crochet A, Q le poids curseur, nous avons dans l'hypothèse de l'équilibre, la romaine horizontale :

$$(1) \qquad (P+p)\,AO + \pi \times OG = Q \times OM.$$

Enlevons le poids P, soit M_1 le point où l'on doit placer le poids curseur Q pour obtenir encore l'horizontalité du fléau, cette position sera déterminée par la relation :

$$(2) \qquad p \times AO + \pi \times OG = Q \times OM_1$$

retranchant l'égalité (2) de l'égalité (1) il vient :

$$P \times AO = Q\,(OM - OM_1) = Q \times M_1 M.$$

D'où :

$$M_1M = P \times \frac{AO}{Q}$$

Or le rapport $\frac{AO}{Q}$ est une constante de l'instrument, nous voyons donc que M_1M est proportionnelle aux poids des corps suspendus au crochet A ; il est donc facile de graduer la romaine :

133. **Graduation.** — Le crochet A ne supportant d'abord aucun fardeau, réaliser l'équilibre : on détermine ainsi la position M_1 qui est le zéro de la graduation. Accrocher ensuite en A un poids connu ; 10 kilogrammes par exemple, et déterminer la position M du poids curseur Q, on y inscrira le chiffre 10. Diviser l'intervalle 0—10, en 10 parties égales et prolonger la graduation.

134. **Remarque.** — Le poids des objets qu'on peut évaluer par cet instrument est limité par la longueur du bras de la romaine ; pour permettre d'apprécier des poids aussi élevés que possible, l'instrument porte un second anneau de suspension placé en O_1, entre G et O. On suspend la romaine par ce nouvel axe comme précédemment. Puisque le nouveau bras de levier AO_1 est plus petit que le premier, on pourra à l'aide du même poids Q faire équilibre au même fardeau à l'aide d'un plus petit bras de levier que dans le premier cas et par conséquent la graduation pourra s'étendre plus loin.

135. **Remarque.** — La romaine offre l'avantage de donner le poids des corps sans qu'il soit besoin d'un ou plusieurs jeux de poids marqués ; par contre, cet appareil n'est pas très sensible.

CHAPITRE IV

POULIES.

136. Définition. — On appelle *poulie* un disque mobile autour d'un axe qui passe par son centre et qui porte une gorge sur son contour.

137. Cartahu simple. — Sur cette gorge passe une corde

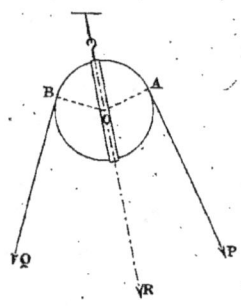

Fig. 78.

aux extrémités de laquelle agissent la puissance et la résistance; dans la marine cet appareil a reçu de *cartahu simple*.

1° **Poulie fixe.** — Supposons que la corde ne puisse glisser sur la gorge, la poulie devient un levier à bras égaux, son équilibre est donc donné par la relation :

$$P \times OA = Q \times OB$$

c'est-à-dire :

$$P = Q.$$

La poulie fixe n'a donc d'autre effet que de permettre de changer, pour des raisons de commodité, la direction dans laquelle agit la puissance, sans apporter à celle-ci un bénéfice quelconque.

MÉCANIQUE.   193

138. Remarque. — La pression sur le pivot est la résultante des deux forces P et Q. Sa direction est celle de la corde de support.

139. 2° Poulie mobile. — Dans ce dispositif, la résistance agit par le moyen d'une chape sur la poulie, la gorge de celle-ci reposant sur un cordon dont une des extrémités est fixe, la puissance agissant à l'autre extrémité.

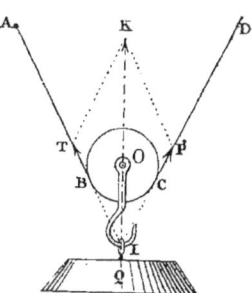

Fig. 79.

Soit A le point fixe, Q la résistance, P la puissance ; cherchons les conditions d'équilibre de ce système. Il y a trois forces en jeu : P, Q et la tension T du brin BA ; fixons le point O : la force Q est détruite et par application du principe de la poulie fixe nous voyons que $P = T$.

Le parallélogramme d'équilibre IPKT est donc un losange et la résultante IK, qui équilibre la résistance, est bissectrice de l'angle des deux cordons.

On voit sur la figure que l'effort P doit croître à mesure que le fardeau Q s'élève ou que les deux brins AB et CD forment un angle plus obtus ; le cas le plus avantageux est celui où les deux brins restent sans cesse parallèles, dans ces conditions :

$$P = \frac{Q}{2}$$

140. Cartahu double. — C'est une application de la poulie fixe et de la poulie mobile réunies (fig. 80).

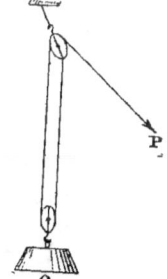

Fig. 80.

On voit facilement que pour soulever avec cet appareil un poids Q il faudra développer une puissance théoriquement égale à $\frac{Q}{2}$.

13

CHAPITRE V

MOUFLES.

141. Définition. — On appelle *moufle* un système formé d'une poulie fixe et d'un certain nombre de poulies mobiles permettant de faire équilibre à une force donnée avec une force plus faible. La disposition est la suivante : une corde fixée en A passe sur la gorge de la poulie mobile O qu'elle supporte et vient se fixer sur une seconde poulie mobile O_1. A cette deuxième poulie correspond une nouvelle corde dont l'une des extrémités est fixée en A_1 et dont l'autre aboutit à une troisième poulie O_2.

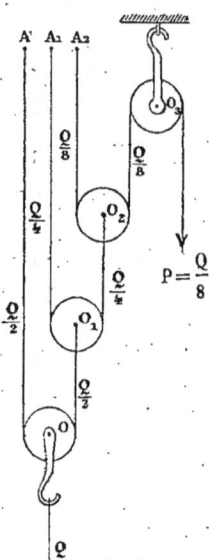

Fig. 81.

A cette poulie O_2 correspond un dispositif analogue et ainsi de suite.

L'extrémité libre de la dernière corde après avoir passé sur la poulie fixe O_3 supporte l'effort de la puissance P; la résistance Q agit sur la première de toutes les poulies mobiles.

Cherchons les conditions d'équilibre de ce système.

Dans l'exemple que nous avons sous les yeux le poids Q peut se décomposer en deux forces égales chacune à $\dfrac{Q}{2}$, l'une passant par le point fixe A, l'autre appliquée à la poulie O_1.

Celle-ci admet à son tour deux composantes égales chacune à $\dfrac{Q}{4}$ dont l'une passe par le point fixe A_1 et dont l'autre est appliquée à la poulie O_2.

Cette nouvelle force donne naissance à deux composantes

MÉCANIQUE.

égales à $\frac{Q}{8}$ $\left(\text{c'est-à-dire} \frac{Q}{2^3}\right)$; la première passe par le point fixe A_2 et la seconde est équilibrée par la puissance P ; la valeur de cette puissance doit donc être $\frac{Q}{8}$, c'est-à-dire $\frac{Q}{2^3}$.

142. Généralisation. — Nous voyons donc que la valeur de P est donnée par une fraction dont le numérateur est la résistance et le dénominateur une puissance de 2 marquée par le nombre des poulies mobiles : avec n poulies mobiles la puissance qui équilibrera un fardeau Q est :

$$P = \frac{Q}{2^n}$$

CHAPITRE VI

PALANS.

143. Définition. — On appelle ainsi un système de poulies fixes et mobiles offrant l'une des deux dispositions ci-contre.

Dans le dispositif représenté par la première figure, trois poulies fixes de rayons quelconques sont portées par une même chape.

Trois poulies mobiles semblables sont portées par une seconde chape à laquelle est suspendue la résistance.

Une corde s'enroule sur ces poulies comme l'indique la figure, la puissance agissant à son extrémité.

Dans le dispositif représenté par la seconde figure, les trois poulies fixes sont d'égal rayon et montées sur le même axe, les trois poulies mobiles ont aussi même rayon et même axe, leur chape supporte la résistance ; une corde s'enroule sur ces poulies comme l'indique la figure ; la puissance agit à son extrémité.

Dans les deux dispositions ci-contre la force Q se partage entre les six brins du garant, chaque brin supporte un effort égal à $\frac{Q}{6}$, l'intensité de la puissance doit donc être $\frac{Q}{6}$, pour que le système soit en équilibre.

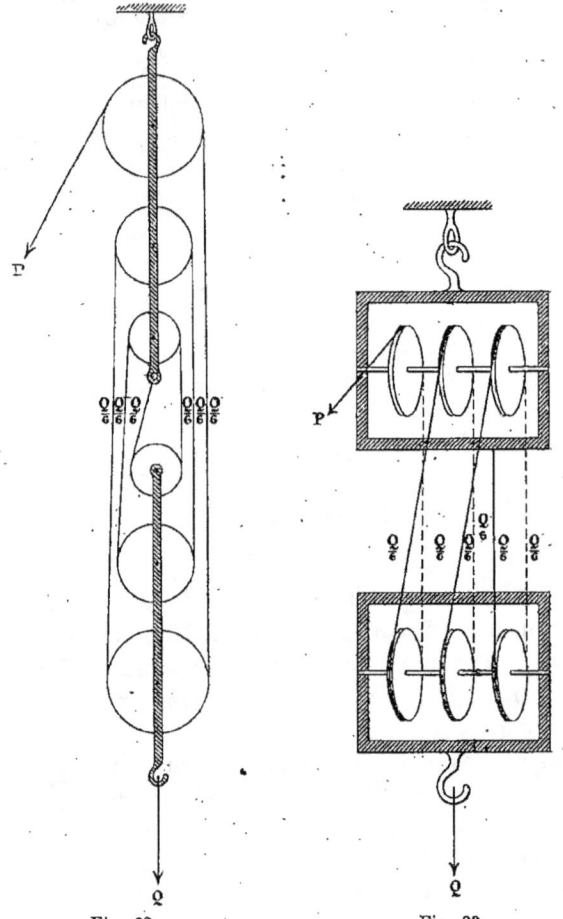

Fig. 82. Fig. 83.

144. Généralisation. — Le même raisonnement s'appliquera à un nombre quelconque n de brins, et la puissance qui équilibrera dans ces conditions une résistance Q est :

$$P = \frac{Q}{n}$$

145. Palan sur garant. — Quelquefois on ne dispose que

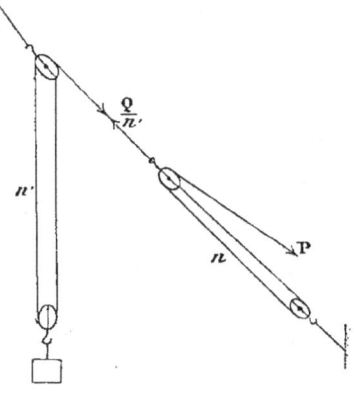

Fig. 84.

d'une faible puissance; dans ces conditions on fait usage d'un second palan qui agit sur le garant du premier.

Si le premier palan a n' brins nous aurons :

$$P' = \frac{Q}{n'}$$

Si le second palan a n brins nous aurons comme puissance définitive :

$$P = \frac{Q}{n' \times n}$$

146. Application. — Une première caliorne a 6 brins, sur son garant on frappe un cartahu double, quel est l'effort à faire pour soulever un poids de 6000 kilos ?

$$P = \frac{6000}{6 \times 2} = 500 \text{ kilos.}$$

147. Palan différentiel. — Le *palan différentiel* se compose de deux poulies fixes de rayons différents, solidaires l'une de l'autre, et d'une poulie mobile simple qui porte la charge. Le garant est généralement enroulé suivant le mode de corde

198   MANUEL DU MÉCANICIEN.

sans fin ; quand l'enroulement a lieu sur l'une des poulies il se produit déroulement sur l'autre.

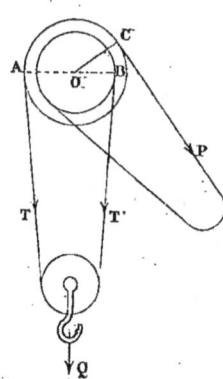

Fig. 85.

Soit R le rayon de la plus grande des deux poulies, r le rayon de l'autre, soit Q la résistance.

Les tensions des deux brins qui correspondent à la poulie mobile sont égales toutes deux à $\frac{Q}{2}$; nous pouvons envisager le système comme un double levier dans lequel la résistance est T, son bras de levier OA, les puissances étant P avec OC comme bras de levier et T′ avec OB.

Nous avons donc :

$$P \times OC + T' \times OB = T \times OA$$

Puisque $T = T' = \frac{Q}{2}$ il vient en remplaçant :

$$P \times OC = \frac{Q}{2}(OA - OB)$$

c'est-à-dire :

$$P \times R = \frac{Q}{2}(R - r)$$

d'où l'on tire :

$$P = Q \times \frac{R - r}{2R}$$

On voit que l'effort à faire diminue quand la différence des rayons diminue ; en fixant un chiffre très petit pour cette différence, on pourra soulever un poids très lourd au moyen d'une puissance excessivement faible, mais ce qu'on gagne en force, on le perd en vitesse.

148. Application. — Quel effort faut-il pour hisser, avec un palan différentiel, un poids de 1000 kilos, $R = 0^m,1$; $r = 0^m,08$?

$$P = 1000 \times \frac{2}{20} = 100 \text{ kilos.}$$

CHAPITRE VII

TREUIL.

149. Définition. — Le *treuil* est un appareil composé d'un cylindre appelé *tambour* ou *poupée*, tournant autour d'un axe. Sur le tambour s'enroule une corde à l'extrémité de laquelle agit la résistance. L'axe est constitué par deux petits tourillons qui tournent dans des coussinets fixes.

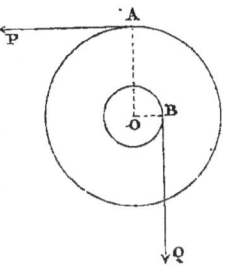

Fig. 86.

La puissance agit tangentiellement à une circonférence de rayon supérieur à celui du tambour et perpendiculairement à l'axe de rotation. L'avantage est à la puissance.

Soit R le rayon de la grande circonférence, r celui du tambour ; nous pouvons assimiler le treuil à un levier, les bras correspondant à P et Q étant R et r, l'équation d'équilibre est donc :

$$P \times R = Q \times r$$

c'est-à-dire :

$$\frac{P}{Q} = \frac{r}{R}$$

Ce qui s'énonce ainsi :

Pour qu'un treuil soit en équilibre il faut que le rapport de la puissance à la résistance soit inverse du rapport des rayons de la circonférence d'action et de celle du tambour.

150. Cabestan. — Le *cabestan* n'est autre chose qu'un treuil dont l'axe est vertical, son équilibre est donc le même que celui du treuil ordinaire.

Application. — Un cabestan a 10 barres, à l'extrémité de chacune d'elles se trouve un homme qui fait un effort de 20 kilos, les barres ont 5 mètres de long (longueur comptée jusqu'à

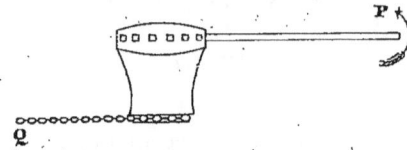

Fig. 87.

l'axe même du cabestan). Quelle résistance maxima vaincra ce cabestan, la couronne ayant $0^m,50$ de rayon ?

$$20 \times 10 \times 500 = Q \times 50$$

$$Q = \frac{20 \times 10 \times 500}{50} = 2000 \text{ kilos.}$$

CHAPITRE VIII

PLAN INCLINÉ EMPLOYÉ COMME MACHINE.

151. On a vu (§ 100) l'équilibre d'un corps posé sur un plan incliné.

Le problème traité montre que la force de retenue est inférieure au poids du corps ; le plan incliné peut donc être employé comme multiplicateur de force.

Le coin, les ciseaux, le rabot, le couteau, etc..., fonctionnent comme des doubles plans inclinés ; la vis comme une série de plans inclinés. Les cales de construction ou de hâlage des navires en sont une application.

Pratiquement, le plan incliné est une machine robuste, mais défectueuse au point de vue du rendement à cause de l'influence considérable du frottement.

152. Pente du plan incliné. — Soit ABC un plan incliné,

MÉCANIQUE.   201

nous appellerons *pente du plan* le rapport $\dfrac{AC}{AB}$ de la hauteur à la longueur (fig. 88).

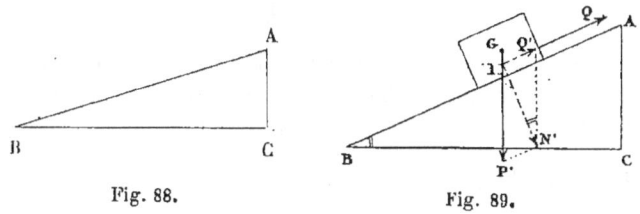

Fig. 88.   Fig. 89.

Multiplication du plan incliné. — 1° Soit un corps de poids P posé sur un plan incliné ABC (fig. 89), Q la force parallèle au plan qui le maintient en équilibre. Q est la valeur minimum que puisse avoir une force motrice pour remonter le corps sur le plan. Construisons le parallèlog. des forces P'IQ'N'; on voit que le triangle rectangle Q'IN' est semblable à ABC, l'angle en N' étant égal à l'angle en B, on en tire :

$$\frac{IQ'}{Q'N'} = \frac{AC}{AB}$$

Mais IQ' représente Q, Q'N' = IP' et représente P, d'où :

$$\frac{Q}{P} = \frac{AC}{AB} = \text{pente du plan.}$$

2° Supposons la force motrice ou de retenue horizontale

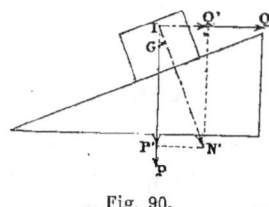

Fig. 90.

(fig. 90) nous aurons ici un rectangle comme polygone d'équilibre, et dans ce cas :

$$\frac{P'Q'}{Q'N'} = \frac{AC}{BC} = \frac{h}{b}$$

$$\frac{Q}{P} = \frac{h}{b}$$

en désignant par h la hauteur et par b la base du plan.

153. Remarque. — Lorsque la pente du plan est très faible, on peut prendre pour le rapport multiplicateur aussi bien $\frac{h}{b}$ que $\frac{h}{l}$, (l longueur du plan).

154. Application.

1° Quelle force minima faut-il pour hisser sur une cale inclinée à 0,1 un torpilleur pesant 100 tonnes.

Solution. — On a :

$$\frac{Q}{P} = 0,1$$

$$Q = 100\,000 \times 0,1 = 10\,000 \text{ kilos.}$$

2° On veut hisser une chaloupe sur un plan incliné à 0,15 avec un palan à 4 brins; combien faudra-t-il d'hommes, au minimum, sur le garant de ce palan sachant que chaque homme fait un effort de 50 kilos et que la chaloupe pèse 6 tonnes ?

Solution. — Soit Q l'effort à exercer sur la chaloupe, T la tension de chaque brin, n le nombre d'hommes nécessaires, on a :

$$Q = 6000 \times 0,15 = 900^{kg}$$

$$T = \frac{Q}{4} = \frac{900}{4} = 225^{kg}$$

$$n = \frac{225}{50} = 5$$

155. Remarque. — Ces résultats sont purement théoriques ; il faudrait pratiquement un nombre d'hommes double de celui trouvé, tant à cause du frottement du plan que du mauvais rendement du palan.

CHAPITRE IX

JEU ET ÉQUILIBRE STATIQUE DE LA BIELLE ET DE LA MANIVELLE.

156. Ce mécanisme sert à transformer un mouvement rectiligne alternatif en un mouvement circulaire ou inversement.

Dans le premier cas, par exemple, le pied de bielle B_1 est soumis à un effort dans le sens de la flèche 1 (←———●); le bouton de manivelle M et par suite la manivelle OM, sont entraî-

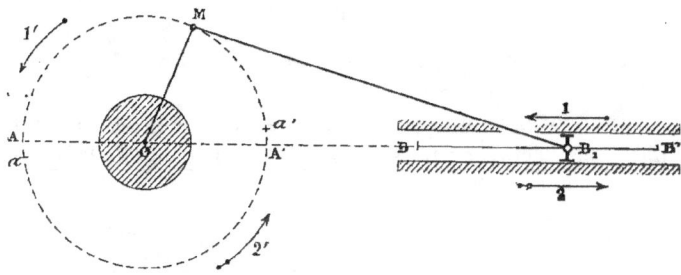

Fig. 91.

nés dans le sens de la flèche 1', ainsi que l'arbre O. Lorsque le bouton de manivelle arrive en A, l'effort moteur exercé sur le pied de bielle doit cesser, le pied de bielle est alors en B.

Par suite de l'inertie des pièces reliées à l'arbre, le mouvement de la manivelle continue de A en a; dès lors le pied de bielle est soumis à un effort dans le sens de la flèche 2 (●-●———→), le mouvement de rotation se continue dans le même sens que précédemment.

Lorsque la manivelle arrive en OA' le pied de bielle est en B'; l'effort moteur cesse et l'inertie assure de même le mouvement de la manivelle de A' en a'.

Les points A et A' s'appellent les *points morts*.

Les espaces Aa et A'a' parcourus par le bouton de manivelle, sans mouvement de la bielle, s'appellent les *espaces morts*.

Ces déplacements sont possibles grâce au jeu des articulations.

L'entraînement de la bielle par la manivelle s'explique aussi facilement.

157. Remarque. — La longueur BB' ou course du pied de bielle est égale à la distance des points morts ; on a, en effet, en appelant b la longueur de la bielle, m celle de la manivelle :

$$BO = b - m$$
$$B'O = b + m$$

Mais :

$$BB' = B'O - BO$$
$$BB' = b + m - b + m = 2m = AA'$$

158. Équilibre statique. — Le pied de bielle est en équilibre sous l'action de trois forces : R, P, N, réaction de la bielle,

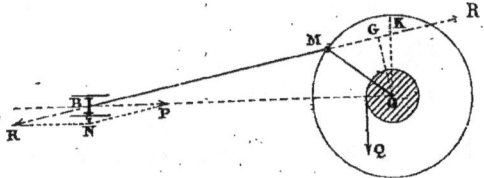

Fig. 92.

poussée du piston, réaction de la glissière. (On néglige le poids de la bielle.)

Soit Q l'effort résistant agissant sur la périphérie de l'arbre de rayon r. La réaction R de la bielle correspond à un effort moteur égal sur le bouton de manivelle, mais dirigé en sens inverse.

L'ensemble de la manivelle et de l'arbre forme donc un treuil et si OG est une perpendiculaire abaissée sur la direction de la bielle, on doit avoir (§ 148) :

$$R \times OG = Q \times r$$

Mais les deux triangles BNP et KOG sont semblables et donnent :

$$\frac{R}{P} = \frac{OK}{OG}$$

$$R \times OG = P \times OK$$

L'équation d'équilibre peut donc s'écrire :

$$P \times OK = Q \times r$$

$$Q = P \frac{OK}{r}$$

159. Remarque. — On voit que l'équilibre exige une valeur différente de l'effort moteur P pour chaque position de la manivelle.

Le mouvement ne peut donc être uniforme.

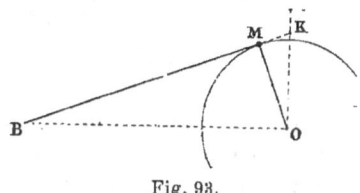

Fig. 93.

Aux points morts $OK = 0$, P devrait donc être infini, en réalité il est nul pour éviter les efforts considérables sur les bâtis, fonds de cylindre, etc...

P est minimum lorsque OK est maximum, c'est à peu près quand la direction de la bielle est tangente à la circonférence du bouton de manivelle.

CHAPITRE X

JEU DE L'EXCENTRIQUE CIRCULAIRE.

160. Soit O un arbre sur lequel est claveté un disque E dont le centre m est à une distance R du centre de l'arbre.

Ce disque est appelé *chariot d'excentrique* et le rayon R est dit *rayon d'excentrique.*

Soit r le rayon de l'arbre, R' le rayon du disque, on a :

$$R' > R + r$$

Sur le chariot est capelé un anneau, ou *collier d'excentrique*, muni d'une tige CB dont la direction passe par le point m.

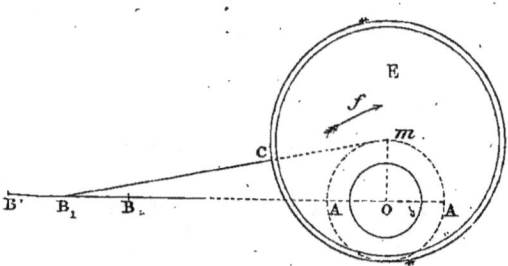

Fig. 94.

Cette tige s'appelle *tige* ou *bielle d'excentrique.*

Le pied B de cette bielle est relié à la pièce guidée, qui doit avoir un mouvement alternatif car, dans la pratique, l'excentrique ne sert qu'à transformer un mouvement de rotation en un mouvement rectiligne.

Supposons que la flèche f indique le sens de la rotation de l'arbre, le point m va décrire un cercle autour du centre O de cet arbre; la direction de la bielle passera toujours par le point m en ses diverses positions.

Comme le pied de cette bielle est toujours sur la ligne BB', il s'ensuit que le mouvement de ce pied est celui que lui donnerait une bielle mB_1, entraînée par l'arbre au moyen d'une manivelle de rayon Om.

mB s'appelle la *longueur théorique de la bielle d'excentrique.*

Les points morts sont A et A', mais les espaces morts sont beaucoup plus considérables qu'avec le système bielle-manivelle.

Le frottement du collier sur le chariot est considérable, l'excentrique a donc un faible rendement.

Il offre par contre l'avantage d'éviter la section de l'arbre ou la formation d'un coude.

On peut aussi le déplacer facilement sur l'arbre et le mettre en face des organes à desservir, ou modifier le *calage*, c'est-à-dire l'angle de la manivelle fictive avec la manivelle motrice de l'arbre.

APPLICATIONS

SOLUTIONS GRAPHIQUES

N° 1. — Un cône ABC repose par son sommet sur un plan MN et s'appuie sur l'angle D d'un mur, le portage se faisant au 1/4 de la génératrice AC à partir de la base.

Déterminer la position du plan MN pour qu'il y ait équilibre, la génératrice AC faisant un angle de 30° avec l'horizon.

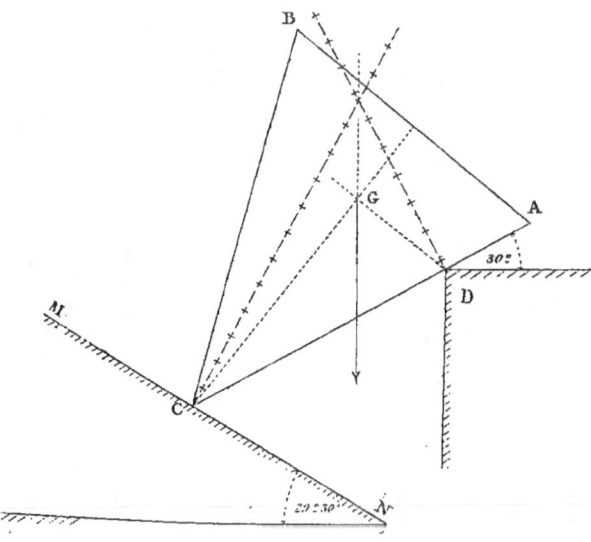

210   MANUEL DU MÉCANICIEN.

N° 2. — Étudier l'équilibre d'une échelle AB appliquée contre un mur, faisant avec lui un angle de 30°, pesant 40 kilogrammes, et maintenue en son pied par un taquet T fixé au sol.

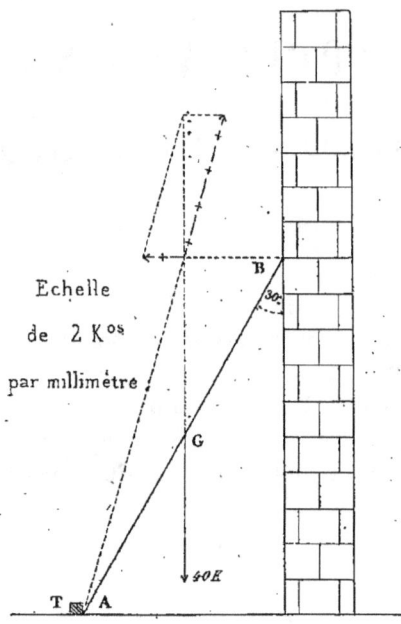

Echelle de 2 K°s par millimètre.

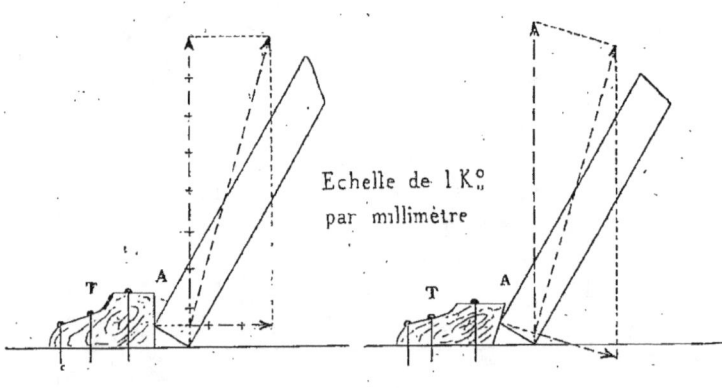

Echelle de 1 K°. par millimètre

SOLUTIONS GRAPHIQUES. 211

N° 3. — Déterminer le poids et la position du centre de gravité de la caisse ABCD, non homogène, en équilibre et sur le point de basculer autour de l'arête A; on accorde le lieu géométrique MN.

La caisse est maintenue par un cordon passant dans la poulie E fixée aux 2/7 sur la caisse à partir de la base ; l'un des brins est horizontal, l'autre est vertical, leur tension commune est de 150 kilos.

Hauteur de la caisse = 5ᵐ,60 ; largeur = 2ᵐ,40.

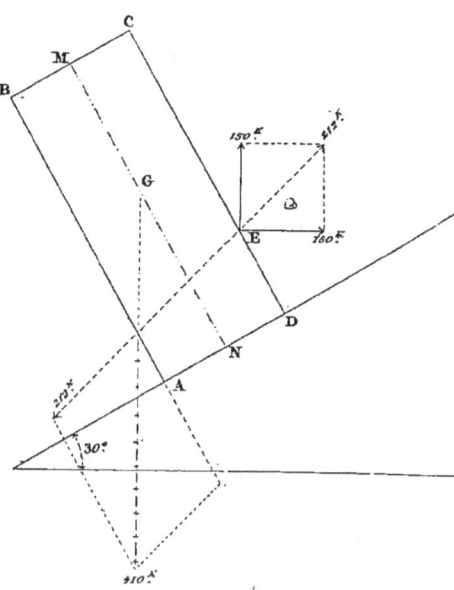

N° 4. — La plaque de tôle ci-contre étant suspendue comme l'indique la figure, par un cordon passant dans une série de poulies et se trouvant en équilibre, déterminer la verticale de son centre de gravité.

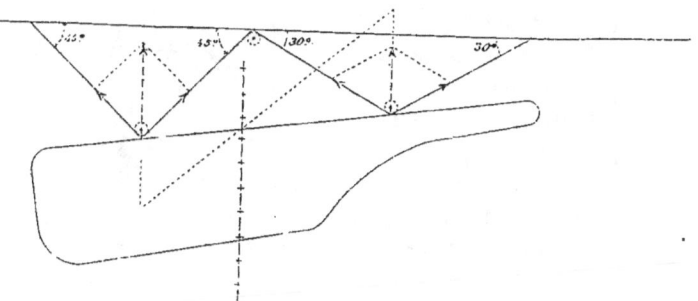

N° 5. — Un mât de charge AB, de 8 mètres de long, pesant 80 kilos, fait un angle de 45° avec l'horizon, il est maintenu par une patte d'oie ACG dont l'un des brins est horizontal et l'autre vertical. — A la tête du mât est suspendu un fardeau pesant 120 kilos écarté de la verticale par une retenue horizontale.

Déterminer :

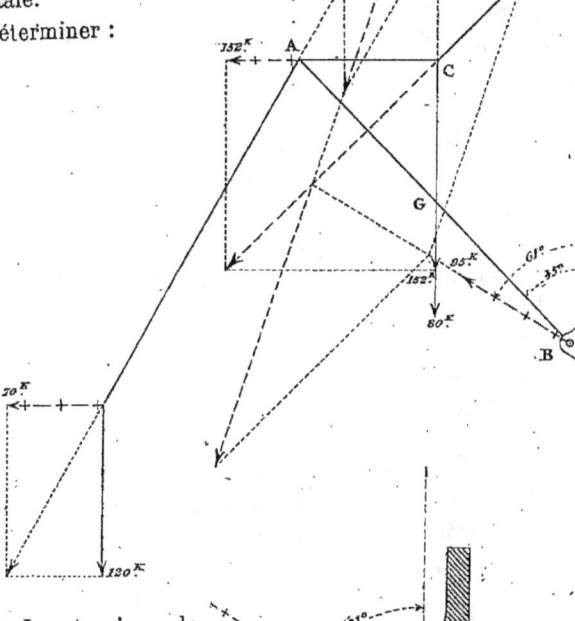

1° La tension de cette retenue ;

2° La tension de la patte d'oie ;

3° La valeur de la réaction du pied du mât de charge ;

4° Tracer le portage à une grande échelle.

SOLUTIONS GRAPHIQUES.

N° 6. — La potence figurée ci-contre pèse 50 kilos par mètre courant.

AB = 1^m,50   AC = 3 mètres.

A l'extrémité B est suspendu un fardeau de 300 kilos.

1° Déterminer graphiquement la tension des brins de la patte d'oie à poulie qui soutient la potence;

Echelle
1 millim.
par 6 kilogr.

2° Représenter à grande échelle le portage du pied dans sa crapaudine hémisphérique.

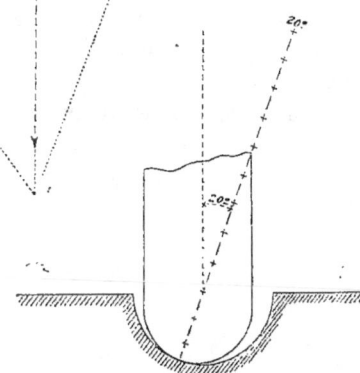

N° 7. — Construire graphiquement l'équilibre de deux sphères de rayon r et r' placées dans une coupe hémisphérique de rayon R.

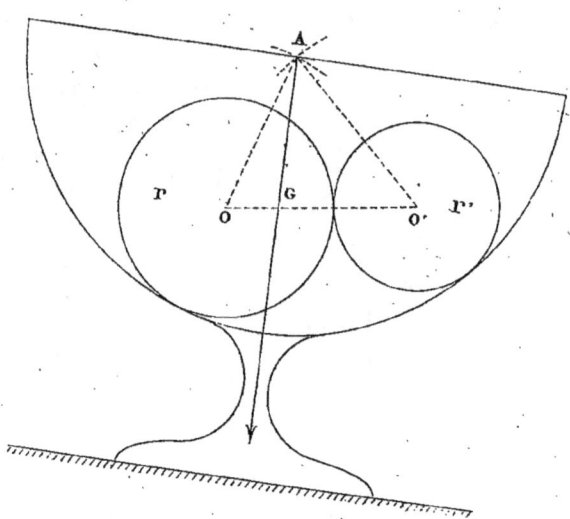

Solution. — (Méthode de fausse position.)
1° Décrire les deux cercles OO' tangents ayant les rayons r et r' donnés.
2° Prendre sur la ligne des centres OO' un point G tel qu'on ait : $\dfrac{OG}{O'G} = \dfrac{r'^3}{r^3}$.
3° Des points O et O' comme centres, avec des rayons égaux à $(R-r)$ et $(R-r')$ décrire deux arcs de cercle qui se coupent au point A.
4° Du point A comme centre avec R comme rayon, décrire une demi-circonférence, on obtient la coupe.
5° Joindre AG qui donne la position de la verticale.

PROBLÈMES A RÉSOUDRE

1. — Calculer l'accélération du mouvement d'un corps qui parcourt 40 mètres en 10 secondes avec une vitesse initiale de 8 mètres.

Réponse : Une accélération retardatrice de $0^m,8$.

2. — Dans un certain mouvement la vitesse à un moment donné t est exprimée par $7-2t$; calculer : 1° l'accélération du mouvement ; 2° l'espace parcouru depuis le moment $t=1^s$ jusqu'à $t=3^s,5$.

Réponse : 1° Accélération retardatrice de 2 mètres.
2° Espace parcouru $6^m,25$.

3. — Un corps lancé sous un angle de 60° touche le sol

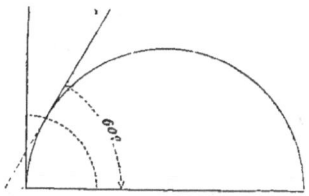

après 20^s ; on demande la vitesse initiale, la hauteur de la courbe et le chemin parcouru horizontalement [$g=10^m$].

Réponse : 1° $V_o = 115^m,4$.
2° $H = 500^m$.
3° $c = 1154^m$.

4. — Quelle distance parcourt un corps pendant le premier tiers de la 8ᵉ seconde de sa chute ? [$g=10^m$.]

Réponse : 24 mètres.

5. — Durée de la chute d'un corps qui tombe au fond d'un puits de 400 mètres? [$g=10^m$.]

Réponse : 9 secondes environ.

6. — Un corps est lancé de bas en haut avec une vitesse de $44^m,72$, à quelle hauteur montera-t-il? [$g=10^m$.]

Réponse : H $= 100^m$.

7. — Dans une machine d'Atwood, les deux poids égaux sont de 95 grammes, le poids additionnel est de 10 grammes. Calculer :
1° L'accélération du mouvement;

2° Ce qu'elle devient si l'on fait passer un petit poids de 5 grammes de B en A. [$g=10^m$.]

Réponse : $J_1 = 0^m,50$.
$J_2 = 1^m$.

8. — Dans une machine d'Atwood les poids sont chacun de 100 grammes. Calculer le poids additionnel à ajouter à l'un d'eux pour que l'espace parcouru dans les deux premières secondes de chute soit $0^m,40$.

Réponse : $p = 4^{gr}$.

9. — Dans une machine d'Atwood les poids égaux sont de $49^{gr},5$, le poids additionnel de 11 grammes. Calculer en quels endroits de l'échelle il faut placer le plateau évidé pour que le chemin parcouru pendant la deuxième seconde soit : 1° $0^m,80$; 2° $1^m,18$.

Réponse : 1° $0^m,32$.
2° $0^m,72$.

10. — Quelle est la force qui ferait parcourir à un poids de 46 kilos, $0^m,01$ pendant la 7ᵉ seconde? [$g=10^m$.]

Réponse : F $= 7^{gr}$.

11. — Un canon avec son affût pèse 84 tonnes, il lance un projectile de 700 kilos avec une vitesse initiale de 600 mètres ; quelle est sa vitesse de recul ?

Réponse : $V = 5^m$.

12. — Calculer la vitesse angulaire de la terre et la vitesse linéaire d'un point de l'équateur ; le rayon de l'équateur étant $6377^{km},398$.

Réponse : 1° $\omega = 0,0000723$.
    3° $V = 463^m$.

13. — Deux forces P et Q sont dans le rapport de $\sqrt{3}$ à 2, leur résultante est 1 ; quel angle forment-elles ?

Réponse : $\alpha = 150°$.

14. La résultante de deux forces P et Q est égale à la plus petite ; quel doit être leur rapport sachant qu'elles font entre elles un angle de 135° ?

Réponse : $\dfrac{P}{Q} = 1,4$.

15. — Un point est attiré vers les trois côtés d'un triangle par des forces perpendiculaires et proportionnelles à ces côtés ; démontrer qu'il est en équilibre dès qu'il est à l'intérieur.

16. — Le triangle ABC est équilatéral ; trouver la distance du centre de gravité de la surface ABCDE au centre de gravité du carré ACDE, le côté de ce carré étant représenté par a.

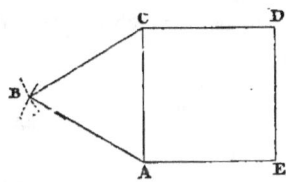

Réponse : $0,238\ a$.

17. — Le centre de gravité de l'aire et du contour d'un polygone circonscrit à une circonférence sont toujours situés sur une même droite passant par le centre et leurs distances au centre sont dans le rapport de 2 à 3.

18. — Dans un cône ASC, on a creusé un autre cône AS'C de même base et de hauteur moitié moindre; trouver la distance au sommet S du centre de gravité du solide restant et l'exprimer en fonction de la hauteur du grand cône.

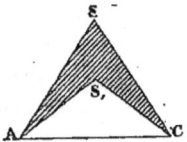

Réponse : $d = \dfrac{5}{8} H$.

19. — Un manœuvre agissant sur une manivelle de 0^m,30 de rayon fait faire à celle-ci 35 tours par minute; quel travail produit-il en ce temps, son effort moyen normal à la manivelle étant de 8 kilos?

Réponse : T = 528.

20. — Une dynamo tournant à 420 tours à la minute absorbe une puissance 22 000 watts; quel est l'effort tangentiel total pris au périmètre de l'induit, celui-ci ayant un rayon de de 0^m,02. (1 ch.-vapeur vaut 736 watts.)

Réponse : 250 kilos.

21. Un train, locomotive et wagons, pèse 200 tonnes; quelle puissance la vapeur doit-elle produire de plus que sur un palier quand le train gravit une pente de $\dfrac{20}{1000}$ à la vitesse de 36 kilomètres?

Réponse : 533 chevaux.

SOLUTIONS GRAPHIQUES.   219

22. — Puissance en chevaux disponible d'une chute d'eau de 3 mètres, débitant 2000 mètres cubes à l'heure.

Réponse : 22 chev. 22.

23. — Travail produit en élevant un poids de 100 kilos sur un plan incliné à 30°, la distance des deux points de départ et d'arrivée mesurée sur le plan est 20 mètres.

Réponse : 1000 kilos.

24. — Un corps pesant 10 kilos est suspendu à un fil de 2 mètres de longueur, on l'écarte de la verticale de 30°; calculer le travail dépensé.

Réponse : $2^{kgm},68$.

25. — Un corps pesant 30 kilos est posé sur un plan incliné à $\frac{1}{10}$; calculer le travail produit par la descente du corps au bout de 5ˢ. [$g = 10^m$.]

Réponse : $37^{kgm},500$.

26. — Puissance en chevaux minimum nécessaire pour actionner une pompe aspirante et foulante qui doit élever 3^{mc} d'eau à la minute à la hauteur de 15 mètres au-dessus du réservoir.

Réponse : 10 chevaux.

27. — Les bras d'un levier AB sont $OA = 2^m,30$ et $OB = 1,90$; la force $P = 10$ kilos; son inclinaison par rapport au levier est de 60°, calculer la force Q qui l'équilibre sachant que sa direction avec le levier est 45°.

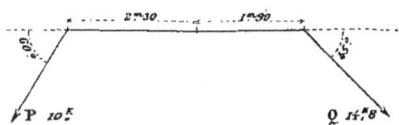

Réponse : $14^{kg},8$.

28. — On hisse un torpilleur pesant 80 tonneaux sur un plan incliné à 0,06 au moyen d'une caliorne à 4 brins embraquée par un cabestan ; calculer le nombre minimum d'hommes nécessaires pour cette opération.

Nombre de barres du cabestan, 6.

Rayon de la cloche d'enroulement, $0^m,50$.

Effort net de chaque homme, 20 kilos.

Les hommes peuvent se mettre sur chaque barre à des distances de l'axe du cabestan de 3 mètres, $2^m,50$, 2 mètres.

Réponse : 1 homme à l'extrémité de chaque barre, puis un autre à $2^m,50$ sur 5 des barres ; en tout 11 hommes.

PHYSIQUE

LIVRE I

HYDROSTATIQUE

CHAPITRE I

ÉQUILIBRE DES LIQUIDES.

1. Propriété caractéristique des liquides. — Les liquides sont considérés comme incompressibles.

2. Principe de Pascal. — *Quand un vase est rempli d'un liquide, toute pression exercée sur une portion plane de la paroi se transmet intégralement à toute portion de surface plane égale, prise sur la paroi ou dans le sein de la masse liquide.*

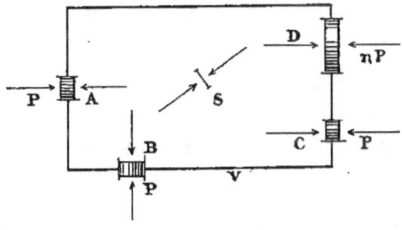

Fig. 1.

Imaginons un vase V rempli d'eau et muni en A d'une tubulure de section S dans laquelle se meut un piston qu'on appuie sur le liquide avec une force P. Soient en B et en C des tubulures exactement semblables ; pour que leurs pistons ne se déplacent pas il faudra les appuyer avec une force égale à P. (Le liquide étant considéré comme non pesant).

Soit en D une tubulure de section nS ; on constate que son piston devra être maintenu avec une force égale à nP.

Une surface S prise à l'intérieur du liquide est soumise à deux pressions normales et égales à P qui la maintiennent en équilibre.

3. **Application**. — **Presse hydraulique**. — Imaginons deux corps de pompe A et B réunis par le tuyau C ; dans chacun d'eux coulisse un piston.

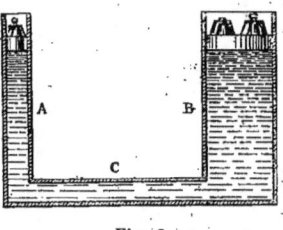

Fig. 2.

— Si les sections de ces pistons sont dans le rapport de 1 à n le système sera en équilibre lorsque les poids qui chargent les pistons seront respectivement P et nP, c'est un fait d'expérience.

La presse hydraulique est employée pour comprimer certaines substances, pour soulever des fardeaux (vérins)... etc.

4. **Application**. — *Le diamètre du petit cylindre est 3 centimètres, celui du grand cylindre de 30 centimètres, quel est l'effort minimum à faire sur le petit piston pour soulever une charge de 1000 kilogrammes ?*

$$P = 1000 \times \left(\frac{3}{30}\right)^2 = 10 \text{ kilogrammes.}$$

ÉQUILIBRE D'UN LIQUIDE PESANT.

5. **Première loi**. — *La surface libre d'un liquide pesant en équilibre est, en chaque point, normale à la direction de la pesanteur, c'est-à-dire horizontale.*

Soit en effet un vase ABCD rempli d'un liquide pesant en équilibre ; si le niveau n'était pas horizontal, la particule pesante M se déplacerait sous l'action de la composante p due à la pesanteur, dirigée suivant la surface inclinée.

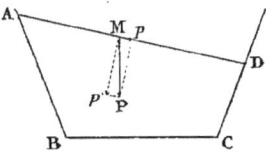

Fig. 3.

6. Deuxième loi. — *Toute surface élémentaire prise dans l'intérieur d'un liquide en équilibre est soumise sur ses deux faces à des pressions égales et de sens contraire, mesurées en valeur absolue par le poids du cylindre liquide ayant cet élément pour base et pour hauteur sa distance au niveau libre.*

Imaginons un vase ABCD plein d'un liquide pesant en équilibre ; soit m un élément circulaire pris au sein de la masse ; figurons le cylindre liquide qui aurait pour base l'élément considéré et pour hauteur sa distance mm' au niveau libre.

L'équilibre existant, supposons liées les unes aux autres les molécules qui composent ce cylindre.

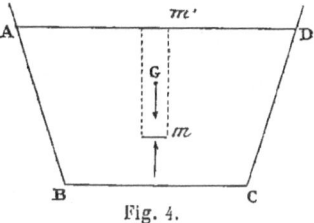

Fig. 4.

La force qui tend à le déplacer de haut en bas est son poids appliqué en son centre de gravité ; puisqu'il est en équilibre, il est soutenu par une poussée égale, dirigée de bas en haut.

Rendons par la pensée la fluidité à ce cylindre, nous voyons maintenant que la petite surface m reçoit sur ses deux faces deux pressions égales au poids de la colonne liquide mm'.

7. Vérification expérimentale. — Dans un vase V plein d'eau, on plonge un tube T qui peut être bouché à l'une de ses extrémités par un obturateur O ajusté à l'émeri.

Ce tube étant maintenu verticalement et l'obturateur étant appliqué contre sa partie inférieure, on verse de l'eau à l'intérieur :

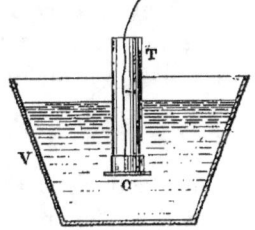

Fig. 5.

on constate qu'au moment où le niveau à l'intérieur du tube atteint le niveau extérieur du vase, l'obturateur se détache, c'est donc le moment où les pressions exercées sur ses deux faces deviennent égales.

PRESSION D'UN LIQUIDE PESANT SUR LE FOND ET SUR LES PAROIS DU VASE QUI LE RENFERME.

8. 1° **Sur le fond.** — *La pression exercée sur le fond d'un vase rempli d'un liquide pesant en équilibre est égale au poids d'une colonne de liquide ayant pour base la surface du fond et pour hauteur la distance verticale du fond au niveau libre.*

Soit ABCD un vase rempli d'un liquide pesant en équilibre;

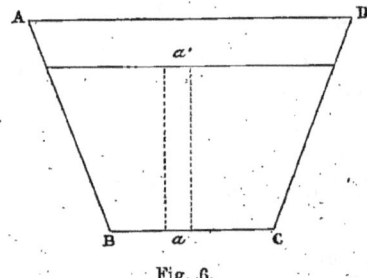

Fig. 6.

considérons un élément de surface a touchant le fond BC; la pression sur cet élément est égale au poids d'une colonne liquide aa' ayant pour base l'élément et pour hauteur sa distance au niveau libre (§ 6); par conséquent, pour la dernière tranche tout entière qui touche le fond BC la pression totale sera égale à la somme des pressions élémentaires que supporte chaque élément tel que a, nous aurons donc :

$$P = \Sigma.a \times aa' = (\Sigma a)\,aa' = BC \times aa'.$$

9. **Vérification expérimentale, expérience de du Haldat.** — L'appareil employé par du Haldat se compose de deux vases communiquants, la tubulure MNPQ qui les réunit est pleine de mercure.

Sur la partie supérieure MM' de l'une des branches on peut visser à volonté des vases différents A, B... etc... dont les fonds ne sont pas fermés.

Au début de l'expérience, les niveaux du mercure dans les deux branches sont dans un même plan horizontal.

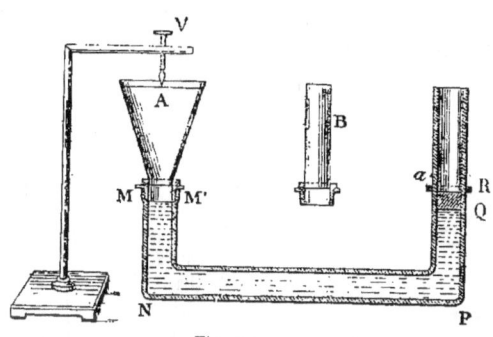
Fig. 7.

Vissons le vase A sur la tubulure MM', remplissons-le d'eau et marquons avec la pointe de la vis V l'affleurement de son niveau, marquons avec la bague a l'affleurement du mercure qui s'est élevé dans l'autre branche d'une quantité QR proportionnelle à la pression sur le fond du vase A (la surface libre du mercure).

Remplaçons celui-ci par le vase B sans toucher ni à la vis ni à la bague ; versons-y de l'eau jusqu'à ce que le niveau atteigne la pointe de la vis V, nous constaterons que le mercure affleure encore la bague a dans la seconde branche.

Tout en ayant même fond, la capacité des vases employés est bien différente, nous voyons cependant que pour une même hauteur de liquide dans chacun d'eux la pression sur le fond est la même.

10. Application. — *Un vase conique est plein d'eau, sa base est de 275 centimètres carrés, son volume est de 2475 centimètres cubes, quelle est la pression en grammes sur le fond ?*

$$2475 = V = \frac{1}{3} B \times H = \frac{275}{3} \times H.$$

$$H = \frac{3 \times 2475}{275} = 27 \text{ centimètres.}$$

La pression est donc :

$$P = 275 \times 27 = 7425 \text{ grammes.}$$

11. 2° Pression sur les parois latérales. — *La pression sur un élément plan de la paroi d'un vase rempli d'un liquide pesant est égale au poids d'une colonne droite de liquide qui aurait pour base cet élément de surface et pour hauteur la distance du centre de gravité de cette surface au niveau libre.*

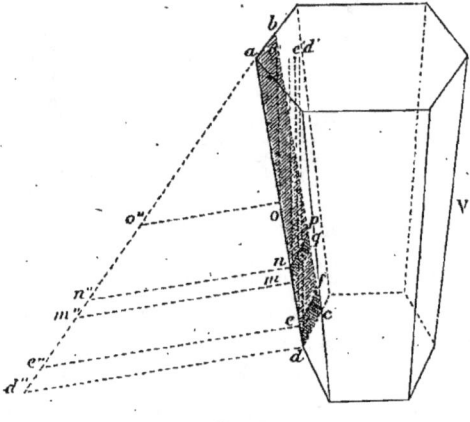

Fig. 8.

Soit un vase V ; coupons sa paroi par deux plans verticaux parallèles, soit *abcd* le rectangle ainsi obtenu. Considérons l'élément très petit *cdef*, la pression sur cet élément est égale à $dd' \times$ aire *cdef* (§ 6) car tous les points de cet élément peuvent être considérés comme situés à la même distance du niveau.

Menons par les points *d* et *e* des perpendiculaires à la direction *da* de la paroi et prenons les longueurs dd'', ee'' égales respectivement à dd', ee' distances au niveau du liquide dans le vase ; la surface du rectangle très petit $dd''e''e$ est évidemment proportionnelle à la pression que supporte l'élément *cdef*.

Un autre élément *mnpq* supporte une pression proportionnelle à l'aire du rectangle très petit $mnn''m''$ tracé à la même échelle que le précédent. Dès lors on voit sans peine que la surface du triangle $ad''d$ est proportionnelle à la pression que supporte le rectangle tout entier $abcd$ et qu'elle la mesure à un coefficient près qui est fonction de son épaisseur ab.

La surface de ce triangle a pour expression :

$$\frac{1}{2} dd' \times ad$$

c'est-à-dire si o est le milieu de ad :

$$ad \times oo''$$

Si nous remplaçons oo'' par oo' qui lui est égal, l'expression, de la surface du triangle devient : $ad \times oo'$, ce qui vérifie l'énoncé.

Remarque. — Le point d'application de cette pression est toujours en dessous du *centre de gravité*.

12. Application. — *Un navire est entré au bassin pour re-*

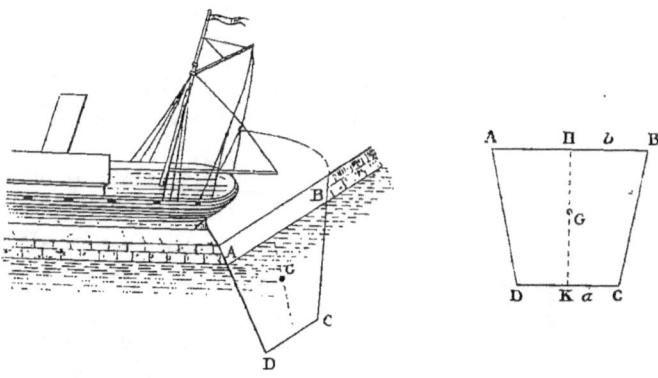

Fig. 9.

peindre sa carène, quelle est la pression exercée sur la porte du bassin sachant que la portion immergée ABCD de cette porte affecte la forme d'un trapèze dont la petite base est de 15 mètres, la grande base de 25 mètres et la hauteur de 10 mètres ?

On sait que le centre de gravité G de ce trapèze est sur la ligne HK en un point tel qu'on a :

$$\frac{GK}{GH} = \frac{a+2b}{b+2a}$$

Cette proportion nous donne :

$$\frac{b+2a}{GH} = \frac{a+2b}{GK} = \frac{3(a+b)}{HK}$$

d'où :

$$GH = \frac{(b+2a)HK}{3(a+b)}$$

par suite :

$$GH = \frac{(25+30)\times 10}{3\times 40} = 4^m,583$$

La pression cherchée est donc :

$$\frac{25+15}{2} \times 10 \times 4,583 = 916^{tonnes},600$$

Remarque. — L'eau de mer étant légèrement plus lourde que l'eau douce, la pression calculée ci-dessus est un peu trop faible.

13. Chariot hydraulique. — Considérons un vase ABCD dont nous supposerons pour plus de simplicité les deux parois AB et CD planes, verticales et parallèles.

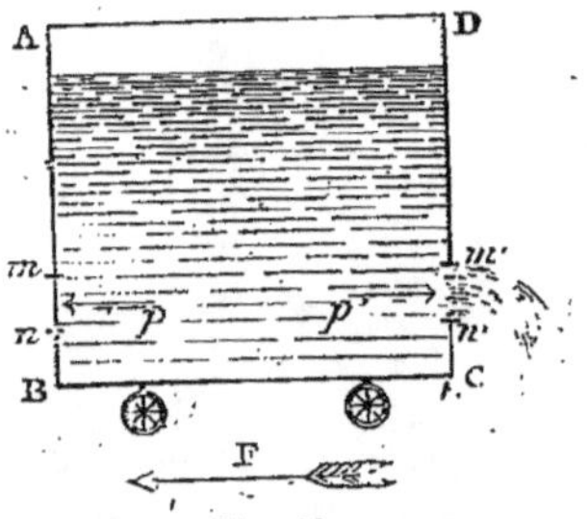

Prenons sur l'une d'elles une portion mn, elle supporte de la part du liquide une pression p ; la portion symétrique $m'n'$ est soumise de son côté à une pression p' égale et opposée. Si on vient à percer la paroi en $m'n'$ les deux pressions p et p' cessent de s'équilibrer, p' n'a

Fig. 10.

PHYSIQUE.   229

plus d'autre effet que de faire jaillir le liquide tandis que la pression p tendra à imprimer au vase un mouvement de recul en sens contraire à celui de l'écoulement : on peut s'en rendre compte en posant le vase sur un petit chariot mobile, le système se déplacera dans le sens de la flèche F.

14. Tourniquet hydraulique. — Le tourniquet hydraulique est basé sur le même principe.

Un réservoir de verre V rempli d'eau est disposé de manière à pouvoir tourner autour d'un axe vertical AB ; le réservoir communique avec un tube deux fois recourbé en forme d'S situé à sa partie inférieure.

Au moment où l'eau s'échappe par les extrémités OO' de ce tube, l'appareil prend un mouvement de rotation dans le sens de la flèche F qui est produit par les pressions que le liquide exerce sur les parties du tube opposées aux orifices.

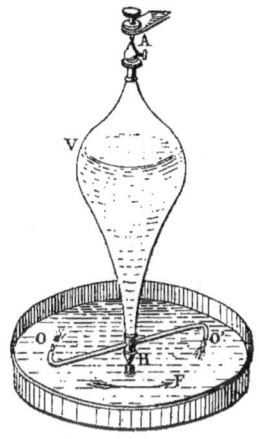

Fig. 11.

Remarque. — C'est le principe des turbines industrielles.

15. Vases communiquants. — **Premier cas.** — **Principe.** — *Dans deux vases communiquants remplis d'un même liquide, le niveau dans les deux vases est toujours dans un même plan horizontal.*

Considérons en effet dans le tube de communication un petit élément de surface a ; puisqu'il est en équilibre, fixons par la pensée les unes aux autres toutes les molécules liquides qui se trouvent dans la section déterminée dans le tube de communication par le plan de l'élément considéré.

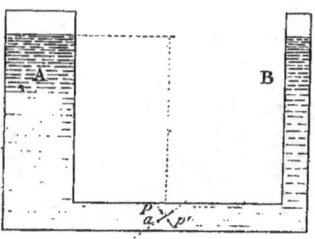

Fig. 12.

Cette cloison idéale étant envisagée comme une paroi commune aux deux vases A et B, la pression p qui s'exerce sur l'élément a est égale au poids de la colonne liquide qui aurait la surface a comme base et pour hauteur la distance h de son centre de gravité à la surface libre dans le vase A :

$$p = a \times h.$$

De même la pression p' qui s'exerce sur cet élément est égale à :

$$p' = a \times h'$$

en désignant par h' la distance verticale du centre de gravité de la surface élémentaire considérée au niveau libre du liquide dans le vase B.

Rendons par la pensée la fluidité à la cloison idéale, sauf à l'élément a, l'équilibre n'est pas troublé, nous avons par conséquent :

$$p = p'$$

c'est-à-dire :

$$a \times h = a \times h'$$

ou enfin $h = h'$

Ce qui montre que les niveaux dans les deux vases sont dans le même plan horizontal.

16. Deuxième cas. — *Lorsque deux vases communiquants contiennent deux liquides différents en équilibre, les hauteurs de ces deux liquides au-dessus du plan de séparation sont en raison inverse de leurs densités.*

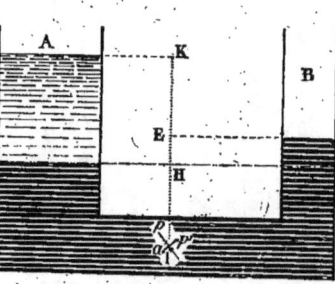

Fig. 13.

Soient en effet les deux vases communiquants A et B, versons-y une certaine quantité de mercure, puis achevons de remplir le vase A avec de l'eau. Un élément de surface a pris dans le tube de communication est soumis à deux pressions égales p et p'.

La première a pour valeur la somme des poids de deux colonnes d'eau et de mercure ayant pour base la surface élémentaire considérée et pour hauteurs respectivement les quantités IH et HK.

La deuxième pression a pour valeur le poids d'une colonne de mercure ayant pour base la surface a et pour hauteur la distance IE, nous avons donc en désignant par d et d' les densités du mercure et de l'eau :

$$a(\text{IH} \times d + \text{HK} \times d') = a(\text{IH} \times d + \text{HE} \times d)$$

d'où nous tirons :

$$a \cdot \text{HK} \cdot d' = a \cdot \text{HE} \cdot d$$

ou enfin :

$$\frac{\text{HK}}{\text{HE}} = \frac{d}{d'}$$

17. **Remarque.** — Expérimentalement on vérifie le principe des vases communiquants de la manière suivante :

Différents vases B, C, D, peuvent se visser sur une monture métallique dont l'autre extrémité est occupée par le vase A.

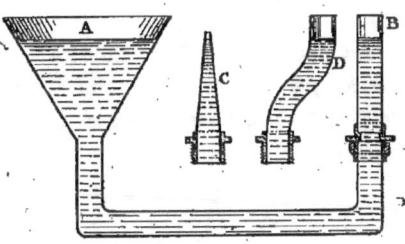

Fig. 14.

En versant de l'eau dans l'appareil on constate que les niveaux sont toujours dans le même plan horizontal quel que soit celui des trois vases qui est en place.

18. **Remarque.** — Le niveau d'arpenteur est fondé sur la propriété des vases communiquants.

19. **Paradoxe hydrostatique.** — Supposons que l'on porte successivement sur l'un des plateaux d'une balance trois vases ayant les formes figurées ci-contre, remplis d'eau jusqu'à la même hauteur et ayant même fond.

Pour chacun d'eux la pression sur le fond est la même, cependant, si on porte successivement les vases A, B, C sur le plateau d'une balance et si on leur fait équilibre avec des poids marqués placés dans l'autre plateau, la charge de celui-ci variera avec chacun des vases. Cette apparente contradiction est connue sous le nom de *paradoxe hydrostatique*.

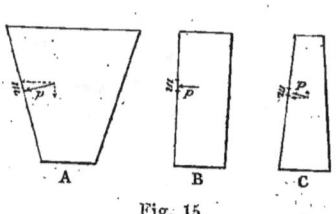

Fig. 15.

Elle disparaît d'ailleurs quand on a égard à l'ensemble des pressions que le liquide exerce sur les parois.

On voit en effet que les pressions *p* exercées sur tous les éléments tels que *m* peuvent être décomposées, lorsque le vase n'est pas un volume droit, en deux autres pressions : l'une horizontale sans influence sur la balance et l'autre verticale qui s'ajoute ou se retranche de la pression sur le fond suivant la forme du vase employé.

De ce qui précède nous conclurons donc par le principe définitif :

Quelle que soit la forme du vase, les pressions élémentaires supportées par l'ensemble du fond et des parois, ont une résultante unique, dirigée dans le sens de la pesanteur, égale au poids du liquide qu'il renferme.

CHAPITRE II

PRINCIPE D'ARCHIMÈDE.

20. Énoncé. — *Tout corps plongé dans un liquide subit, de la part de ce liquide, une poussée verticale, dirigée de bas en haut, égale au poids du volume du liquide déplacé.*

21. Démonstration expérimentale. — On prend deux cylindres en laiton, l'un massif D, l'autre creux C, travaillés de façon que le volume du premier soit égal à la capacité intérieure du second, ce qu'on vérifie en s'assurant que D entre à frottement doux dans C et le remplit exactement.

On suspend sous l'un des plateaux d'une balance hydrostatique le cylindre creux C, et en dessous de celui-ci, le cylindre massif D ; on détermine l'équilibre à l'aide d'une tare déposée dans le second plateau.

On place ensuite sous le cylindre massif un vase V plein d'eau et on abaisse le fléau de la balance hydrostatique jusqu'à ce qu'il y plonge complètement ; l'équilibre est rompu, le cylindre immergé éprouve donc

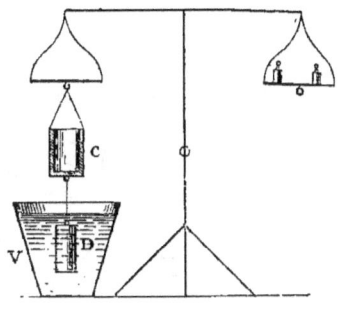

Fig. 16.

une poussée dirigée de bas en haut. Pour ramener le fléau horizontal on constate qu'il faut remplir exactement d'eau le cylindre creux C: la poussée que reçoit le cylindre D est donc égale au poids du volume d'eau qu'il déplace.

22. Remarque. — Le point d'application de cette force qui agit de bas en haut et qu'on désigne sous le nom de *poussée* s'appelle *centre de poussée*.

23. Conséquences. — Quand un corps est plongé dans un liquide il peut se présenter trois cas :

1° Le poids du corps est plus grand que le poids du liquide déplacé. Dans ces conditions le corps va au fond.

2° Le poids du corps est égal à celui du liquide déplacé.

Le corps reste en équilibre dans le sein de la masse liquide après avoir tourné sur lui-même de façon que son centre de gravité et son centre de poussée se trouvent sur la même verticale, le centre de gravité en dessous.

Lorsque le corps est homogène l'équilibre est indifférent, le centre de poussée se confondant avec le centre de gravité.

3° Le poids du corps est plus petit que le poids de liquide que son volume entier déplacerait : dans ces conditions le corps émerge et flotte ; la partie immergée du corps est telle que le poids du volume du liquide qu'elle occupe est égal au poids du corps tout entier.

Dans ce cas le centre de poussée est en général au-dessous du centre de gravité mais ces deux points sont sur la même verticale (position n° 1).

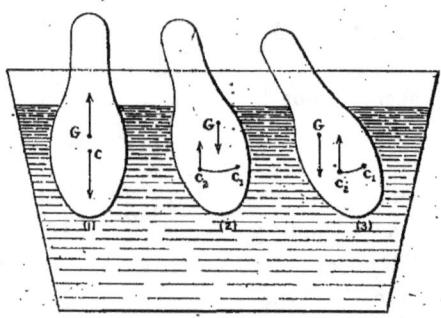

Fig. 17.

L'équilibre est stable ou instable suivant que, lorsqu'on incline le corps, la verticale du centre de gravité passe en dedans ou en dehors des positions initiale et finale occupées par le centre de poussée (positions n° 2 et n° 3).

24. — *Un navire pèse 10 000 tonnes, quel est le volume occupé par la partie immergée de sa coque ?*

10000 mètres cubes en prenant la densité de l'eau de mer égale à 1.

CHAPITRE III

MESURE DES DENSITÉS.

25. Définition. — Le *poids spécifique* d'un corps est le poids de l'unité de volume (centimètre cube) de ce corps.

On donne couramment à cet élément le nom de *densité*.

26. — L'unité de poids étant le poids de l'unité de volume d'eau, la densité de l'eau est 1.

27. — Désignons par P le poids d'un corps, par V son vo-

PHYSIQUE.   235

lume, appelons D sa densité; nous avons par définition :

$$D = \frac{P}{V}.$$

Mais si nous remarquons que le nombre qui exprime le volume V d'un corps est le même que celui qui exprime le poids p d'un égal volume d'eau nous aurons :

$$D = \frac{P}{p}$$

c'est-à-dire :

La densité d'un corps est le rapport du poids d'un certain volume de ce corps au poids d'un égal volume d'eau.

28. Détermination de la densité d'un corps solide. — Pour déterminer la densité d'un corps solide insoluble dans l'eau, d'un fragment de bronze par exemple, on le suspend à l'aide d'un fil fin au-dessous de l'un des plateaux A d'une balance hydrostatique et on lui fait équilibre avec une tare déposée dans l'autre plateau; substituant ensuite au corps des poids marqués on obtient de cette manière le poids P du corps par la méthode de la double pesée.

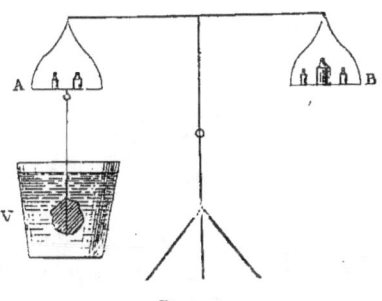

Fig. 18.

On accroche de nouveau le corps sous le plateau A de la balance dont on abaisse le fléau jusqu'à ce que le fragment de bronze plonge entièrement dans un vase plein d'eau V; l'équilibre se trouve rompu, pour le rétablir on ajoute dans le plateau un poids p qui est égal au poids du volume d'eau déplacé : le quotient $\frac{P}{p}$ est la densité cherchée.

29. Méthode du flacon. — Pour déterminer la densité d'un solide, le procédé du flacon est de beaucoup le meilleur qu'on puisse employer, il fournit avec une égale précision les deux poids P et p.

Les flacons sont de formes diverses, lorsqu'on veut opérer sur des corps un peu volumineux on leur donne un large goulot dont le bord a été usé à l'émeri de façon qu'un disque de verre D puisse s'y appliquer exactement. Quand le flacon aura été rempli d'eau on fera glisser le disque D sur la tranche supérieure du goulot de façon à chasser le liquide qui pourrait dépasser le bord par capillarité.

Fig. 19.

Soit à déterminer la densité d'un corps solide, d'un morceau de soufre par exemple ; mettons-le dans l'un des plateaux A d'une balance et à côté de lui posons le flacon rempli d'eau, son disque en place ; faisons la tare dans le second plateau B ; substituant ensuite des poids marqués au fragment de soufre nous déterminons son poids P par double-pesée.

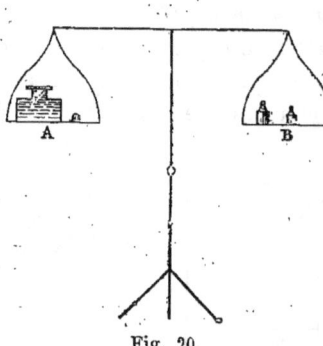
Fig. 20.

Retirons maintenant ces poids, mettons le corps dans le flacon, il en chasse une certaine quantité d'eau, glissons le disque D sur le goulot et essuyons soigneusement le flacon avec du papier buvard. Le fléau de la balance n'est plus horizontal, nous ajouterons dans le plateau A un poids p pour rétablir l'équilibre, ce poids p est le poids du liquide déplacé par le corps et le quotient $\dfrac{P}{p}$ donne la densité cherchée.

Fig. 21.

30. **Remarque.** — Pour opérer sur de très petits fragments ou sur des corps en poudre on fait usage de flacons à goulot étroit dont le bouchon a été usé à l'émeri pour pénétrer dans le goulot d'une quantité toujours bien égale et qui se ter-

mine par un tube très fin ouvert à sa partie supérieure.

On opère comme précédemment, mais les corps en poudre pouvant entraîner avec eux des bulles d'air qui se dégageraient difficilement, on devra placer le flacon sous le récipient d'une machine pneumatique et l'y laisser séjourner un certain temps.

31. **Détermination de la densité d'un liquide.** — **Méthode de la balance hydrostatique.** — On suspend au-dessous d'un des plateaux une boule de verre lestée avec de la grenaille de plomb et on fait la tare dans l'autre plateau.

Plongeant ensuite la boule successivement dans le liquide à étudier et dans l'eau on détermine les valeurs p et p' des poussées qu'elle éprouve de la part de chacun d'eux; p et p' étant les poids de deux volumes égaux à celui de la boule du liquide proposé et d'eau, le quotient $\dfrac{p}{p'}$ donne la densité cherchée.

32. **Méthode du flacon.** — Pour la mesure de la densité Régnault a introduit l'usage de petits flacons formés de deux parties cylindriques réunies par un tube capillaire sur lequel est marqué un repère a.

La partie supérieure C sert d'entonnoir, la partie inférieure R est le réservoir destiné au liquide. Un bouchon B empêche l'évaporation des liquides volatils pendant les pesées.

Lorsqu'on a rempli le réservoir R du liquide à étudier on enlève avec un petit rouleau de papier buvard la quantité qui dépasse le repère a, puis on détermine son poids par double pesée, on le vide et on le repèse, la différence donne le poids P du liquide remplissant l'appareil.

Fig. 22.

Opérant de la même manière avec de l'eau, on détermine le poids p du même volume d'eau et le quotient $\dfrac{P}{p}$ donne la densité cherchée.

33. — Le tube a étant *capillaire* il faut pour introduire les liquides dans l'appareil employer un procédé particulier semblable à celui qui est indiqué plus loin pour la construction du thermomètre (§ 86).

34. Remarque. — Quand on veut déterminer la densité d'un corps solide soluble dans l'eau, on doit tout d'abord déterminer quelle est la densité par rapport à un autre liquide dans lequel il ne se dissout pas, puis multiplier le nombre ainsi obtenu par la densité du liquide employé par rapport à l'eau.

Désignons en effet par P le poids du corps solide (un morceau de sucre par exemple), par p le poids du même volume d'eau; le sucre étant insoluble dans l'essence de térébenthine, si nous représentons par p' le poids du même volume d'essence nous aurons :

$$\frac{P}{p} = \frac{P}{p'} \times \frac{p'}{p}$$

35. Aréomètres. — On nomme ainsi des instruments qui permettent de mesurer la densité d'un corps solide ou liquide.

36. Aréomètre à volume constant de Nicholson. — Le corps de l'instrument est en métal et creux, il se compose d'une partie cylindrique terminée par deux cônes.

Fig. 23.

Le cône supérieur porte une tige qui se termine par un plateau B, sur cette tige est marqué un repère a; le cône inférieur est muni d'un crochet auquel on peut suspendre une corbeille C.

Cette corbeille possède un double fond rempli de grenaille de plomb pour lester l'appareil.

On fait flotter l'instrument dans une éprouvette pleine d'eau, on place le corps à étudier sur le plateau B et on ajoute du sable de manière que l'aréomètre enfonce jusqu'au trait d'affleurement a marqué sur la tige; enlevant ensuite le corps et le remplaçant par des poids marqués jusqu'à rétablir l'affleurement, on détermine son poids P.

On enlève ces poids, on met le corps dans la corbeille C et on ajoute sur le plateau B un poids marqué p pour faire coïncider le repère a avec le niveau de l'eau dans l'éprouvette, on obtient ainsi le poids du volume d'eau déplacé, le quotient $\frac{P}{p}$ est la densité cherchée.

37. Remarque I. — Lorsqu'on opère avec des corps dont la densité est plus petite que celle de l'eau (un morceau de liège par exemple) on retourne la corbeille, le corps est placé dans sa concavité ; la méthode précédente s'applique ensuite sans modifications.

38. Ce procédé de la détermination de la densité des corps solides est particulièrement employé par les minéralogistes.

39. **Densité des liquides.** — Un autre aréomètre à volume constant dit de Fahrenheit permet de déterminer d'une manière très simple la densité d'un liquide.

Cet instrument est en verre et lesté à sa partie inférieure par une petite boule A remplie de mercure ; la partie supérieure se termine par une tige portant un plateau.

L'appareil a été pesé une fois pour toutes, soit 50 grammes son poids.

On le fait flotter dans le liquide à étudier et on ajoute des poids marqués p de façon qu'il s'enfonce jusqu'au trait d'affleurement $a : 50^{gr} + p = P$, représente évidemment le poids d'un volume de ce liquide égal à celui de l'aréomètre qui est immergé.

Fig. 24.

On répète l'opération avec de l'eau, soit p' le poids ajouté pour faire affleurer le repère, $50^{gr} + p' = P'$ représente le poids du même volume d'eau et le quotient $\dfrac{P}{P'}$ donne la densité cherchée.

40. **Aréomètres à poids constant.** — Les aréomètres de Baumé ou aréomètres à *poids constant* se graduent de deux manières suivant qu'ils sont destinés à des liquides plus denses que l'eau (pèse-acides, salinomètres...) ou à des liquides moins denses que l'eau (pèse-esprits, alcoomètres).

Ces instruments se composent d'un cylindre creux en verre terminé à sa partie inférieure par une boule pleine de mercure destinée à le lester, à sa partie supérieure il porte une tige cylindrique sur laquelle est inscrite la graduation.

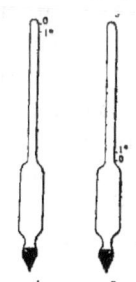

n° 1.   n° 2.
Fig. 25.

Pour graduer un salinomètre par exemple, on le plonge

dans de l'eau pure à 12° environ et on règle le lest de manière que l'instrument s'enfonce jusqu'au sommet de la tige, on marque zéro au point d'affleurement (fig. 25, n° 1). On fait ensuite une dissolution composée de 10 parties de sel marin et de 90 parties d'eau, on y plonge l'aréomètre et on marque 10 au point d'affleurement.

On partage l'intervalle 0-10 en 10 parties égales et on prolonge la graduation.

Lorsque cet instrument plongé dans un acide quelconque marque par exemple 54 on dit que l'acide est à 54 degrés de l'aréomètre de Baumé.

Les appareils destinés aux liquides moins denses que l'eau sont identiques, leur graduation seule est différente. Pour la déterminer on plonge l'instrument dans une dissolution composée de 10 parties de sel marin et 90 parties d'eau, on règle le lest de façon qu'il s'enfonce jusqu'à la naissance du tube et on marque zéro au point d'affleurement (fig. 25, n° 2) : on le plonge ensuite dans de l'eau pure et on marque 10 au point d'affleurement, on partage l'intervalle 0-10 en 10 parties égales et on prolonge la graduation.

41. Remarque. — Ces instruments ne peuvent évidemment fournir à l'industrie que des points de repère, ainsi on sait que l'acide sulfurique du commerce doit marquer 66° à l'aréomètre de Baumé.

42. Alcoomètre centésimal. — Comme aspect cet instrument est semblable aux précédents, il n'en diffère que par le procédé particulier employé pour le graduer.

Les points 10, 20, 30, 40..., etc... sont obtenus en marquant l'affleurement dans des mélanges à 10, 20, 30, 40, etc. p. 100 d'alcool et d'eau ; le point zéro est son affleurement dans l'eau pure ; on divise ensuite séparément les intervalles 0-10, 10-20, 20-30, etc. en 10 parties égales.

CHAPITRE IV

ATMOSPHÈRE.

43. L'atmosphère est la masse gazeuse qui entoure la terre, elle a la forme d'une couche sphérique dont l'épaisseur atteint au moins 50 kilomètres.

Cette masse gazeuse s'appelle l'*air* qui n'agit pas sur les organes du goût ni de l'odorat, mais qui révèle sa présence par une série de phénomènes dont le plus commun est le vent.

44. Au point de vue chimique l'air se compose principalement de deux gaz :

Oxygène 23 p. 100.
Azote 77 p. 100

Il contient encore en quantité beaucoup moindre et à dosage variable de l'acide carbonique et surtout de la vapeur d'eau.

45. **Remarque.** — Dans ces derniers temps on a reconnu la présence dans l'air d'un nouveau gaz auquel on a donné le nom d'*argon*.

46. **Pesanteur de l'air.** — L'air est pesant, on le vérifie en déterminant les poids successifs d'un ballon d'abord plein d'air puis vidé à l'aide d'une machine pneumatique. Cette expérience permet de connaître approximativement le poids d'un litre d'air qui, à la pression de 760 millimètres et à la température de 0° centigrade est de $1^{gr},293$, soit environ $\frac{1}{773}$ du poids d'un litre d'eau.

L'air presse toutes les surfaces avec lesquelles il est en contact, la pression ainsi exercée s'appelle *pression atmosphérique*. Elle s'exerce normalement aux surfaces et se mesure par le poids d'une colonne d'air ayant la surface considérée pour base et pour hauteur la distance verticale jusqu'aux dernières limites de l'atmosphère.

47. Expérience de Torricelli. — Torricelli emplit de mercure un tube AB long de 1 mètre environ et fermé à une de ses extrémités A, puis, bouchant l'autre extrémité avec le doigt, il la renversa sur une cuve MN pleine de mercure.

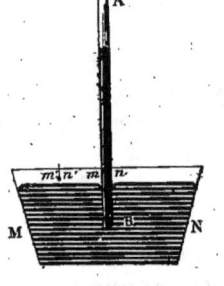

Fig. 26.

En retirant le doigt, il vit la colonne de mercure conserver dans le tube, au-dessus du niveau de la cuve, une hauteur d'environ 76 centimètres.

Le principe des vases communiquants semble être en défaut dans cette expérience, mais en considérant deux éléments mn et $m'n'$ de même surface et placés dans le même plan horizontal, l'un dans le niveau libre de la cuvette, l'autre à l'intérieur du tube, on voit que la pression p qu'exerce la pression atmosphérique sur l'élément $m'n'$ se transmet intégralement et normalement à tout élément de surface égale donc à l'élément mn dans le tube. Or, d'une part, mn reçoit de bas en haut une pression égale à p, d'autre part ce même élément est soumis à la pression qu'exerce sur lui le poids de la colonne de mercure contenue dans le tube, puisqu'il y a équilibre ces pressions sont égales, par suite :

La pression exercée par l'atmosphère sur une surface plane quelconque est égale au poids d'une colonne de mercure ayant cette surface pour base et pour hauteur la distance verticale qui sépare les deux niveaux du mercure dans l'appareil de Torricelli.

48. La pression atmosphérique par centimètre carré de surface est :

$$76 \times 13,6 = 1033 \text{ grammes.}$$

Cette pression a reçu le nom d'*atmosphère*.

Un corps plongé dans l'air reçoit donc de celui-ci une pression de $1^k,033$ par centimètre carré de surface.

Les organes humains n'en souffrent pas, car les cavités de l'organisme sont occupées, soit par des liquides qui sont incompressibles, soit par des gaz dont la force élastique a une valeur égale à la pression atmosphérique.

On éprouve au contraire une gêne extrême quand la pression extérieure varie notablement car il n'y a plus équilibre entre la force élastique des gaz intérieurs et la pression extérieure.

Les aéronautes ou les scaphandriers éprouvent ces effets.

49. Remarque I. — La valeur de la pression atmosphérique s'exprime aussi en fonction d'une colonne d'eau pure qui aurait 1 centimètre carré de surface de section droite et $10^m,33$ de hauteur.

50. Remarque II. — La valeur de la pression atmosphérique varie constamment dans un même lieu sous l'action d'agents divers mais on conçoit qu'elle varie surtout d'un lieu à un autre suivant l'*altitude*, aussi s'en sert-on pour mesurer la hauteur d'une montagne ou d'une ascension en ballon.

51. Baromètre. — L'appareil de Torricelli constitue *le baromètre*, cependant diverses dispositions et améliorations lui ont été apportées pour permettre la lecture rapide de la hauteur mercurielle; elles différencient les divers baromètres.

52. Construction du baromètre. — On commence par faire bouillir le mercure dans un vase de fer ce qui le purifie et l'assèche.

On prend un tube fermé à une de ses extrémités ayant 85 à 90 centimètres de long, on le nettoie avec de l'acide nitrique

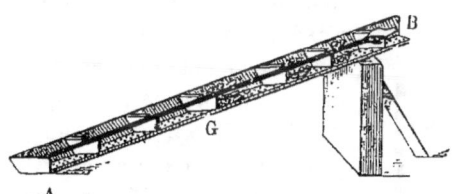

Fig. 27.

étendu d'eau, puis on soude à son extrémité restée ouverte une ampoule B terminée par un tube effilé.

On établit une grille inclinée G sur laquelle de distance en distance on place des charbons ardents mais sans flammes pour l'échauffer avec précaution. L'air chauffé se dilate et sort en partie, on plonge la pointe de l'ampoule dans le mercure, on laisse refroidir le tube et la contraction de l'air amène le mercure dans l'ampoule. Quand on juge la quantité de mercure suffisante pour remplir largement le tube, on le redresse et on le chauffe de nouveau; l'air en se dilatant sort encore de l'instrument, on le laisse refroidir et le mercure pénètre dans le tube dont il remplit la partie inférieure. On chauffe de nouveau puis on laisse refroidir, une nouvelle quantité de mercure pénètre dans le tube, on répète l'opération jusqu'à ce qu'il soit plein.

On chauffe le tube de façon à faire bouillir le mercure dont les vapeurs entraînent les dernières traces d'air; la colonne mercurielle doit présenter un éclat uniforme qui indique qu'elle est bien purgée d'air.

On détache l'ampoule d'un trait de lime, puis, bouchant l'extrémité ouverte du tube avec le doigt, on la renverse sur une cuve remplie de mercure. Les dimensions de cette cuve doivent être suffisantes pour que les variations de son niveau, par suite des fluctuations du mercure dans le tube, soient insignifiantes. On fixe le tout contre une planchette de bois divisée en centimètres et millimètres, dont le zéro est au niveau du mercure dans la cuvette.

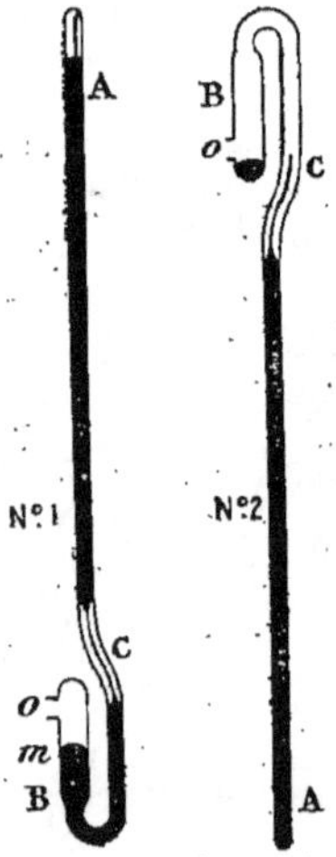

53. Baromètre-siphon de Gay-Lussac. — Les deux branches A et B sont réunies par un tube capillaire C. Une ouverture très fine o permet à la pression atmosphérique de s'exercer sur le niveau m du mercure.

L'instrument tout entier est renfermé dans une gaîne de laiton qui porte la graduation; deux fenêtres longitudinales opposées laissent apercevoir les deux niveaux du mercure dans l'instrument.

Pour transporter ce baromètre on le retourne avec précaution (position n° 2) de manière que la grande branche A arrive à être pleine de mercure; lorsqu'on veut s'en servir on le redresse (position n° 1 de la figure). Dans ces mouvements la capillarité du tube C empêche l'air de diviser la colonne de mercure et de s'introduire dans la chambre barométrique.

Fig. 28.

Pour plus de sûreté, le constructeur Bunten, au lieu de souder directement l'extrémité du tube capillaire C à la petite branche du tube B a imaginé de la prolonger par une pointe effilée.

Il est donc impossible qu'une bulle d'air, alors même qu'elle aurait pénétré dans la branche inférieure, s'introduise par cette pointe et gagne la chambre barométrique ; elle ira se loger à l'emmanchement de la branche inférieure et du tube capillaire où sa présence n'offrira aucun inconvénient.

54. Principe du baromètre métallique. — Si l'on fait le vide dans un vase hermétiquement clos à parois continues et élastiques, à mesure que la pression variera, les parois céderont plus ou moins et leur déformation amplifiée par un dispositif convenable permettra d'apprécier la pression atmosphérique.

Fig. 28 bis.

55. Baromètre de Vidi. — Il se compose d'une boîte en laiton de forme cylindrique, vide d'air, dont le dessus est cannelé circulairement pour faciliter les déformations (fig. 29).

Au centre de la base supérieure s'articule un crochet c appuyant sur un ressort R. A ce ressort est fixé un bras b qui manœuvre l'arbre a. Celui-ci transmet par un système amplificateur son mouvement à une aiguille mobile sur un cadran divisé en centimètres et millimètres de mercure.

56. Baromètre de Bourdon. — Le vase déformable se compose d'un long tube de section elliptique recourbé en forme de cercle qui s'enroule ou se déroule suivant que la pression augmente ou diminue. Les

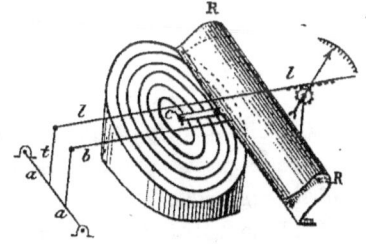

Fig. 29.

extrémités de ce tube agissent au moyen de petites bielles sur un bras double entraînant un secteur denté ; ce secteur engrène avec un pignon muni d'une aiguille indicatrice qui se meut sur un cadran divisé en centimètres et millimètres de mercure.

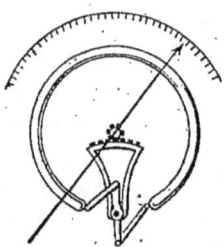

Fig. 30.

57. Les baromètres métalliques se graduent par comparaison avec un baromètre à mercure.

58. **Usages du baromètre.** — 1° Il sert à indiquer à chaque instant la valeur de la pression atmosphérique, élément utilisé par les savants dans leurs expériences.

2° Il sert aux navigateurs dans la prévision du temps.

3° Il peut être employé à mesurer la hauteur d'une montagne.

4° Il sert encore pour déduire des courbes d'indicateurs le vide moyen au cylindre.

CHAPITRE V

LOI DE MARIOTTE.

59. **Loi.** — *A température constante, les volumes occupés par une masse gazeuse sont inversement proportionnels aux pressions qu'elle supporte.*

60. **Démonstration expérimentale.**

1° *Pressions supérieures à une atmosphère.* — Prenons un tube recourbé dont la petite branche A est fermée et la grande branche B ouverte, fixons-le contre une planche graduée en centimètres et millimètres. Emprisonnons dans la branche A une certaine quantité d'air en versant du mercure dans la branche B de manière qu'au début de l'expérience les niveaux dans les deux branches soient dans un même plan horizontal MN; la masse de gaz qui occupe le volume A est donc à la pression atmosphérique du moment soit, par exemple, 760 millimètres de mercure.

Versons du mercure dans la grande branche B jusqu'à ce que le volume primitif de l'air emprisonné dans la branche A ait diminué de moitié; le niveau dans cette branche va être en M' et dans l'autre branche il sera venu en K.

La force élastique de l'air que contient la petite branche A fait équilibre : 1° à la pression atmosphérique qui s'exerce sur la surface libre K; 2° au poids de la colonne de mercure KN'. —

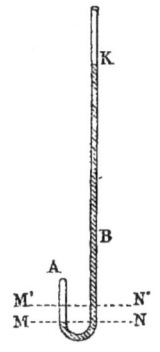

Fig. 31.

Or on constate que la hauteur KN' de cette colonne mesure 760 millimètres, la force élastique de l'air enfermé dans la petite branche A est donc égale à deux atmosphères.

Réduisant de nouveau ce volume d'air de moitié on vérifierait que la différence des niveaux dans les deux branches est égale à trois fois la hauteur barométrique du moment.

61. 2° *Pressions inférieures à une atmosphère.* — Une autre disposition également due à Mariotte permet de vérifier la même loi pour des pressions inférieures à une atmosphère.

On prend un tube cylindrique gradué; on y verse du mercure sans l'emplir complètement et on le renverse sur une cuvette profonde. On enfonce ce tube jusqu'à ce que le niveau du mercure qu'il contient soit dans le même plan horizontal que le niveau extérieur de la cuvette (position n° 1); à ce moment la masse d'air emprisonnée dans le tube est à la pression atmosphérique du moment, soit par exemple 760 millimètres.

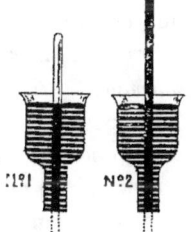

Fig. 32.

On soulève ensuite le tube jusqu'à ce que le volume de cet

air ait doublé ; le mercure est monté dans le tube à 380 millimètres au-dessus du niveau de la cuvette.

Or la pression de cet air augmentée de 380 millimètres de mercure du tube fait équilibre à la pression atmosphérique qui est de 760 millimètres de mercure, elle est donc égale à 760 — 380 = 380 millimètres, soit une demi-atmosphère.

62. Autre énoncé de la loi de Mariotte. — Si V est le volume d'une masse gazeuse à la pression P, V′ son volume à la pression P′, on a :

$$\frac{V}{V'} = \frac{P'}{P}$$

formule qui peut s'écrire :

$$P.V = P'.V' = \ldots\ldots = \text{constante}$$

ce qui s'énonce ainsi :

A température constante, le produit du volume d'une masse gazeuse par la pression correspondante est un nombre constant.

63. Évaluation du volume d'une masse gazeuse sous la pression normale. — Lorsque, pour comparer entre elles diverses masses gazeuses, on mesure les volumes qu'elles occupent, les résultats ne sont immédiatement comparables que si les mesures ont été effectuées pour chacun de ces gaz *à la même pression*.

Dans la plupart des cas on ne peut pas disposer à volonté des pressions, mais si on connaît les pressions actuelles des divers gaz on peut calculer, avec la loi de Mariotte, le volume que chacun d'eux occuperait sous la pression de 760 millimètres de mercure qu'on désigne sous le nom de *pression normale*.

Supposons par exemple que nous ayons un gaz contenu dans une éprouvette graduée en parties d'égale capacité et placée sur du mercure. Si le niveau du mercure dans l'éprouvette est le même qu'au dehors, la graduation donne le volume V du gaz sous la pression P actuelle de l'atmosphère qui est fournie par l'observation du baromètre au même instant.

Le volume V′, que ce gaz occuperait sous la pression normale de 760 millimètres, sera donné par la relation :

$$V' \times 760 = P \times V$$

d'où :

$$V' = V \times \frac{P}{760}$$

64. Remarque. — Si le niveau du mercure dans l'éprouvette est au-dessus du niveau extérieur, la force élastique du gaz est égale à la hauteur barométrique diminuée de la hauteur h du mercure dans l'éprouvette ; connaissant donc au moyen de la graduation de l'éprouvette le volume V du gaz sous la pression $(P - h)$ on en déduira son volume V' sous la pression de 760 millimètres par la relation :

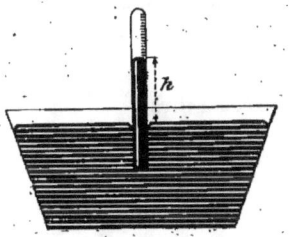

Fig. 33.

$$V' = V \times \frac{P - h}{760}$$

65. Correspondance des divers modes d'évaluation des pressions.

1° 1 atmosphère correspond à $1^k,033$ par centimètre carré de surface ou à 760 millimètres de mercure.

2° 1 kilo correspond à $\frac{1}{1,033}$ atmosphère ou à $\frac{760}{1,033}$ millimètres de mercure.

3° 1 millimètre de mercure correspond à $\frac{1}{760}$ atmosphère ou $\frac{1,033}{760}$ kilo par centimètre carré de surface.

66. Applications de la loi de Mariotte.

I. — Dans le tube de l'appareil à cuvette profonde de Mariotte on enferme 3 centimètres cubes d'air ; la hauteur de la colonne mercurielle dans ce tube au-dessus du niveau extérieur est de 588 millimètres. On soulève le tube à la main jusqu'à ce que le volume devienne 4 centimètres cubes, à ce moment le volume de la colonne mercurielle dans le tube est de 638 millimètres ; en déduire la pression atmosphérique du moment ?

Solution. — Désignons la pression atmosphérique cherchée par x. Dans la première position du tube la pression du gaz qu'il renferme est $x - 588$ millimètres.

Dans la deuxième position cette pression est $x - 638$ millimètres.

Nous avons :

$$3(x - 588) = 4(x - 638)$$

c'est-à-dire :

$$3x - 1764 = 4x - 2552$$

et après réduction :

$$x = 2552 - 1764 = 788 \text{ millimètres.}$$

II. — Un tube cylindrique de $4^m,50$ de long est plongé verticalement dans de l'eau, une portion de 1 mètre sort de l'eau ; le niveau est alors le même à l'intérieur et à l'extérieur. On ferme le tube à sa partie supérieure et on le soulève de manière qu'il ne reste plus qu'une longueur de $0^m,50$ immergée. On demande à quelle hauteur, au-dessus du niveau, s'élèvera l'eau dans le tube, la pression atmosphérique étant 76 centimètres.

Solution. — Désignons par x la hauteur cherchée. La pression initiale, *exprimée en eau*, de l'air enfermé dans le tube est $10^m,33$; la pression finale de cet air est $(10^m,33 - x)$.

Si le volume initial est 1 mètre, le volume final sera $(4 - x)$ mètres, par suite :

$$10,33 \times 1 = (10,33 - x)(4 - x)$$

D'où en effectuant et en ordonnant par rapport à x :

$$x^2 - 14,33x + 31 = 0$$
$$x = 7,16 \pm \sqrt{7,16^2 - 31}$$

c'est-à-dire :

$$x = 7,16 \pm \sqrt{51,27 - 31}$$

Le signe $+$ du radical est à rejeter, par suite :

$$x = 7^m,16 - \sqrt{20,27} = 7^m,16 - 4^m,50 = 2^m,66$$

III. — Une voie d'eau se manifeste dans les fonds d'un navire compartimenté sans dégagement d'air ; le compartiment auquel elle correspond a une section sensiblement triangulaire ; la longueur de ce compartiment de l'avant à l'arrière est de 10 mètres, sa largeur de 6 mètres et sa hauteur de 2 mètres ; le trou est situé au bas du compartiment à 6 mètres au-dessous de la flottaison. Calculer jusqu'à quelle hauteur le compartiment sera envahi, la pression de l'air y étant, au début, égale à la pression atmosphérique 760 millimètres ?

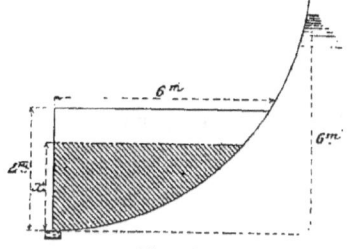

Fig. 34.

Solution. — La solution est indépendante de la longueur du compartiment, les volumes occupés étant proportionnels à leur section normalement à cette dimension.

Aux deux états de l'air, son volume et sa pression sont :
Premier état :

$$V_1, \qquad P_1 = 10^m,33$$

Deuxième état :

$$V_2 = V_1 - v, \qquad P_2 = 10^m,33 + 6^m - x^m$$

en désignant par v le volume envahi.

Nous avons donc :

$$\frac{V_1 - v}{V_1} = \frac{10,33}{16,33 - x}$$

ou bien :

$$\frac{v}{V_1} = \frac{6-x}{16,33-x}$$

D'autre part on a, la section étant sensiblement triangulaire :

$$\frac{v}{V_1} = \frac{x^2}{2^2}$$

par suite :

$$\frac{x^2}{4} = \frac{6-x}{16,33-x}$$

$$16,33x^2 - x^3 = 24 - 4x$$

(1) $\qquad x^3 - 16,33x^2 - 4x + 24 = 0$

Les équations du troisième degré peuvent se résoudre d'une manière simple par un procédé graphique :

Donnons à x la valeur 1, l'équation précédente prend la valeur :

$$1 - 16,33 - 4 + 24 = 4.67$$

Donnons à x la valeur 2, l'équation devient :

$$8 - 16.33 \times 4 - 8 + 24 = -41,32$$

On en conclut que la vraie valeur de x qui annule l'équation (1) est comprise entre 1 et 2 ; de plus elle est beaucoup plus rapprochée de la première que de la seconde de ces valeurs. Pour $x = 1,2$ l'équation prend la valeur :

$$1.728 - 16,33 \times 1.44 - 4 \times 1.2 + 24 = -2,587$$

la valeur de x qui annule l'équation (1) est donc encore comprise entre 1 et 1,2.

Admettons qu'entre ces deux valeurs de l'inconnue que nous cherchons la portion de la courbe qui représente la variation de la fonction :

$$x^3 - 16,33 x^2 - 4x + 24$$

quand x prend successivement toutes les valeurs possibles soit rectiligne.

Sur une droite indéfinie OX horizontale, marquons deux points A et B distants respectivement d'une même origine de 1 et 1.2; sur des perpendiculaires à OX menées par ces points

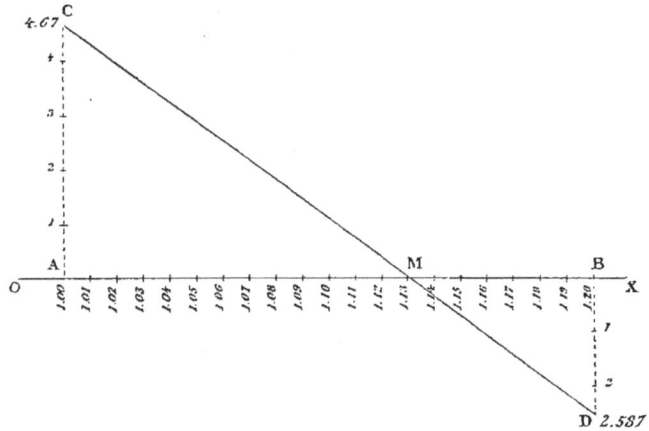

Fig. 35.

prenons à une échelle convenable les longueurs AC et BD respectivement égales à 4,67 et — 2,587. Joignons CD, cette ligne coupe OX en un point M dont la distance à l'origine des abscisses donne la valeur cherchée de x : sur notre graphique nous lisons :

$$x = 1^m, 131$$

CHAPITRE VI

POMPE ASPIRANTE ÉLÉVATOIRE.

67. Soit un corps de pompe A communiquant par un tuyau B avec un réservoir d'eau dont le niveau est supposé constant. Dans le corps de pompe se meut un piston P actionné par une tige t; ce piston est muni d'une soupape s s'ouvrant de bas en haut. La communication entre le tuyau d'aspiration et le corps de pompe peut être fermée au moyen d'une soupape S

s'ouvrant de bas en haut ; un tuyau de refoulement R aboutit à la partie supérieure du corps de pompe et communique avec lui par une soupape S' s'ouvrant du corps de pompe dans le tuyau de refoulement.

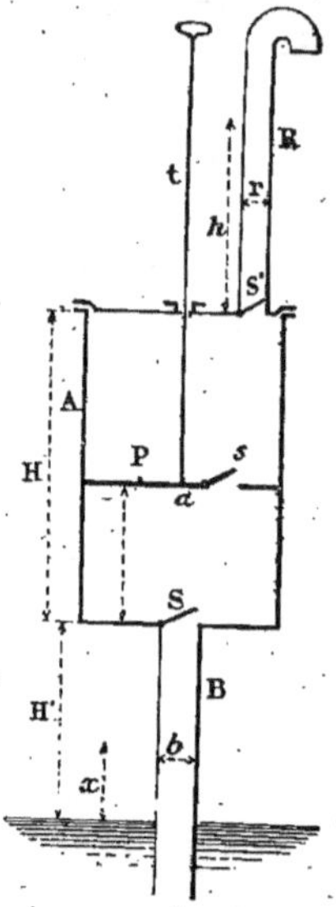

Le corps de pompe est fermé à sa partie supérieure par un couvercle muni d'un presse-étoupes dans lequel passe la tige t du piston.

Soit H la course du piston, a sa section, H' la hauteur du tuyau d'aspiration, b sa section, r la section du tuyau de refoulement. Avant le commencement de la manœuvre, le piston est au bas de sa course et le niveau de l'eau dans le tuyau B est dans le même plan horizontal que le niveau extérieur du réservoir.

Soulevons le piston P, le vide se fait au-dessous de lui, la soupape s est appuyée sur son siège, la soupape S s'ouvre, laisse passer une partie de l'air contenu dans le tuyau d'aspiration et l'eau s'élève dans ce tuyau à une hauteur x telle que lorsque le piston est à bout de course on a :

$$p = P - x$$

en désignant par p la pression dans le corps de pompe à cet instant et par P la pression atmosphérique actuelle exprimée *en hauteur d'eau.*

Le volume de l'air primitivement égal à :

$$b \times H'$$

est devenu :

$$(H' - x) b + H.a$$

et d'après la loi de Mariotte :

$$P.b\,H' = (P - x)[(H' - x)\,b + Ha]$$

Fig. 36.

d'où nous calculerons la valeur de x par une équation du second degré.

Refoulons le piston : S se ferme immédiatement, s s'ouvre et l'air passe au-dessus du piston P ; quand celui-ci arrive au bas de sa course la soupape s se ferme par son propre poids. Après une série de manœuvres semblables l'eau atteindra enfin la soupape S.

Remontons encore le piston, l'eau soulève cette soupape et suit le piston, remplissant le vide qu'il crée au-dessous de lui ; quand le piston redescend, l'eau soulève la soupape s, passe au-dessus de lui tandis que la soupape S s'est fermée dès le renversement du mouvement. A l'ascension suivante l'eau située au-dessus du piston est refoulée dans le tuyau R en soulevant la soupape S' ; quand le piston est au point mort haut de sa course, un volume d'eau égal à H.a a pénétré dans le tuyau de refoulement, et y est monté à une hauteur h donnée par la relation :

$$h.r = H.a$$

d'où :

$$h = \frac{H.a}{r}$$

Une nouvelle ascension du piston augmentera la hauteur du liquide dans le tuyau R d'une quantité égale.

68. Nous avons négligé dans ce qui précède l'effet des fuites d'air par les soupapes, le poids de ces soupapes et le temps qu'elles mettent à se fermer ; pour toutes ces raisons l'ascension de l'eau est moins rapide que ne l'indique la formule.

69. Théoriquement on pourrait soulever par aspiration l'eau à une hauteur d'environ $10^m,33$, mais pratiquement cette hauteur ne dépasse jamais 9 mètres avec les meilleures pompes.

70. **Effet de l'espace neutre.** — Le défaut qui limite le plus l'action des pompes est l'*espace neutre*.

On nomme ainsi l'espace qui existe toujours entre le piston et le fond du cylindre au point mort bas.

Soit v le volume de l'espace neutre, x la hauteur de l'eau dans le tuyau d'aspiration à un moment donné, le piston étant bas.

L'air contenu dans l'espace neutre est à la pression $P - x$ car, pendant la descente du piston, la soupape s reste soulevée et la pression de l'air ne varie pas.

Soulevons de nouveau le piston, quand il est à haut de course le volume d'air v de l'espace neutre primitivement à la pression $P - x$ occupe un volume égal à $v + H.a$ et sa pression correspondante p est donnée par la relation :

$$\frac{p}{P-x} = \frac{v}{v+Ha}$$

d'où :

$$p = (P-x)\frac{v}{v+H.a}$$

Désignons par π le poids de la soupape du tuyau d'aspiration, par S sa surface en centimètres carrés, on voit sans peine que dans le cas de l'inégalité :

$$\frac{\pi}{S} + (P-x)\frac{v}{v+H.a} > P-x$$

la soupape S ne se soulèvera plus et que la pompe ne pourra pas s'amorcer.

H' doit donc toujours être plus petit que x ainsi déterminé et pour que la pompe fonctionne on devra avoir :

$$\frac{\pi}{S} + (P-H')\frac{v}{v+H.a} < P-H'$$

C'est-à-dire :

$$\frac{\pi}{S} < (P-H')\left(1 - \frac{v}{v+H.a}\right)$$

ou encore :

$$\frac{\pi}{S} < (P-H')\frac{H.a}{v+Ha}$$

de cette inégalité nous tirons comme condition du fonctionnement :

$$P - H' > \frac{\pi}{S} \times \frac{v + H.a}{H.a}$$

Ainsi donc H' pourra s'approcher d'autant plus de sa limite P (environ $10^m,33$) que le second membre sera plus petit, c'est-à-dire qu'il importe que la soupape S soit aussi légère que possible avec une grande surface et que le volume de l'espace neutre soit réduit dans la mesure du possible.

CHAPITRE VII

SIPHON.

71. Siphon. — Le siphon est un tube recourbé tel que ABC, formé de deux branches d'inégale longueur, destiné au transvasement des liquides.

Supposons que les deux branches entièrement pleines de liquide plongent dans deux réservoirs dont les niveaux sont différents et admettons pour un instant que le liquide soit en repos; soit P la valeur de la pression atmosphérique du moment exprimée *en hauteur du liquide*.

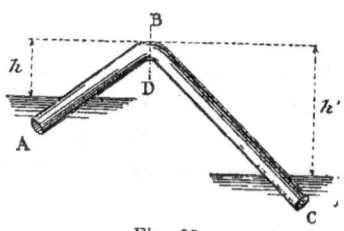

Fig. 37.

La tranche verticale BD, correspondant au point culminant B du tube, devrait, avec cette hypothèse, supporter sur ses deux faces deux pressions égales; or l'une d'elles est $(P-h)$ et l'autre $(P-h')$, de plus $P-h > P-h'$, l'équilibre ne peut donc exister.

Le liquide est poussé dans le siphon du réservoir supérieur vers le réservoir inférieur et la pression qui détermine ce mouvement est égale à : $(P-h)-(P-h') = h'-h$.

72. L'écoulement serait le même si l'extrémité de la grande branche du siphon s'ouvrait librement dans l'atmosphère, il suffirait que le liquide ait été amené dans la grande branche au-dessous du niveau du réservoir supérieur, ou, comme on dit, que le siphon ait été *amorcé*.

73. **Remarque**. — Si le liquide qu'on veut transvaser est de l'eau, on pourra amorcer le siphon en aspirant avec la bouche par l'extrémité C de la grande branche, mais ce procédé serait

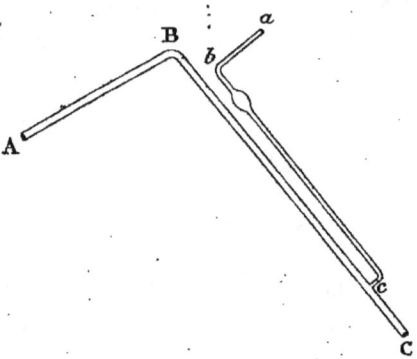

Fig. 38.

dangereux s'il s'agissait d'acides ; en pareil cas on fait usage d'une disposition particulière pour amorcer le siphon :

Près de l'extrémité C de la grande branche on soude un tube latéral *abc*. On aspirera par l'orifice *a* en tenant l'ouverture C bouchée avec le doigt ; quand le liquide atteint le point *c* on retire le doigt et la bouche : le siphon est amorcé et l'écoulement durera tant que le niveau du réservoir se maintiendra au-dessus du point *c* de jonction du tube latéral où s'exerce la pression atmosphérique.

74. **Pipette**. — On emploie souvent pour le transvasement de petites quantités de liquide un tube tel que OC, renflé en son milieu A et terminé à sa partie inférieure par un orifice capillaire C : cet instrument porte le nom de *pipette*.

Supposons qu'en le plongeant dans un vase plein d'eau on l'ait entièrement rempli de liquide, si on applique le doigt sur l'orifice supérieur O (de manière à le fermer exactement et qu'ensuite on retire la pipette, l'eau y demeurera soutenue par la pression atmosphérique. Lorsqu'on en enlève le doigt, cette pression s'exerçant des deux côtés du liquide, celui-ci s'écoulera sous l'influence de son poids. Au cours de cet écoulement, vient-on à fermer de nouveau l'orifice O en y replaçant le doigt, il sortira encore un peu de liquide, après quoi, le volume de l'air contenu dans l'instrument augmentant, sa force élastique diminuera et il ne tardera pas à arriver un moment où cette force élastique ajoutée au poids de la colonne de liquide ayant la surface de l'orifice C pour base et CD pour hauteur sera équilibrée par la pression atmosphérique qui s'exerce en C; à cet instant l'écoulement s'arrêtera.

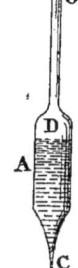

Fig. 39.

75. **Remarque.** — Généralement on emplit la pipette en aspirant avec la bouche à l'orifice supérieur puis on y place le doigt quand le liquide est arrivé dans l'appareil à une hauteur convenable.

CHAPITRE VIII

MANOMÈTRES.

76. Un *manomètre* est un instrument destiné à mesurer la tension d'une masse gazeuse.

Cette tension (pour une chaudière par exemple) peut se considérer de deux manières différentes :

1° *Pression absolue* ou tension réelle qui agit sur les parois du récipient de dedans en dehors.

2° *Pression effective*, résultant de la tension intérieure et de la pression atmosphérique qui s'exerce en sens inverse de dehors en dedans ; on a donc :

Pression effective = pression absolue — pression atmosphérique.

77. **Remarque.** — Les manomètres donnent l'une ou l'autre de ces pressions.

260 MANUEL DU MÉCANICIEN.

78. Manomètre siphon à air libre. — Il se compose essentiellement d'un tube en fer à deux branches verticales contenant du mercure; l'une A est mise en communication avec la masse gazeuse à l'aide du robinet R, l'autre branche B possède un flotteur qui s'élève ou s'abaisse avec le niveau du mercure. Ce flotteur est muni d'une tige à index qui se déplace devant une graduation. La pression effective est évidemment égale, en centimètres de mercure, à la différence de hauteur entre les niveaux dans les deux branches, elle est indiquée sur la graduation soit en kilogrammes soit en atmosphères.

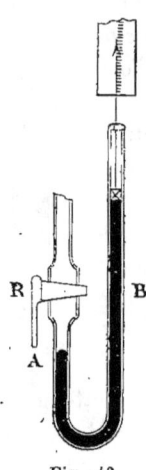

Fig. 40.

79. Manomètre cuvette à air libre. — Il se compose d'une cuvette fermée hermétiquement par un couvercle muni d'une tubulure dans laquelle passe un tube de cristal. La cuvette est en communication avec la masse gazeuse (ou la chaudière) par le tube t.

Elle est en partie remplie de mercure et le tube de cristal y plonge par sa partie inférieure.

Une planchette graduée placée contre le tube permet la lecture de la pression, le niveau du mercure servant d'index. On considère le niveau dans la cuvette comme invariable.

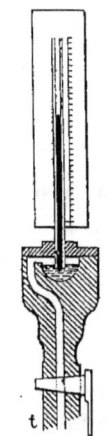

Fig. 41.

80. Remarque. — Ces manomètres fragiles éprouvent de grandes perturbations par suite de la température et de l'encrassement du tube, on les remplace avantageusement par les manomètres métalliques.

81. Manomètre métallique de Bourdon. — Cet instrument se compose d'un tube creux et méplat en laiton, recourbé en cercle, dont une extrémité est fermée et dont l'autre communique avec la masse gazeuse. A l'extrémité fermée est articulée une petite bielle qui imprime un mouvement au pied d'un secteur mobile autour d'un axe et engrenant avec un pignon qui porte une aiguille.

Cette aiguille se meut devant une graduation indiquant les pressions.

Si la graduation commence à zéro, les pressions indiquées

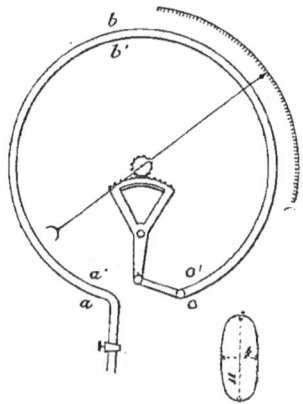

Fig. 42.

sont effectives, si elle part de 1 les pressions sont absolues ; dans une chaudière, en effet, la pression est toujours égale à une atmosphère au moins.

Quand la pression varie dans l'intérieur du tube celui-ci s'enroule ou se déroule suivant que la pression diminue ou augmente et provoque le déplacement de l'aiguille devant la graduation.

82. **Théorie du manomètre de Bourdon.** — Lorsque la pression effective (c'est-à-dire celle qui est combinée avec la pression atmosphérique) est nulle à l'intérieur du tube sa section est un ovale de 11 millimètres de grand axe et de 4 millimètres de petit axe ; l'épaisseur du métal est de 1/3 de millimètre.

Lorsque la pression intérieure augmente la section du tube tend à devenir circulaire car la résultante des pressions sur les faces peu arquées de l'intérieur est plus grande que celle qui agit sur les faces très arquées.

Si on néglige l'effet d'allongement des fibres dans le sens

longitudinal, les arcs, abc, $a'b'c$ (figure précédente) sont constants comme longueur développée et correspondent toujours à un même angle au centre.

Soient r et r' leur rayons, nous avons :

$$\frac{r}{r'} = \frac{\text{arc } abc}{\text{arc } a'b'c'}$$

Nous tirons de cette proportion :

(1) $$\frac{r+r'}{r-r'} = \frac{\text{arc } abc + \text{arc } a'b'c'}{\text{arc } abc - \text{arc } a'b'c'}$$

Mais le second membre de la proportion (1) est constant, nous avons donc :

$$\frac{r+r'}{r-r'} = \text{constante}$$

Or, quand la pression intérieure augmente, le tube tend à devenir circulaire, $r-r'$ augmente donc, par suite il faut que $r+r'$ augmente également puisque le rapport de ces deux quantités ne cesse d'être constant, mais $r+r'$ est le double du rayon moyen. On en conclut que le rayon moyen du tube croît avec la pression, c'est-à-dire que le tube se déroule.

LIVRE II

CHALEUR

CHAPITRE I

DÉFINITIONS.

Chaleur. — On donne le nom de *calorique* ou de *chaleur* à l'agent hypothétique qui fait naître en nous des sensations de chaud et de froid.

Les phénomènes calorifiques permettent de mesurer cette quantité physique. Nous verrons plus loin la définition de l'unité généralement employée.

83. Accroissement de température. — On dit que la température d'un corps s'élève quand il paraît plus chaud.

Cet élément calorifique peut être déterminé à chaque instant par les divers phénomènes que présente un corps à mesure qu'il absorbe de la chaleur.

Chauffe-t-on un corps :

1° Il se dilate, ses dimensions augmentent : *Dilatation* ;

2° Il passe de l'état solide à l'état liquide, il fond : *Fusion* ;

3° Il passe de l'état liquide à l'état gazeux, il se volatilise ou se vaporise : *Vaporisation*.

Si dès lors, on le refroidit, il repasse en sens inverse par tous les états et les phénomènes prennent les noms : *Condensation, Solidification, Contraction*.

On dit que ce corps est revenu à la même température quand il a repris sa forme et ses dimensions primitives.

Tous les corps peuvent être amenés à chacun des trois états de sorte que leurs aspects ordinaires ne les différencient pas au point de vue physique : ils sont simplement à l'état que comportent la température et la pression normales.

84. **Thermométrie.** — C'est l'art de mesurer les variations de température ou, plus communément, les températures.

Il est basé d'une façon presqu'absolue sur le phénomène de la dilatation.

L'instrument employé s'appelle un *thermomètre*.

Quand plusieurs corps, placés dans une même enceinte, arrivent à un état physique stable, on dit qu'ils sont à la même température ; l'un de ces corps, préalablement étudié, sert de repère, c'est un thermomètre.

CHAPITRE II

DES THERMOMÈTRES.

85. **Choix de la substance propre à la confection d'un thermomètre.** — 1° *Solides*. — Les solides se dilatent régulièrement mais faiblement ; de plus leur constitution moléculaire varie avec le temps ; aussi n'emploie-t-on que rarement des appareils construits avec des solides et a-t-on soin de les comparer constamment avec des appareils plus précis.

Les thermomètres enregistreurs sont en général formés de métaux.

2° *Liquides*. — La dilatation est grande, assez régulière loin des points de solidification et de vaporisation, elle est assez constante avec le temps ; le plus grand avantage des liquides consiste dans leur incompressibilité qui les met à l'abri des effets perturbateurs des variations de pression de l'enceinte.

On emploie les liquides pour les thermomètres pratiques : mercure et alcool.

3° *Gaz*. — Les gaz sont très dilatables, mais ils sont aussi très compressibles. Les thermomètres à gaz deviennent des instruments de haute précision entre les mains des physiciens, qui tiennent exactement compte des effets des variations de pression.

86. Construction et graduation d'un thermomètre à mercure. — On dispose d'un tube capillaire bien calibré, muni à l'une de ses extrémités d'une partie renflée en forme de sphère ou de cylindre et appelée réservoir r.

C'est dans ce renflement que sera renfermé le mercure dont les accroissements de volume, amplifiés par le tube capillaire serviront de données de mesure.

L'autre extrémité du tube est ouverte et munie provisoirement d'une ampoule a.

1° On chauffe le réservoir, l'air se dilate et sort en partie ; on plonge alors la pointe effilée de l'ampoule dans du mercure pur qui y pénètre à mesure que le refroidissement amène la contraction de l'air restant.

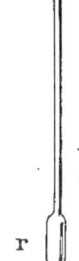

Fig. 43.

2° On redresse le tube et une partie du mercure pénètre dans le réservoir. On chauffe celui-ci de manière à faire bouillir le mercure dont les vapeurs entraînent le reste d'air et l'eau qu'il pouvait contenir ; le mercure de l'ampoule descend dès lors et emplit complètement le tube et le réservoir.

3° D'un coup de lime, on détache l'ampoule, on chauffe le thermomètre à la température maximum qu'il doit indiquer ; le trop plein du mercure se déverse et l'on ferme l'extrémité du tube à la lampe.

Le thermomètre est construit, il faut le graduer, ce qui se fait en le comparant à un thermomètre étalon construit avec un soin spécial et comprenant une très large échelle des températures.

87. Graduation du thermomètre étalon. — Les corps pendant la fusion présentent une température fixe, un thermomètre qui y est plongé n'indique aucune dilatation ; de même quand un liquide est en ébullition, sa vapeur a une température bien définie pour la pression de l'atmosphère de l'enceinte. Ces deux phénomènes permettent la détermination de deux repères de la graduation.

1° *Détermination du zéro.* — Le système employé en France comporte comme zéro ou origine de la graduation, l'indication du thermomètre plongé dans la glace fondante. Pour l'obtenir, on entoure le réservoir de glace pilée, on vérifie que celle-ci est en fusion, par l'écoulement de l'eau produite.

Bientôt le mercure s'arrête et reste fixe, on marque 0 à la hauteur de son niveau.

Si les dimensions du thermomètre sont convenables, ce point doit être assez éloigné du réservoir pour permettre de prolonger la graduation au-dessous.

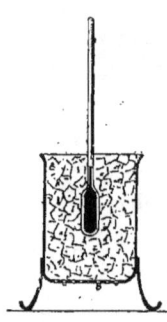

Fig. 44.

2° *Détermination du point 100.* — Dans le même système de graduation, on prend la température de la vapeur d'eau bouillante à la pression de 760^{mm} comme point 100. La figure ci-contre indique le dispositif employé : un manomètre m permet d'évaluer la tension de la vapeur et par suite les corrections à faire, si cette tension n'est point exactement de 760 millimètres.

3° *Détermination du degré.* — L'espace compris entre le 0 et le point 100 est divisé en 100 parties égales, chacune d'elles correspond à un degré de température. C'est le degré *centigrade.*

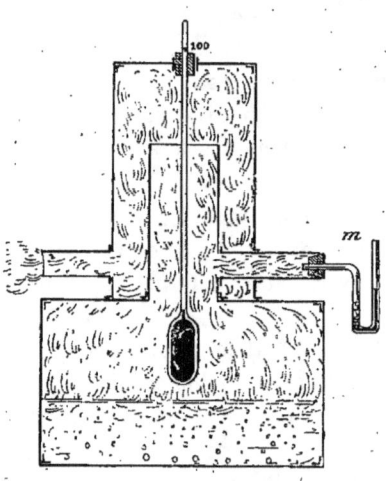

Fig. 45.

88. Remarque. — Il importe de n'accorder à cet élément qu'une valeur approximative, car ce n'est que dans d'étroites limites que deux degrés en des points différents de la graduation correspondent à la même absorption de chaleur.

89. Fahrenheit et Réaumur. — 1° Fahrenheit marquait 32° pour la glace fondante, 212° pour celle de la vapeur d'eau ; 180° Fahrenheit valent donc 100° centigrades.

On a les formules :

$$\text{Température Fahrenheit} = \text{température Centig.} \times \frac{9}{5} + 32$$

$$\text{Température Centig.} = \left[\text{température Fahr.} - 32\right]\frac{5}{9}.$$

2° Réaumur marquait 0° pour la glace fondante, 80° pour la température de la vapeur d'eau bouillante à 760^{mm} de pression.

On a les formules :

$$\text{Température Réaumur} = \text{température Centig.} \times \frac{4}{5}$$

$$\text{Température Centig.} = \text{température Réaumur} \times \frac{5}{4}.$$

90. Thermomètre à alcool. — Le mercure se congelant à 39° au-dessous de zéro et coûtant très cher, on le remplace souvent dans la construction des thermomètres par de l'alcool coloré.

On obtient ainsi de bons thermomètres qu'on gradue par comparaison avec un thermomètre à mercure.

91. Variations des points fixes. — L'enveloppe de verre subit à la longue des modifications moléculaires, une sorte de recuit lent, qui tend à diminuer la capacité du réservoir. Les points fixes se déplacent ; il est donc bon de les vérifier de temps en temps.

CHAPITRE III

DILATATION DES SOLIDES ET DES LIQUIDES.

92. Dilatation des solides. — *Première loi.* — *Les accroissements de longueur, de surface, de volume sont proportionnels aux longueurs, aux surfaces, aux volumes à 0°.*

Deuxième loi. — *Les dilatations sont proportionnelles aux nombres de degrés d'augmentation de la température.*

Algébriquement ces lois s'écrivent :

$$(1)\ L_t = L_0(1 + lt)$$
$$(2)\ S_t = S_0(1 + st)$$
$$(3)\ V_t = V_0(1 + vt)$$

l, s, v sont les *coefficients de dilatation* linéaire, superficielle et cubique : ce sont les accroissements de longueur, de surface, de volume, de l'unité prise à $0°$ quand on élève sa température de $1°$.

93. Remarque. — Les coefficients étant très petits, on peut écrire sans erreur notable :

$$L_{t'} = L_t[1 + l(t'-t)]$$
$$S_{t'} = S_t[1 + s(t'-t)]$$
$$V_{t'} = V_t[1 + v(t'-t)]$$

94. Relations entre les divers coefficients. — Un corps chauffé restant semblable à lui-même on a les relations :

$$\frac{S_t}{S_0} = \left(\frac{L_t}{L_0}\right)^2 \qquad \frac{V_t}{V_0} = \left(\frac{L_t}{L_0}\right)^3$$

ou bien :

$$1 + st = (1 + lt)^2 = 1 + 2lt + l^2t^2.$$
$$1 + vt = (1 + lt)^3 = 1 + 3lt + 3l^2t^2 + l^3t^3.$$

Supposons $t = 1°$, ces relations deviennent en réduisant :

$$s = 2l + l^2 \qquad\qquad v = 3l + 3l^2 + l^3$$

Mais le coefficient l est très petit $\left(\dfrac{1}{30000}\right.$ au maximum pour les métaux$\left.\right)$, les termes en l^2 et l^3 sont négligeables par rapport à ceux en l, et l'on a :

$$s = 2l \qquad\qquad v = 3l$$

Les coefficients de dilatation superficielle et cubique sont respectivement double et triple du coefficient de dilatation linéaire.

Cette relation sert de base aux méthodes de détermination.

Dulong et Petit enfermaient le métal dans un tube contenant du mercure et évaluaient la dilatation cubique en pesant le mercure chassé par le métal chauffé ; ils déduisaient de ce coefficient les deux autres.

Lavoisier et Laplace ont mesuré directement le coefficient de dilatation linéaire de barres de métal et en ont déduit les autres coefficients.

95. Remarque. — Les coefficients ne sont point indépendants de la température ; ils varient lentement tant que le corps est loin de la température de fusion. Dans le voisinage de cette température, la variation est plus rapide et correspond en général à une augmentation.

L'acier trempé fait exception à cette règle.

D'autres corps, la glace et la fonte notamment, ont au moment de fondre un coefficient de dilatation cubique négatif, ils se contractent en fondant et se dilatent en se solidifiant.

Cette propriété en rendant la glace plus légère que l'eau assure le maintien à l'état liquide du fond des rivières, la fonte de fer est aussi par ce fait très propre au moulage, la dilatation qui se manifeste aux premiers instants de la solidification faisant pénétrer la matière dans toutes les anfractuosités du moule.

Après la fusion, tous les corps ont un coefficient de dilatation plus grand qu'à l'état solide.

96. Effets de la dilatation des solides. — 1° Le phénomène inverse ou contraction, assure le serrage des rivets ; on l'utilise aussi pour réparer les objets qui se fendent ou se déforment : frettage ou redressement des murs.

2° Les pièces de machines doivent être calculées en vue de la température qu'elles supporteront : les barreaux de grilles doivent avoir du jeu, les tuyaux de vapeur doivent être coudés ou munis de joints glissants. On doit mollir les haubans des cheminées au moment de l'allumage.

Enfin les dilatations inégales amènent des fuites dans les chaudières.

97. Dilatation des liquides. — Les lois sont les mêmes, mais on ne considère évidemment que le coefficient de dilatation cubique.

L'étude de ces dilatations est complexe, car le vase qui contient le liquide en expérience se dilate d'une façon difficile à apprécier.

La mesure du coefficient de dilatation absolue du mercure a été l'une des expériences les plus pénibles de la physique.

Par contre, celui des autres liquides en a été déduit facilement par comparaison.

Les coefficients sont irréguliers, la moindre altération dans la pureté des liquides les modifiant considérablement.

L'eau notamment présente ce phénomène d'avoir son maximum de densité à 4°, donc, de 0° à 4°, son coefficient de dilatation est négatif.

L'eau salée présente un maximum de densité dont l'abaissement au-dessous de 4° est sensiblement proportionnel à la quantité de sel dissoute.

Les coefficients de dilatation des liquides étant beaucoup plus considérables que celui de la substance solide du vase qui les renferme, on peut, sans inconvénient, négliger dans la pratique les variations de volume de ce vase et utiliser les coefficients *absolus* comme coefficients *relatifs*.

On appelle *coefficient relatif* ou *apparent*, l'accroissement apparent de l'unité de volume [prise à 0° et portée à 1°] d'un liquide enfermé dans un vase.

Il est égal à la différence entre le coefficient *absolu* du liquide et celui du vase qui le renferme.

98. Coefficient de dilatation des corps principaux.

Solides : coefficient de dilation linéaire $= l$.

Fer............	0,0000122	Étain...........	0,0000217
Fonte...........	0,0000112	Plomb...........	0,0000286
Acier trempé.....	0,0000124	Zinc............	0,0000294
Acier recuit.....	0,0000108	Platine.........	0,0000090
Cuivre...........	0,0000172	Or..............	0,0000147
Laiton..........	0,0000188	Aluminium.......	0,0000231
Argent..........	0,0090191	Verre...........	0,0000078

PHYSIQUE.   271

Liquides : coefficient de dilatation cubique v

Eau à 4°............	0,0001	Ether............	0,00151
Eau à 40°............	0,0004	Chloroforme........	0,00111
Mercure.............	0,00018	Acide sulfurique....	0,00150
Alcool..............	0,00105	Sulfure de carbone..	0,00114

99. Applications. — 1° Une barre de métal a 3^m de longueur à la température de 12°; on demande ses longueurs à 8° et à 40°, le coefficient de dilatation est de 0,0000122.

Solution. — Si L_0 est la longueur à 0_0, on a :

$$L_{12} = L_0 (1 + 0{,}0000122 \times 12)$$
$$L_8 = L_0 (1 + 0{,}0000122 \times 8) = L_{12} \frac{1 + 0{,}0000122 \times 8}{1 + 0{,}0000122 \times 12}$$
$$L_{40} = L_0 (1 + 0{,}0000122 \times 40) = L_{12} \frac{1 + 0{,}0000122 \times 40}{1 + 0{,}0000122 \times 12}$$

ou approximativement (§ 93) :

$$L_8 = 3 (1 - 0{,}0000122 \times 4) = 2^m 9998536$$
$$L_{40} = 3 (1 + 0{,}0000122 \times 28) = 3^m 0010248$$

2° Un vase de verre renferme à 0° un morceau de fer du poids de 100 gr. et en outre, 120 gr. de mercure, il est complètement plein. On chauffe à 100° et on demande quel est le poids du mercure qui sort ? densité du fer 7,78; densité du mercure 13,6.

Solution. — On a en se servant des coefficients de dilatation (§ 98) :

$$V_1 \text{ volume du fer à } 100° = \frac{100}{7{,}78} (1 + 0{,}00366).$$

Car le coefficient de dilatation linéaire du fer étant 0,0000122 son coefficient cubique est 0,0000366.

On a de même :

$$V_2 \text{ volume du mercure à } 100° = \frac{120}{13{,}6} (1 + 0{,}018).$$

$$V_3 \text{ volume du vase à } 100° = \left(\frac{100}{7{,}78} + \frac{120}{13{,}6}\right) (1 + 0{,}00234).$$

Volume à 100° du mercure qui sort $= V_2 + V_1 - V_3$

Poids de ce mercure $p = (V_2 + V_1 - V_3) \, 13.6 \, \dfrac{1}{1 + 0{,}018}$

$$p = \left[\dfrac{100}{7,78} 1{,}00366 + \dfrac{120}{13,6} 1{,}018 - \left(\dfrac{100}{7,78} + \dfrac{120}{13,6} \right) 1{,}00234 \right] \dfrac{13,6}{1,018}$$

$$p = \left[100 \times \dfrac{13,6}{7,78} 1{,}00366 + 120 \times 1{,}1018 - \left(\dfrac{100 \times 13,6}{7,78} + 120 \right) 1{,}00234 \right] 0{,}982$$

$$p = \left[100 \times \dfrac{13,6}{7,78} (1{,}00366 - 1{,}00234) + 120 (1{,}018 - 1{,}00234) \right] 0{,}982$$

$$p = 1^{gr},885.$$

Ce calcul est celui de la détermination du coefficient de dilatation cubique par la méthode de Dulong et Petit ; le poids p était mesuré et l'on en déduisait le coefficient de dilatation du fer.

CHAPITRE IV

DILATATION DES GAZ.

100. Lois de Gay-Lussac. — *Première loi.* — *A pression constante, les accroissements d'un volume de gaz mesuré à 0° sont proportionnels à la température :*

(1) $\qquad V = V_0 \, (1 + \alpha t)$

Deuxième loi. — *Si on élève la température d'un gaz dont le volume est maintenu constant, les accroissements de la pression mesurée à 0°, sont proportionnels à la température :*

(2) $\qquad P = P_0 \, (1 + \alpha t)$

α est le *coefficient de dilatation*, il est le même pour tous les gaz et égal à $\dfrac{1}{273}$ à condition que le gaz soit éloigné de son point de liquéfaction.

L'une des formules (1) ou (2) peut se déduire de l'autre au moyen de la loi de Mariotte.

PHYSIQUE.   273

En effet la formule (1) donne $V = V_o (1 + \alpha t)$, la pression étant restée P_o mais si on comprime le gaz de façon à le ramener au volume V_o, la température restant t, la pression deviendra P, telle que l'on ait :

$$P \times V_o = P_o \times V$$
$$P \times V_o = P_o \times V_o (1 + \alpha t)$$
ou : $$P = P_o (1 + \alpha t.)$$

101. Loi générale des gaz. — Supposons qu'un gaz, primitivement à la pression P_o sous le volume V_o et à la température 0°, soit amené à la pression P sous le volume V et à la température t.

Nous pouvons faire successivement ces transformations; amenons d'abord le gaz à la température t; la pression restant constante le volume deviendra :

(1) $$V_1 = V_o (1 + \alpha t.)$$

Comprimons-le à température constante t, jusqu'à ce qu'il occupe le volume V, on aura :

(2) $$PV = P_o V_1$$

et en remplaçant V_1 par sa valeur :

(3) $$PV = P_o V_o (1 + \alpha t).$$

Cette formule embrasse la loi de Mariotte et les deux lois de Gay-Lussac, on l'appelle souvent la *loi des gaz parfaits*; car elle n'est qu'approximativement exacte pour les gaz réels. $(1 + \alpha t)$ est le *binôme de dilatation*.

102. Remarque I. — Faisons $t = -273°$, on a :

$$PV = 0$$

Ce qui est une impossibilité.

On appelle souvent — 273° le *zéro absolu* des températures, comme s'il était impossible qu'une température pût être plus basse.

Il est démontré aujourd'hui qu'il n'en est rien ; la loi ne doit donc pas s'appliquer à de telles températures.

103. Remarque II. — Si l'on compte les températures à partir de ce zéro absolu et qu'on les représente par T la loi s'écrit :

$$PV = P_0 V_0 \frac{T}{273}$$

104. Densité des gaz. — Soit p le poids d'une certaine masse de gaz, d_0 sa densité, pour la pression P_0 et la température 0° son volume est :

$$V_0 = \frac{p}{d_0}$$

à la température t et à la pression P, sa densité devient d et l'on a :

$$V = \frac{p}{d}$$

mais $PV = P_0 V_0 (1 + \alpha t)$, ou en remplaçant V et V_0 par leurs valeurs :

$$P \frac{p}{d} = P_0 \frac{p}{d_0}(1 + \alpha t)$$

$$d = d_0 \frac{P}{P_0} \frac{1}{1+\alpha t}$$

La densité d'un gaz varie en raison directe des pressions et en raison inverse du binôme de dilatation.

105. Remarque. — Le coefficient α étant le même pour tous les gaz, on étudie les questions de poids de masses gazeuses comme si elles se composaient d'air et il suffit de connaître le rapport des densités des gaz à celle de l'air, qui, nous l'avons vu, est de 1^g,293 par litre à 0° et à 760 ^{mm} de pression.

Le tableau suivant donne les densités des gaz, celle de l'air étant prise égale à 1.

Air.....................	1,0000	Acide carbonique....	1,5196
Oxygène................	1,1056	Ammoniaque.........	0,5967
Azote..................	0,9691	Acide chlorhydrique.	1,2474
Hydrogène.............	0,0732	Vapeur d'eau désaturée.	0,6300

106. Applications. — 1° Le volume d'un gaz à 0° et à la pression de 1^k est un mètre cube; quel sera son volume à 200° et à la pression de 2^{kg} :

Solution :
$$V \times 2 = 1 \times 1 \left(1 + \frac{200}{273}\right)$$
$$V = 0^{mc},87$$

2° Un ballon de 5 litres à la température de 0°, a été rempli d'acide carbonique à la température de 0° et à la pression de $0^m,76$; on le chauffe à 100° après l'avoir ouvert pour permettre la sortie du gaz; à ce moment la pression extérieure est $0^m,75$. On demande quel poids d'acide carbonique sortira du ballon?

Solution. — Négligeant la dilatation du verre et calculant comme si le gaz était de l'air, on aura :

$$V_{100} \times 75 = V_0 \times 76 \left(1 + \frac{100}{273}\right)$$

Le volume sorti est égal à :

$$V_{100} - V_0 = \left[76\left(1 + \frac{100}{273}\right) - 75\right] \frac{V_0}{75}$$

Ce volume est à 100° et à la pression 75, sa densité est, d'après la formule (4) :

$$d = d_0 \frac{75}{76} \frac{1}{1 + \frac{100}{273}} = 1,293 \times \frac{75}{76} \times \frac{273}{373}$$

Le poids p est donc, puisque la densité de l'acide carbonique par rapport à l'air est 1,5196 :

$$p - \frac{5}{75}\left(76 \times \frac{373}{273} - 75\right) 1,293 \times \frac{75}{76} \times \frac{273}{373} \times 1,5196$$
$$p = 5\left(1 - \frac{75}{76} \times \frac{273}{373}\right) 1,293 \times 1,5196$$
$$p = 0^{gr},45$$

CHAPITRE V

RETRAIT. — TREMPE. — RECUIT.

107. 1° **Retrait.** — On appelle *retrait* la contraction définitive éprouvée par un métal, depuis le moment où il est en fusion, jusqu'à celui où, solidifié par le refroidissement, il parvient à la température ambiante.

La fonte qui se gonfle en se solidifiant, se contracte aussitôt solidifiée de 1 centimètre par mètre de longueur; le laiton de 15 millimètres.

Quand on coule un objet, on doit tenir compte du retrait.

Pour la fonte de fer, on emploie pour tracer les moules, une règle de 101 centimètres de longueur, divisée en 100 parties égales, correspondant chacune à 1 centimètre de la pièce à produire.

108. 2° **Trempe.** — La *trempe* consiste dans le refroidissement brusque d'un métal préalablement porté à une température élevée.

Par la trempe les métaux durcissent en général, à l'exception du cuivre et du bronze.

L'acier trempé est dur et élastique, son grain est plus serré et plus fin. La dureté de la trempe dépend du degré d'élévation de la température et de la rapidité du refroidissement; la trempe au mercure est très dure parce que le mercure, étant bon conducteur de la chaleur et ayant une grande capacité calorifique, refroidit brusquement l'acier.

La trempe semble consister en une compression exercée sur les molécules intérieures par celles de la surface extérieure, le refroidissement et par suite la contraction de celle-ci étant beaucoup plus brusque.

C'est un état instable qui disparaît lentement avec l'emploi du métal trempé.

109. 3° **Trempe au paquet.** — Le fer peut recevoir une sorte de trempe (*dite au paquet*) qui comporte une aciération su-

perficielle de ce métal. Elle consiste à faire chauffer fortement des pièces de fer dans un milieu riche en carbone.

Les pièces ainsi préparées, plongées dans un liquide froid, sont recouvertes d'une couche d'acier très dure.

On emploie aujourd'hui la trempe au prussiate de potasse.

110. 4° **Recuit**. — Le *recuit* est l'opération qui consiste à soumettre un métal chauffé modérément à un refroidissement lent.

La douceur et la malléabilité du métal augmentent ainsi.

On l'emploie surtout pour donner aux outils trop trempés le degré convenable ou pour permettre de les travailler quand ils sont usés.

Le recuit est aussi nécessaire pour les pièces de fer qui entrent dans la composition des électro-aimants.

CHAPITRE VI

CHALEURS SPÉCIFIQUES.

111. **Unité de chaleur.** — **Calorie.** — On dit que deux quantités de chaleur sont égales lorsque, communiquées à un même corps, dans des conditions identiques, elles produisent le même effet.

L'unité de chaleur est *la calorie*.

C'est la quantité de chaleur nécessaire pour élever de 0° à 1°, la température de 1 kilogramme d'eau distillée.

C'est aussi, mais approximativement, la quantité de chaleur nécessaire pour élever de 1° la température de 1 kilogramme d'eau prise à une température quelconque.

Exactement cette quantité de chaleur est 1,06 calorie à 50°, 1,12 calorie à 100° et 1,27 calorie à 200°; elle est donnée par la formule :

$$q = 1 + 0{,}0011 \times t + 0{,}0000012 \times t^2$$

112. **Chaleur spécifique ou capacité calorifique.** — La quantité de chaleur, exprimée en calories, nécessaire pour élever de

0° à 1° la température de 1 kilogramme d'un corps, s'appelle la *chaleur spécifique* ou la *capacité calorifique* de ce corps.

Par suite la chaleur spécifique de l'eau est égale à 1.

Approximativement, la chaleur spécifique sera la quantité de chaleur qui correspond à une élévation de température de 1°, la température étant quelconque.

113. Expérience de Tyndall. — Pour montrer que la chaleur spécifique est différente pour chaque corps, Tyndall pose sur un gâteau de cire tenu horizontalement, plusieurs boules de même dimension, mais de natures différentes et portées à la même température.

Celles composées de corps à grande capacité calorifique traversent très vite ; celles, au contraire, composées de substances à faible capacité n'arrivent pas à traverser le gâteau.

114. Détermination des chaleurs spécifiques.

I. *Solides*. — On emploie pour cette détermination un appareil appelé *calorimètre*. Il se compose essentiellement d'un vase en cuivre poli extérieurement, afin de présenter un faible rayonnement calorifique.

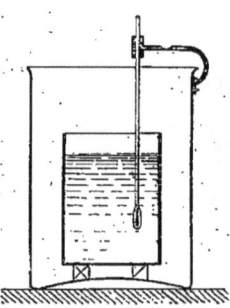

Fig. 46.

Ce vase est placé lui-même à l'intérieur d'un autre dont il est soigneusement isolé pour éviter les pertes ou les gains de chaleur par convection ou conductibilité.

Le vase intérieur contient un certain poids d'eau, dont un thermomètre indique constamment la température.

On dispose le corps à étudier sous une forme mince, de façon qu'il présente une grande surface de refroidissement.

1° On le pèse exactement, soit $0^k,1$ son poids.

2° On le porte à une température bien déterminée, soit 200°.

3° On le plonge dans le calorimètre, en l'agitant bien jusqu'à ce que le thermomètre n'indique plus d'accroissement de température, soit $16°,30$ la température finale commune.

Soit de plus $0^k,2$ le poids de l'eau, 15° sa température initiale, soit x la chaleur spécifique du corps, il a perdu un nombre de calories :

$$x(200 - 16,3)\,0,1$$

L'eau a gagné ces calories qui sont représentées par :

$$(16,3 - 15)\,0,2$$

On a donc :

$$x(200 - 16,3)\,0,1 = (16,3 - 15)\,0,2$$
$$x = \frac{16,3 - 15}{200 - 16,3} \times \frac{0,2}{0,1} = 0,0141$$

D'une façon générale :

(1) $$x = \frac{P(T - t')}{p(t - T)}$$

T = température finale commune, t' = température initiale de l'eau, t = température initiale du corps, P = poids de l'eau, p = poids du corps.

115. Remarque. — Soit p' le poids du métal du calorimètre, a sa chaleur spécifique connue, le vase absorbe $p' \times a(T - t')$ calories qui doivent être ajoutées à celles absorbées par l'eau, la formule exacte serait donc :

(2) $$x = \frac{(P + pa)(T - t')}{p(t - T)}$$

Mais pa est une constante de l'appareil, on la détermine une fois pour toute, c'est ce qu'on appelle convertir le calorimètre en eau, on conserve la formule (1). P représente alors le poids réel de l'eau augmenté de celui du calorimètre converti en eau.

116. II. *Liquides*. — Remplaçons l'eau par le liquide à étudier et répétons l'opération avec un corps dont on connaisse la chaleur spécifique.

Par exemple, le calorimètre contient $1^k,35$ de mercure à 15° on y plonge un morceau d'argent de $0^k,1$ à 60°, la température finale atteint 20°; quelle est la chaleur spécifique du mercure, celle de l'argent étant 0,0577 ?

Le mercure a gagné $1,35(20-15)x$ calories qui sont égales à celles perdues par l'argent, soit $0,1(60-20)0,0577$; on a donc :

$$1,35(20-15)x = 0,1(60-20)0,0577.$$

$$x = \frac{0,1(60-20)0,0577}{1,35(20-15)} = 0,033$$

117. Remarque I. — Si le liquide est en petite quantité ou bien est volatil ou attaque le cuivre, on l'enferme dans un vase mince et l'on procède comme pour un solide en tenant compte de la chaleur absorbée par le vase.

118. Remarque II. — A une augmentation de densité d'un corps correspond une diminution de la chaleur spécifique.

119. Remarque III. — Les coefficients varient beaucoup avec la température pour certains corps, notamment pour l'alcool.

L'eau possède la plus haute capacité calorifique d'où l'emploi de ce corps comme réservoir de chaleur, l'aluminium occupe le premier rang parmi les métaux.

120. Chaleurs spécifiques des substances usuelles.

Eau pure............	1,00000	Cuivre............	0,0949
Eau salée..........	0,8187	Laiton............	0,0950
Glace..............	0,5000	Zinc..............	0,0927
Mercure............	0,0333	Plomb............	0,0310
Coke...............	0,2008	Étain.............	0,0562
Charbon de cornue..	0,2036	Argent............	0,0577
Graphite...........	0,2018	Antimoine.........	0,0507
Alcool.............	0,6000	Verre.............	0,1770
Éther..............	0,5400	Platine...........	0,0320
Ess. de térébenthine.	0,4800	Or................	0,0324
Fer................	0,1090	Aluminium.........	0,2181
Nickel.............	0,1086	Phosphore.........	0,1800

CHAPITRE VII

CHALEURS LATENTES.

121. Chaleur latente de fusion. — Dès le commencement de la fusion d'un corps, jusqu'à ce que la dernière particule en soit liquéfiée, la température du corps ne change pas.

Néanmoins il absorbe de la chaleur qui, dans ce cas, constitue l'énergie nécessaire à la dissociation des molécules.

On appelle *chaleur latente de fusion*, la quantité de chaleur ainsi absorbée pour la fusion de 1 kilogramme du corps.

Exemple : On met dans un vase 1 kilogramme de glace à 0° et 1 kilogramme d'eau à 79°,2. On trouve, quand la glace est fondue, 2 kilogrammes d'eau à 0°. Or, l'eau abandonne 79 cal. 2 qui ont été absorbés par la fusion de 1 kilogramme de glace, la chaleur latente de celle-ci est donc 79 cal. 2.

L'inverse se produit dans la solidification ; dès que celle-ci commence, la température ne change pas et la quantité de chaleur dégagée est égale à celle absorbée par la fusion.

La chaleur latente de fusion est égale à la chaleur latente de solidification.

C'est d'ailleurs le plus généralement celle-ci que l'on mesure, car il est plus commode de mesurer de la chaleur recueillie que de la chaleur fournie.

122. Détermination de la chaleur latente de fusion. — Soient p le poids d'eau d'un calorimètre, t sa température, T' la température de fusion d'un corps, T la température de ce corps à l'état liquide, P son poids, c et C les chaleurs spécifiques à l'état solide et à l'état liquide, l la chaleur latente de fusion, θ la température finale, lorsque le corps fondu s'est solidifié dans l'eau du calorimètre.

Le corps a perdu :

1° De T à T' un nombre de calories :

$$P \times C(T - T')$$

2° Pendant la solidification :

$$P \times l$$

3° De la solidification à la température θ :

$$P \times c\,(T' - \theta)$$

L'eau du calorimètre a gagné :

$$p\,(\theta - t)$$

On a donc :

$$p\,(\theta - t) = P\,[C(T - T') + l + c\,(T' - \theta)]$$
$$l = \frac{p}{P}\,(\theta - t) - C\,(T - T') - c\,(T' - \theta)$$

123. Remarque I. — Pour qu'une telle expérience soit précise, il faut que la température de fusion du corps ne soit pas trop élevée, car sans cela il serait impossible d'éviter les pertes de chaleur par vaporisation d'une certaine quantité d'eau du calorimètre.

124. Remarque II. — Le point de fusion d'un alliage est généralement plus bas que celui des corps qui entrent dans cet alliage.

On forme, par exemple, un alliage de plomb, étain, bismuth qui fond à 90°, c'est-à-dire dans l'eau bouillante.

125. — **Température et chaleur latente de fusion des principaux solides :**

	T′.	l.		T′.	l.
Glace	0°	79,2	Antimoine	440°	»
Soufre	115°	9,37	Cuivre	1054°	»
Phosphore	44°	5,04	Acier	1350°	»
Zinc	450°	28,13	Fer	1550°	»
Étain	235°	14,25	Fonte	1100°	»
Argent	954°	21,07	Or	1035°	»
Mercure	−39°5	2,83	Platine	1775°	27
Bismuth	265°	12,64	Iridium	1950°	»
Plomb	335°	5,37	Aluminium	600°	»

126. Application. — Un corps qui fond à 10° est introduit dans 500 grammes d'eau à 30°, la température finale est 22°; on demande quelle est la chaleur latente de fusion de ce corps, son poids étant de 70 grammes, sa température initiale 10°, la chaleur spécifique de son liquide 0,3 ; le vase pèse 40 grammes et est initialement à la température de 30° comme l'eau ; sa chaleur spécifique est 0,09.

Solution. — On a en écrivant que la chaleur perdue par l'eau et le vase est égale à celle absorbée par la fusion du corps augmentée de celle qui élève sa température à 22° :

$$l \times 0{,}070 + (22-10)\,0{,}3 \times 0{,}070 = (30-22)(0{,}500 + 0{,}040 \times 0{,}09)$$

$$l = \frac{8 \times 0{,}5036 - 12 \times 0{,}021}{0{,}070} = \frac{3776{,}8}{70} = 54$$

127. Chaleur latente de vaporisation. — Quand un liquide se vaporise à *pression constante*, sa température ne change pas, la chaleur absorbée est tout entière employée à vaincre la cohésion moléculaire. Cette chaleur pour un kilogramme de liquide vaporisé est la *chaleur latente de vaporisation*.

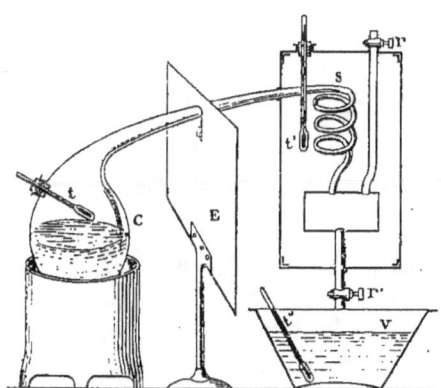

Fig. 47.

De même, une vapeur qui se condense, dégage une quantité de chaleur équivalente à celle absorbée par la vaporisation.

Les liquides volatils se vaporisant très rapidement à la

température ordinaire empruntent cette chaleur à eux-mêmes ou aux vases qui les renferment: C'est ainsi qu'une goutte d'éther posée sur la main produit une sensation de froid.

Pour déterminer la chaleur latente de vaporisation, on emploie l'appareil ci-contre.

La température t de la vapeur est donnée par le thermomètre t cette vapeur va se condenser dans le serpentin S entouré d'eau dont la température finalement est t', l'eau condensée est recueillie dans un vase V; soit p son poids t'' sa température. Soient P le poids de l'eau qui entoure le serpentin, T sa température initiale, x la chaleur latente de vaporisation, on a évidemment, c étant la chaleur spécifique du liquide :

$$p \times x + p \times c(t - t'') = P.(t' - T)$$

Équation qui donne x ou la chaleur latente de vaporisation cherchée.

On conduit l'opération de façon que t' soit la moyenne des températures t'' et T.

L'erreur provenant des pertes de chaleurs est ainsi atténuée.

128. Cas de l'eau. — Regnault a trouvé pour exprimer la quantité totale de chaleur nécessaire pour transformer un kilogramme d'eau à 0° en vapeur à t° la formule :

(1) $$Q = 606,5 + 0,305\, t.$$

La quantité de chaleur correspondant à l'élévation de cette eau à la température t, est t calories ; la chaleur latente de vaporisation est donc :

(2) $$Q' = 606,5 + 0,305\, t - t = 606,5 - 0,695 \times t.$$

129. Remarque. — On voit que Q' s'annule pour :

$$t = \frac{606,5}{0,695} = 866°$$

Les expériences de Regnault n'ont pas dépassé 250°, la formule ne peut donc s'appliquer au delà de cette température.

La chaleur latente de vaporisation s'annule probablement à une température inférieure à 800° ; on réussit alors à faire passer instantanément le liquide en vapeur et inversement.

130. Règle de Watt. — Watt avait résumé ses observations dans la règle suivante relative à l'eau :

Approximativement la quantité de chaleur nécessaire pour vaporiser 1 kilogramme d'eau prise à 0° en une vapeur à une température quelconque est 650 calories ; c'est aussi la quantité de chaleur à absorber pour amener 1 kilogramme de vapeur à se condenser en eau à 0°.

La formule de Regnault donne 637 calories à 100°, la concordance a lieu entre les deux formules pour la vapeur à 140° environ, ce qui correspond à 4 atmosphères, pression qui n'était guère dépassée du temps de Watt.

131. Applications. — 1° Combien faut-il de calories pour convertir en vapeur à 110° $1^k,21$ d'eau prise à 40°.

Solution :

$$Q = [606{,}5 + 0{,}305 \times (110 - 40)] \, 1{,}21 = 726 \text{ calories.}$$

La règle de Watt eut donné 738 calories.

2° Calculer le poids de plomb fondu nécessaire pour vaporiser complètement 2 kilogrammes d'eau prise à 30° en vapeur à 150°.

Solution. — Soit x ce poids, la chaleur latente de fusion de ce plomb est $x \times 5{,}37$; la température de fusion étant 335°, il perdra de plus (Voir tableau § 120) :

$$x \times (335 - 150) \, 0{,}031$$

On aura donc :

$$x \left[5{,}37 + 0{,}031 \, (335 - 150) \right] = 2 \, (606{,}5 + 0{,}305 \times 150 - 30)$$

$$x = \frac{2 \times 622{,}25}{5{,}37 \times 5{,}735} = 112 \text{ kilogr.}$$

132. Chaleurs latentes de vaporisation de quelques liquides à 1 atmosphère.

	t	Q'		t	Q'
Acide acétique..	120°	102	Esprit de bois.	66°,5	264
Alcool........	78°,5	208	Essence de thé-		
Eau..........	100°	537	rébentine.....	161°	69
			Ether sulfurique.	35°,5	91

CHAPITRE VIII

DES VAPEURS.

133. Définition. — On appelle *vapeur* un gaz obtenu très facilement d'un liquide et qu'on peut faire retourner facilement à ce premier état.

Selon que la vapeur est plus ou moins éloignée de son point de liquéfaction, ses propriétés se rapprochent plus ou moins de celles que nous avons attribuées aux gaz.

Fig. 48.

Soit un ballon B muni d'un manomètre et d'un double robinet permettant d'isoler le renflement a.

Ce ballon est d'abord complètement vide d'air, la différence des niveaux mm_1 mesure la pression atmosphérique.

Ouvrons le robinet r et emplissons d'eau par exemple le renflement a fermons r et ouvrons r', l'eau tombe dans le ballon et se vaporise instantanément et totalement; le niveau est descendu en m' dans la branche de gauche du manomètre et est monté en m'_1 dans la branche ouverte, la tension de la vapeur formée est donc évidemment $mm' + m_1 m'_1$.

Répétons l'opération en introduisant la même quantité d'eau que précédemment, il y aura encore vaporisation complète et le niveau descendra en m'' d'une part pour monter en m_1'' d'autre part, et l'on trouvera que :

$$mm'' + m_1 m_1'' = 2 (mm' + m_1 m'_1)$$

La pression a donc doublé, or le poids de vapeur enfermé dans le même espace a doublé; cette vapeur suit donc la loi de Mariotte.

Cette vérification peut être continuée, mais il arrive un moment où l'eau ne se vaporise plus entièrement et dès lors on constate que le manomètre n'indique plus aucune augmentation de pression, de nouvelles quantités d'eau introduites restent entièrement à l'état liquide et l'on dit alors que l'espace est saturé de vapeur ou que la vapeur est *saturée*.

Par opposition, on appelle vapeur *désaturée* celle qui obéit à la loi de Mariotte.

Modifions la température du ballon, nous constatons que la tension de la vapeur saturée s'élève ou s'abaisse avec cette température ; mais qu'à une température donnée correspond une valeur bien définie de la tension de la vapeur saturée, tension qui est le maximum des tensions que puisse avoir la vapeur à cette température.

Si l'on enferme de l'eau dans un tube de Mariotte, on constate qu'en soulevant ce tube au-dessus de la cuve cette eau se vaporise, mais que la différence des niveaux du mercure reste constante tant qu'il reste de l'eau, la pression est donc constante, la vapeur, est saturée.

Si l'on soulève suffisamment le tube pour que l'eau se vaporise entièrement, on constate que le niveau du mercure monte dans le tube et que les pressions sont proportionnelles aux volumes occupés par la vapeur, celle-ci est alors désaturée.

Si de nouveau on enfonce le tube, on constatera qu'aussitôt que la vapeur atteint la pression maximum mesurée précédemment, une mince couche d'eau apparaît à la surface du mercure et que cette couche augmentera d'épaisseur si l'on continue à enfoncer le tube et cela sans que la pression change.

Comme conclusion, nous écrirons :

1° *Une vapeur en contact avec son liquide est saturée, elle possède le maximum de pression pour la température donnée.*

2° *La vapeur saturée est de toutes les vapeurs à la même pression celle qui a la plus basse température.*

Ainsi l'on peut amener la vapeur désaturée à être saturée soit en élevant sa pression, soit en abaissant sa température.

134. Remarque. — La vapeur désaturée suivant la loi des gaz, tous les calculs relatifs à ceux-ci s'y appliquent. On considère pratiquement la densité de la vapeur d'eau comme étant les $\frac{5}{8}$ de celle de l'air, dans les mêmes conditions de température et de pression.

135. Documents et calculs relatifs à la vapeur d'eau saturée. — La tension de la vapeur saturée est simplement fonction de la température, la relation est donnée par la formule empirique

(1) $$P^{at} = (0,2847 + 0,007153\, t)^5$$

La densité peut se déterminer également par la formule :

(2) $$d = 0,0001 + 0,0005 \times P^{at}.$$

Lorsqu'il s'agit de calculer le volume de vapeur que fournira un certain poids d'eau p, on divise le poids p, qui est aussi celui de la vapeur, par la densité de celle-ci et l'on a :

$$V = \frac{p}{d}.$$

Mais le poids p représente aussi le volume V de l'eau exprimé en litres, si ce poids est exprimé en kilogrammes; on a donc :

$$V = \frac{v}{d} = v \times V_1$$

$V_1 = \frac{1}{d}$ est appelé le *volume relatif*; c'est le volume de la vapeur fournie par l'unité de volume ou de poids d'eau, c'est aussi l'inverse de la densité.

Le tableau A donne les valeurs des divers éléments de la vapeur d'eau saturée entre 40° et 200°.

136. Applications. — 1° Calculer le volume de vapeur saturée à 135° fourni par la vaporisation de 1 kilogramme d'eau.

Solution : $\quad V = 1 \times 625 = 625$ litres.

car l'on voit (tableau A) que le volume relatif de la vapeur à 135° est 625.

PHYSIQUE. 289

2° Calculer le poids d'eau fournie par la condensation de 2000 litres de vapeur à 180°.

Solution : $\quad p = 2000 \times 0,0051 = 10^k,2$

car la densité de la vapeur à 180° est 0,0051.

137. **Remarque.** — A défaut du tableau A, on peut considérer approximativement la densité de la vapeur saturée comme égale à celle de la vapeur désaturée (§ 134).

TABLEAU A

Tensions, densités et volumes relatifs de la vapeur d'eau entre 40° et 200°.

Températures.	Tensions en atmosphères.		Densités.	Volumes relatifs.
40°	5c/m 3 de mercure		0,000144	
100	1	atmosphère	0,0006	1700
121°	2	—	0,0011	900
135°	3	—	0,0016	625
145°	4	—	0,0021	480
152°	5	—	0,0026	385
158°	6	—	0,0031	320
165°	7	—	0,0036	280
171°	8	—	0,0041	245
176°	9	—	0,0046	220
180°	10	—	0,0051	195
184°,5	11	—	0,0056	180
188°,5	12	—	0,0061	165
192°	13	—	0,0066	150
195°,5	14	—	0,0071	140
198°,5	15	—	0,0076	131
200°	15,5	—	0,00785	127

TABLEAU B

Densités par rapport à l'air de quelques vapeurs.

Alcool...............	1,613	Mercure.............	6,976
Eau.................	0,622	Phosphore..........	4,420
Ether...............	0,586	Soufre.............	2,206
Iode................	8,716		

CHAPITRE IX

CONDENSATION DE LA VAPEUR.

138. Définition. — On entend par *condensation* de la vapeur, son retour de l'état gazeux à l'état liquide.

Elle peut s'opérer de trois manières, par compression, par détente, par refroidissement.

139. Condensation par compression. — On a vu (§ 133) que lorsqu'on comprime une vapeur, elle retourne à l'état liquide, en partie, dès que sa tension atteint la tension maximum pour la température de l'expérience, c'est-à-dire dès qu'elle devient saturée.

Cette condensation, employée industriellement pour la condensation des gaz, se présente naturellement dans les machines à vapeur, dans les coudes, étranglements, là où la vapeur animée d'une certaine vitesse d'écoulement, se comprime d'elle-même.

Elle peut se produire aussi à la fin de la période de compression dans les cylindres.

140. Condensation par détente. — Elle se produit lorsqu'on laisse une vapeur d'une tension élevée s'échapper brusquement du récipient qui la renferme dans un milieu beaucoup plus vaste et possédant une tension moindre.

Cela tient à ce que le travail mécanique d'écartement des molécules absorbe une grande quantité de chaleur qui ne peut être prise qu'aux dépens de la vapeur elle-même.

Sa température s'abaisse au-dessous de celle qui convient à la vapeur saturée à la nouvelle pression, la condensation est donc forcée.

Ce phénomène se manifeste par suite plus facilement avec la vapeur saturée, puisqu'elle est à la température minimum correspondant à sa pression.

Il en résulte aussi le fait paradoxal qu'une vapeur qui s'échappe d'un orifice est d'autant plus froide, un peu au delà de cet orifice, qu'elle était plus chaude dans le générateur.

Ce principe est la base de l'emploi des gaz comprimés dans les appareils réfrigérants.

141. Condensation par refroidissement. — La condensation de la vapeur s'opère lorsqu'on l'introduit dans un milieu plus froid. Ce refroidissement s'obtient industriellement par injection d'eau au milieu de la vapeur, ou par refroidissement des parois du vase où elle afflue, au moyen d'eau froide circulant extérieurement à ces parois.

De là deux modes de condensation, dits *par mélange* et *par surface*.

142. Condensation par mélange. — 1° Soit 33 kilogrammes de vapeur à condenser avec de l'eau à 15°, calculer le poids d'eau nécessaire pour que la température du mélange ne dépasse pas 40°.

Solution. — Nous utiliserons dans ce calcul la règle de Watt, car son approximation est largement suffisante.

Nous aurons :

$$X(40-15) = 33(650-40)$$
$$X = 805 \text{ kilogrammes.}$$

Ce résultat peut se mettre sous la forme générale :

$$X = P \frac{650-T}{T-t}$$

P poids de la vapeur, T la température finale du mélange, t la température initiale de l'eau d'injection.

2° Calculer la température finale du mélange de 33 kilogrammes de vapeur et de 805 kilogrammes d'eau d'injection prise à 15°.

Solution : Nous aurons :

$$805(T-15) = 33(650-T)$$
$$(805+33)T = 33 \times 650 + 805 \times 15$$
$$T = \frac{33 \times 650 + 805 \times 15}{805+33} = 40°$$

143. Condensation par surface. — 1° Quel poids d'eau à 15°

faut-il pour condenser 33^k de vapeur, l'eau de circulation sortant à une température de 30°, l'eau de condensation étant à 30°.

Solution : On aura de même :

$$X(30-15) = 33(650-40)$$
$$X = \frac{33(650-40)}{15} = 1342^{kg}$$

d'où la formule générale :

$$X = \frac{P(650-T)}{T'-t}$$

T' température de sortie de l'eau de circulation.

144. Remarque. — Au point de vue de l'utilisation de l'eau réfrigérante la méthode par mélange est la plus avantageuse.

Cependant on ne l'emploie plus dans la marine parce que l'eau de condensation, se trouvant salée par l'eau d'injection, ne conviendrait plus aux chaudières actuelles.

CHAPITRE X

THÉORIE DU CONDENSEUR.

145. Lois de Berthollet ou du mélange des gaz. — 1° *Les gaz se mélangent, quelles que soient leurs densités, pourvu que l'enceinte qui les renferme soit de petite dimension.*

2° *La pression totale du mélange est la somme des pressions individuelles qu'auraient les gaz qui le composent, s'ils occupaient chacun tout l'espace considéré.*

L'expérience de Berthollet est la suivante :

On emplit deux ballons, l'un d'hydrogène, le plus léger des gaz, l'autre d'acide carbonique, l'un des plus lourds.

Leurs tubulures se vissent l'une sur l'autre et l'on suspend l'ensemble dans un endroit bien calme de température constante, le ballon d'hydrogène en dessus.

On ouvre les robinets de communication et au bout d'un

temps suffisant chaque ballon considéré séparément, renferme un mélange de gaz identique à celui de l'autre.

Ce résultat, en contradiction avec la théorie de l'équilibre des fluides, tient aux faibles dimensions des ballons dont les diamètres n'excèdent pas l'épaisseur de la couche de contact des deux gaz. C'est un phénomène de dissolution.

La 2ᵉ loi est d'ailleurs exacte et s'applique à tous les mélanges de gaz et aux mélanges de gaz et vapeurs.

Soient v, v', v''..... les volumes des récipients dans chacun desquels est renfermé un des gaz, p, p', p'' les tensions de ces gaz.

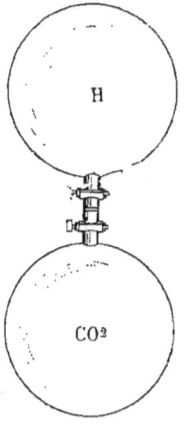

Fig. 49.

Enfermons l'ensemble des gaz dans un même récipient de volume V. La 2ᵉ loi de Berthollet nous donnera pour la pression dans ce récipient :

$$P = p\frac{v}{V} + p'\frac{v'}{V} + p''\frac{v''}{V} + \ldots$$

$$P = \frac{1}{V}(vp + v'p' + v''p'' + \ldots)$$

$$VP = vp + v'p' + v''p'' + \ldots$$

146. Principe du Condenseur. — Soient deux vases, l'un C_i que l'on a rempli de vapeur saturée (à 100° par exemple), l'autre C_o contenant de l'eau à 40° et par suite au-dessus de celle-ci de la vapeur saturée à 40° (tension 5°,3 en mercure).

Ouvrons le robinet de communication D, une partie de la vapeur de C_i va venir en C_o et s'y condensera laissant la place à un autre afflux de vapeur, de sorte qu'il semblera que toute la vapeur de C_i est attirée vers C_o.

C'est le phénomène qu'on définit souvent sous le nom de principe de la *paroi froide*.

Si la température de C_o est maintenue constante à 40°, la tension de la vapeur n'y dépassera jamais 5°,3.

C'est au moyen d'injections d'eau froide ou par circulation que ce résultat est obtenu.

La tension en C_i devient très rapidement peu différente de $5^c,3$ et la vapeur qu'il contient est finalement désaturée car la température de ce récipient varie peu ; le peu d'eau qu'il pouvait contenir se vaporise et vient se recondenser en C_o.

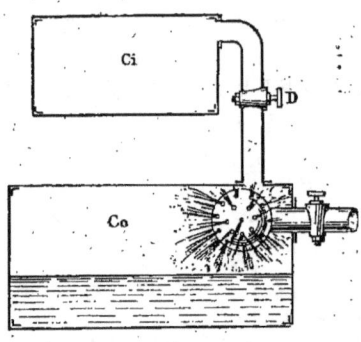

Fig. 50.

Pour que l'équilibre de température subsiste, il faut que la communication entre les deux récipients soit de courte durée.

Dans une machine à vapeur C_i est le cylindre et C_o le condenseur.

On voit donc que l'emploi de ce dernier a pour effet, non seulement de permettre de recueillir de l'eau utile à l'alimentation des chaudières, mais aussi d'abaisser énormément la contre pression dans le cylindre.

Cette réduction de la contre pression est une nécessité du fonctionnement des machines à multiple expansion ; elle permet de rendre actif le dernier cylindre où règne souvent une pression motrice inférieure à la pression atmosphérique.

147. Perturbations dues aux rentrées d'air. — Dans les condenseurs par injection ou mélange, l'eau entraîne de l'air dissous qui se dégage, étant donnée la faible pression qui règne dans ces récipients, la vapeur en entraîne également ; de plus des rentrées d'air se font par les joints, de sorte que même dans les condenseurs par surface, l'air vient augmenter la pression et bientôt cette pression serait trop élevée pour le bon fonctionnement du condenseur.

De plus, l'eau de condensation et celle d'injection emplissant le condenseur, augmenteraient l'effet perturbateur de cette masse d'air.

Aussi adjoint-on au condenseur une pompe dite *pompe à*

air, et qui a pour but d'enlever l'eau et l'air à mesure qu'ils arrivent ou se forment dans le condenseur.

On peut aussi, et cela se pratique le plus souvent avant la mise en marche, chasser l'air du condenseur au moyen d'un jet de vapeur qui sort par le reniflard *r*.

148. Fonctionnement de la pompe à air à double effet. — Soit un condenseur par mélange, le piston *p* de la pompe à air est poussé dans le sens de la flèche ⟶ ; il agrandit la capacité laissée derrière lui, la tension de l'air y diminue et avec elle la pression sur le clapet 1 dit clapet *de pied*, tandis que le clapet 2 dit clapet *de tête* est plus fortement appuyé sur son siège.

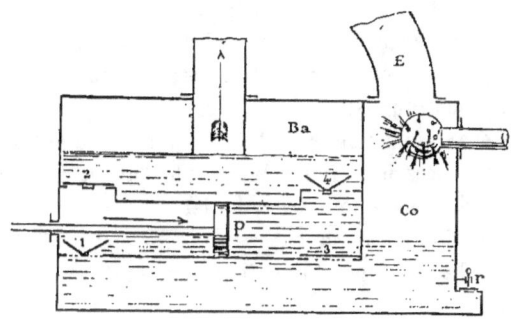

Fig. 51.

A un moment donné, le clapet 1 se soulève sous l'action de la pression au condenseur, l'eau puis finalement une partie de l'air de ce condenseur passent par le clapet et pénètrent derrière le piston.

L'air vient se loger dans la partie supérieure de la pompe.

Le piston refoule, sur son avant, l'eau et l'air aspirés au coup précédent; le clapet de pied 3 est appuyé sur son siège, le clapet de tête 4 se soulève, quand la pression de l'air dans la pompe est supérieure à celle de l'air dans la bâche B*a* augmentée de la colonne d'eau dans celle-ci.

L'air et l'eau de la pompe passent donc dans la bâche.

Quand le piston revient en sens inverse, les mêmes phénomènes se produisent, les clapets en diagonale étant ouverts ou fermés en même temps.

149. Rôle de la bâche. — Le refoulement des fluides est intermittent, il résulte que le tuyau de décharge devrait avoir un diamètre plus considérable, que celui nécessaire à son débit moyen pour ne pas fatiguer trop la pompe au moment du refoulement maximum, de plus il résulterait des chocs de cette intermittence.

Aussi emploie-t-on un réservoir intermédiaire qui est la *bâche*, dans lequel viennent s'accumuler les fluides; les chocs sont atténués, étant donnée l'élasticité de l'air.

De plus lorsque cet air atteint une tension qui équilibre le poids de la colonne d'eau jusqu'à l'orifice de décharge, cette colonne est repoussée d'une façon plus élastique qu'elle ne le serait par le piston agissant directement.

La bâche régularise donc le travail de la pompe à air et par suite en augmente le rendement et permet d'en diminuer les dimensions métalliques.

150. Vide au condenseur. — La pression au condenseur est la somme des pressions individuelles de l'air et de la vapeur déterminées d'après la loi de Berthollet.

Mais la tension de la vapeur est indépendante de l'espace laissé libre, elle ne dépend que de la température puisqu'elle est saturée.

Si la température est constante, la tension de la vapeur le sera, mais celle de l'air variera si la pompe à air ne fonctionne pas régulièrement.

Si le refroidissement est insuffisant, la température s'élèvera et avec elle la tension de la vapeur.

On voit que dans tous les cas un mauvais fonctionnement de l'appareil entraîne une augmentation de la pression, un manomètre spécial indiquera cette augmentation et par suite la défectuosité du fonctionnement.

Cet appareil est l'*indicateur du vide* ou *baromètre du condenseur*.

On appelle *vide au condenseur* ou simplement *vide* la pression inférieure à une atmosphère qui règne dans ce récipient; elle s'exprime en centimètres de mercure.

On distingue le *vide absolu* qui est la pression absolue au condenseur, et le *vide effectif* qui est la différence entre la pression atmosphérique et le vide absolu.

Le fonctionnement est bon quand le vide effectif atteint au moins 40 centimètres, la température ne doit pas dépasser 40°, elle est alors supportable à la main.

Si le vide descend au-dessous de 40 centimètres et si la température monte, c'est qu'il existe un défaut de fonctionnement de la pompe à air, de la circulation ou de l'injection, ou enfin que des rentrées d'air importantes se font par les joints ou par une fêlure de l'enveloppe.

151. Indicateur métallique Bourdon. — En tout semblable au manomètre on peut dire qu'il est actionné par une force qui varie comme le vide effectif, c'est d'ailleurs cet élément qu'il donne.

Il est gradué en centimètres de mercure, au repos il marque 0.

152. Indicateur du vide à siphon. — Semblable au manomètre à air libre et à siphon il en diffère en ce que la branche ouverte est plus courte; il donne le vide effectif, sa graduation commence à 45 en haut de l'échelle (fig. 53).

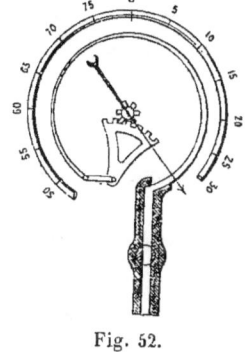

Fig. 52.

153. Indicateur du vide à cuvette. — Il se compose d'un baromètre à cuvette dont la chambre communique avec le condenseur, la hauteur mercurielle donne le vide effectif (fig. 54).

154. Indicateur du vide tronqué. — Le tube en verre a environ 30 centimètres et plonge dans une cuvette à mercure fermée et en communication avec le condenseur.

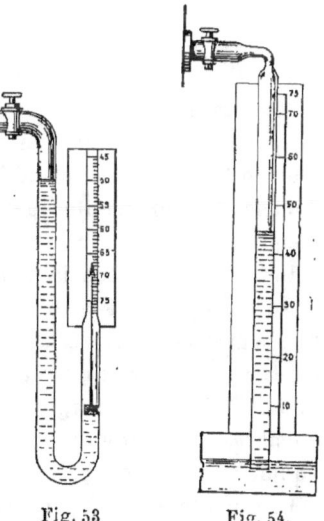

Fig. 53.   Fig. 54.

La hauteur mercurielle mesure ici le vide absolu, mais on

dispose la graduation pour qu'elle représente le vide effectif rapporté à une pression atmosphérique de 76 centimètres.

Si la pression du moment est différente de 76 centimètres, le vide doit être diminué ou augmenté de la quantité dont cette pression est en dessous ou en dessus de 76 centimètres.

Exemple : Un indicateur tronqué marque 62, la pression atmosphérique du moment est 78 centimètres quel est le vide effectif réel :

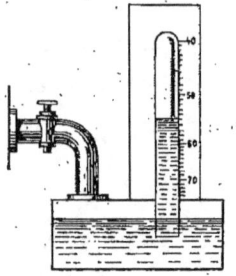

Fig. 55.

Solution : Ce vide est :

$$62 + 78 - 76 = 64 \text{ centimètres.}$$

CHAPITRE XI

PRODUCTION DE LA VAPEUR.

155. Évaporation. — C'est le passage spontané d'un liquide à l'état gazeux.

La vapeur se forme exclusivement à la surface du liquide, le phénomène est activé quand la pression diminue à la surface : dans le vide une petite quantité d'eau s'évapore instantanément.

Dans ce phénomène la chaleur latente de vaporisation est prise au liquide lui-même. La température de ce liquide s'abaisse notablement ; c'est le principe des alcarazas ; une goutte d'éther posée sur la main produit en s'évaporant une sensation de froid ; les chirurgiens obtiennent l'insensibilisation des membres à opérer en y projetant un jet de chlorure d'éthyle, liquide éminemment volatil, dont l'évaporation les congèle.

La rapidité de l'évaporation dépend :

1° De la force élastique de la vapeur de l'atmosphère au-dessus du liquide ; quand cette force élastique est celle de la vapeur saturée à la température du moment, l'évaporation cesse ;

2° De la pression atmosphérique ;

3° Des températures du liquide et de l'atmosphère : elle augmente avec ces températures ;

4° De l'étendue de la surface d'évaporation ;

5° Du renouvellement des couches gazeuses en contact avec la surface du liquide : effet de dessèchement du vent.

156. Ébullition. — Si l'on chauffe le récipient qui contient le liquide, l'évaporation est activée ; les bulles d'air contenues dans le liquide se dilatent et s'emplissent de vapeur saturée ; par leur légèreté, elles montent vers la surface, mais avant d'y atteindre, elles doivent traverser des couches froides qui leur enlèvent assez de chaleur pour amener la condensation de la vapeur et la contraction complète.

Ce mécanisme, joint à celui de la circulation de l'eau chauffée elle-même, amène assez rapidement l'échauffement des couches supérieures, alors que par suite de la mauvaise conductibilité calorifique de l'eau, ce liquide s'échaufferait difficilement.

Ces dilatations des bulles, suivies de contractions, produisent des trépidations très accentuées du liquide et du récipient.

Le bruit qui naît de ces trépidations indique le commencement de la vaporisation active.

En effet, dès que les couches supérieures sont suffisamment chaudes, les bulles peuvent venir à la surface et y crèvent, c'est le commencement de l'*ébullition*.

Prenons une bulle gazeuse b au sein de la masse liquide, soit h la distance qui la sépare de la surface, P la pression au dessus du liquide exprimée en colonne d'eau, la tension dans la bulle est :

Fig. 56.

$$(1) \qquad T = P + h + \frac{K}{R}$$

K est une constante du liquide considéré en contact avec sa vapeur, R est le rayon de la bulle.

1° On en conclut que, au moment où la bulle arrive à la surface, la tension de la vapeur y est un peu supérieure à P mais en est très voisine car h est nul et R très grand. Cette tension est donc constante.

Il en résulte que la température de cette vapeur est aussi constante, d'où cette loi : *A pression superficielle constante, la température de la vapeur pendant l'ébullition est constante ainsi que celle de la couche superficielle du liquide.*

Quand P est de $10^m,33$ ou 1 atmosphère, cette température dite point d'ébullition est :

100° pour l'eau contenue dans un vase de cuivre.
102° pour l'eau contenue dans un vase de verre.
104° pour l'eau de mer.
135° pour une solution de carbonate de potasse.
180° pour une solution de chlorure de calcium.

Dans un ballon de verre rincé à l'acide sulfurique, le point d'ébullition de l'eau pure peut monter à 106°.

Il faut remarquer que la température de la vapeur est toujours 100°, les températures données sont celles de la couche superficielle.

C'est pour cette raison, que dans l'opération de la graduation d'un thermomètre, on place le réservoir dans la vapeur et non dans le liquide.

2° Si le coffre à vapeur est fermé, P augmente, T ne dépasse plus cette tension, l'ébullition cesse ; c'est le cas des chaudières, en fonctionnement normal, quand la dépense de vapeur n'est pas supérieure à la production ; mais pour une pression P même très élevée, l'ébullition se produira si l'afflux de chaleur est très considérable et si P reste constant.

3° On voit aussi que la formation de la bulle, pour un même afflux de chaleur est d'autant plus difficile que R est initialement plus petit.

Il est donc nécessaire que l'eau contienne beaucoup d'air en dissolution et que les surfaces de chauffe soient recouvertes de petites aspérités.

L'eau déjà bouillie, étant privée d'air, bout difficilement.

L'emploi d'une chaudière trop propre présente le même inconvénient.

Il semble prouvé que la présence de surfaces trop unies

dans les chaudières est la cause de nombreux accidents.

En effet la vapeur exige pour se former au contact de ces surfaces, une température très élevée puisque T est grand, R étant très petit.

L'eau en contact primitivement avec une telle paroi, est portée également à une température très élevée ; c'est le phénomène de la surchauffe de l'eau.

Il vient un moment où la vapeur se forme brusquement en grande quantité, elle soulève d'un bloc la masse liquide, et la projette contre les parois produisant ainsi l'effet destructeur du marteau d'eau : de plus la paroi surchauffée s'est affaiblie et a pu céder. Une mince couche d'huile déposée à la surface d'une paroi chauffée crée un point d'élection pour le coup de feu.

157. Caléfaction. — Si l'on projette sur une plaque métallique, élevée à une température d'au moins 170°, une certaine quantité d'eau, celle-ci se forme en gouttelettes sphériques légèrement aplaties d'où le nom d'état *sphéroïdal*.

Chacune de ces petites sphères est animée d'un mouvement giratoire violent.

Elle s'évapore lentement, cinquante fois moins vite qu'à l'état normal.

La température du liquide en caléfaction varie de 90° à la partie supérieure à 97° à la partie inférieure.

La vapeur a une température égale à celle de la plaque métallique.

Le sphéroïde est séparé de la plaque chauffée par une couche de vapeur, non conductrice.

Dès que la température de la plaque métallique descend au-dessous de 140° le phénomène cesse, la bulle d'eau s'étend sur la plaque et se vaporise instantanément.

On a attribué longtemps, à cette brusque vaporisation, les explosions des chaudières.

Il n'en est rien ; en effet la quantité de vapeur ainsi produite est toujours faible relativement à celle du coffre à vapeur, enfin cette tension à 140° est inférieure à 4 atmosphères ; de plus ce phénomène ne se produisant pas au sein de la masse liquide, l'effet du marteau d'eau mentionné plus haut ne peut se produire.

L'expérience de Boutigny, citée souvent à l'appui de l'opinion du danger de la caléfaction, pêche en ce que le volume de vapeur produit est très considérable relativement à la chaudière.

Enfin l'on constate que l'eau au contact d'une plaque métallique portée au rouge blanc, se décompose spontanément en ses éléments constitutifs : hydrogène et oxygène, absorbant ainsi beaucoup de chaleur. La température vient-elle à descendre au-dessous de 700°, la recomposition se fait brusquement, par explosion, avec grand dégagement de chaleur.

Il est probable que beaucoup d'accidents sont dûs à ce phénomène.

158. Marmite de Papin. — Si l'on veut obtenir de l'eau à une température supérieure à 100°, il faut augmenter la pression à la surface du liquide.

Fig. 57.

On obtient facilement ce résultat avec la *marmite de Papin*.

C'est un vase clos, à solides parois, fermé par un couvercle solidement maintenu.

Une soupape permet de laisser exactement atteindre à la vapeur la tension qui correspond à la température désirée.

La graduation du levier de cette soupape peut donc être faite en degrés.

Exemple. — Si l'on veut avoir de l'eau à 150° il faut charger la soupape pour qu'elle ne s'ouvre que pour une pression de $4^{at},8$.

Cet appareil est employé industriellement pour ramollir les substances plastiques qui se carboniseraient ou se calcineraient par un autre système de chauffage.

CHAPITRE XII

PROPAGATION DE LA CHALEUR.

159. La chaleur emmagasinée dans un corps se transmet aux autres corps jusqu'au moment où l'équilibre est établi.

Il existe trois modes distincts de propagation de la chaleur :

1° **Rayonnement.** — C'est le transport rapide de la chaleur à distance à travers l'espace.

2° **Conductibilité.** — C'est la communication de la chaleur de molécule à molécule.

3° **Circulation.** — Ce phénomène est dû aux variations de densité des molécules échauffées, ces variations engendrant pour les liquides et les gaz la rupture de leur équilibre statique.

160. **Rayonnement.** — La chaleur passe à travers les corps presque instantanément, comme le fait la lumière, à travers les corps transparents, ces deux phénomènes suivent d'ailleurs les mêmes lois.

Une lentille de glace, présentée au soleil, concentre en son foyer une grande quantité de chaleur quoique sa température propre reste constante, cette chaleur ne vient donc point de la glace, elle a été transmise par rayonnement.

C'est ainsi qu'elle se transmet du soleil aux planètes à travers les espaces vides de gaz pondérables.

Rumford suspendit un thermomètre à l'intérieur d'un ballon vide d'air et plongeant ce ballon dans l'eau chaude il constata l'élévation immédiate du mercure du thermomètre.

Les corps ne sont pas également transparents à la chaleur : ceux qui transmettent bien la chaleur rayonnée sont dits *diathermanes*, les gaz sont diathermanes au plus haut degré.

Les corps qui ne laissent passer qu'une faible partie de la chaleur reçue sont *athermanes :* ils jouent le rôle des corps opaques relativement à la lumière.

Les solides, les liquides, l'eau notamment sont athermanes.

L'étude complète du phénomène montre que tous les corps présentent des degrés de diathermanéité différents suivant la longueur d'onde du rayon qu'ils reçoivent. Par exemple, le verre est diathermane pour les rayons calorifiques lumineux et athermanes pour ceux obscurs. C'est ainsi qu'il favorise l'échauffement des serres en permettant l'accès à la chaleur lumineuse du soleil et en empêchant le rayonnement de la chaleur obscure de la terre échauffée.

Comme la lumière, la chaleur se réfléchit à la surface des corps et se réfracte en les pénétrant.

161. Soit Q la chaleur apportée à un corps par une onde calorifique, q' celle qu'il transmet directement par rayonnement, q celle qu'il arrête, on aura

$$(1) \qquad Q = q' + q$$

q' caractérise la diathermanéité du corps.

q est en partie absorbée, soit A et en partie réfléchie, soit R.

$$(2) \qquad q = A + R$$
$$1 = \frac{A}{q} + \frac{R}{q}$$

$\frac{A}{q}$ caractérise le *pouvoir absorbant* du corps, $\frac{R}{q}$ son *pouvoir réfléchissant*.

Ces deux pouvoirs sont dits *complémentaires*.

Le corps lui-même s'échauffe et à son tour rayonne de la chaleur; la quantité de chaleur qu'il émet dans certaines conditions caractérise son *pouvoir rayonnant*.

Si l'on prend comme unités les pouvoirs absorbant et rayonnant d'un même corps, le noir de fumée par exemple, on constate que ces deux éléments sont représentés par le même chiffre :

Les pouvoirs absorbant et rayonnant d'un même corps sont proportionnels, ou avec des unités convenables sont égaux.

Le rayonnement et par suite l'absorption et la réflexion des corps varient surtout avec la nature de la surface.

Le pouvoir rayonnant étant opposé au pouvoir réfléchissant

les circonstances qui font augmenter l'un, font décroître l'autre :

1° Le pouvoir rayonnant diminue par le poli.

Exemple. — Le rayonnement d'un poêle émaillé est plus faible que celui d'un poêle en fonte brute.

2° La couleur claire des étoffes en diminue le pouvoir absorbant et le pouvoir rayonnant; il en est de même pour les fourrures des animaux :

Exemple. — Toisons des animaux polaires, burnous des Arabes.

3° Les gaz étant diathermanes ont un pouvoir rayonnant très faible, les flammes d'un foyer rayonnent peu de chaleur.

Pratiquement, le phénomène du rayonnement se complique de celui de la conductibilité extérieure.

162. Conductibilité.

1° **Conductibilité intérieure.** — Lorsqu'on chauffe un point d'un corps, on constate qu'au bout d'un certain temps, tout le corps s'échauffe. Selon que ce phénomène se produit plus ou moins rapidement, ou plus ou moins complètement, les corps sont dits *bons* ou *mauvais conducteurs.*

Ce transport de chaleur de molécule à molécule a été étudié par Fourier qui a pu écrire que : *la quantité de chaleur qui passe dans un temps donné à travers une tranche mince d'un corps est représentée par la formule :*

$$(3) \qquad Q = \frac{KS\theta}{e} \times t$$

θ étant la différence de température des deux faces de la tranche, S leur surface, e l'épaisseur de cette tranche, t le temps du phénomène, K est le coefficient de conductibilité intérieure, c'est la quantité de chaleur transmise en l'unité de temps à travers une épaisseur de 1 mètre et de 1^{cmq} de surface, la température des deux faces différant de 1°. Les métaux sont bons conducteurs, les liquides, l'eau en particulier, sont mauvais conducteurs ; les minéraux, les végétaux, les substances organiques, les gaz sont mauvais conducteurs.

La classification par conductibilités électrique et calorifique est la même ; c'est pour cette raison que lors des recettes des charbons à arc, on étudie simplement leur conductibilité calorifique.

163. 2° Conductibilité extérieure. — Le milieu gazeux, dans lequel est plongé un corps chaud, transmet aussi de molécule à molécule la chaleur aux autres corps, la rapidité du phénomène dépend comme pour le rayonnement de la nature de la surface du corps, et aussi de la nature des gaz.

Le rayonnement et la conductibilité extérieure suivent à peu près les mêmes lois quantitatives et l'ensemble des deux phénomènes est représenté par la formule de Newton :

$$(4) \qquad Q = K.S\theta t$$

S étant la surface du corps, θ l'excès de sa température sur celle de l'enceinte, K le coefficient de conductibilité extérieure, c'est la quantité de chaleur versée en 1 seconde, dans une enceinte dont la température diffère de 1° de celle du corps, par chaque centimètre carré de surface de ce corps.

164. Effet total des phénomènes. — En réalité l'équilibre de température du corps et de l'enceinte est constamment détruit en sorte que le phénomène résultant ne peut être représenté que par une fonction compliquée du temps.

Fourier a donné comme formule pour une barre chauffée à une extrémité et dont l'équilibre de température est atteint, c'est-à-dire dont la transmission extérieure égale l'absorption :

$$(5) \qquad \theta = \theta_0 \, e^{-ax}$$

θ_0 température de l'extrémité chauffée, θ température à une distance x de cette extrémité, e base des logarithmes népériens ou 2,718 environ, $a = \sqrt{\dfrac{K_1 p}{KS}}$, p périmètre d'une section de la barre, S surface de cette section, K_1 et K coefficients de conductibilité extérieure et intérieure ; ces coefficients sont mal connus d'une façon absolue, leurs valeurs relatives seules doivent être envisagées.

Nous retiendrons seulement que le noir de fumée et le blanc de céruse occupent le sommet de l'échelle des pouvoirs rayonnants et absorbants, que la couleur blanche obtenue par un lait de chaux est excellente pour diminuer le rayonnement des corps.

Pour la conductibilité intérieure, les corps se classent comme il suit :

Cuivre	65	Charbon de bois	0,07
Fer	30	Toile de chanvre	0,05
Calcaires	3	Coton, laine	0,03
Bois	0,1	Amiante	0,03
Caoutchouc	0,08	Soie	0,03

165. Moyens d'empêcher le refroidissement des chaudières et des cylindres. — Recouvrir les chaudières, les tuyaux de vapeur de feutre ou d'amiante, peindre à la chaux.

Pour les cylindres, on emploie les enveloppes en bois de sapin et surtout le système des chemises de vapeur.

Polir les parties des organes qui doivent être laissées sans enveloppe.

166. Circulation. — Quand on chauffe un fluide, les particules chauffées plus directement deviennent plus légères, montent en cédant la place à d'autres froides qui s'échauffent à leur tour.

C'est ainsi qu'en général l'eau s'échauffe. Il se crée donc dans les fluides échauffés un mouvement circulatoire facile à constater par le mouvement des corps légers entraînés.

Dans une chaudière, les saillies créent des tourbillons locaux où s'accumulent les bulles de vapeur ; celles-ci s'agglomèrent pour former une bulle plus grosse qui se détend brusquement : de là des projections d'eau.

Il importe que le mouvement circulatoire ne soit pas gêné ; les chaudières à tubes verticaux sont supérieures à ce point de vue.

Les vents, les courants sous-marins tels que le Gulf-Stream sont dus à un phénomène de circulation par inégal échauffement des divers points de la terre.

PROBLÈMES A RÉSOUDRE.

1. Quelle est la pression exercée sur le fond d'un vase rempli de mercure et d'eau, sachant que la surface du fond est de 10 centimètres carrés, qu'il y a une hauteur de mercure de 10 centimètres et par dessus une hauteur de 25 centimètres d'eau? densité du mercure : 13,6.

Réponse :   1 610 grammes.

2. Il s'est déclaré dans le flanc d'un navire une voie d'eau de forme circulaire de $0^m,20$ de diamètre dont le centre est à $3^m,01$ du niveau libre de l'eau : quelle est la pression nécessaire pour maintenir en place un tampon sur cette ouverture ?

Réponse : $94^k,500$.

3. Dans deux vases communiquants se trouve de l'eau. On verse de l'huile dans une des branches de façon que la hauteur de cette couche d'huile soit de $64^c,2$; quelle sera la hauteur de la colonne d'eau au-dessus du plan de séparation des deux liquides quand l'équilibre sera établi ? Densité de l'huile $= 0,9$.

Réponse : $57^c,78$.

4. Un bloc prismatique de glace s'élève au-dessus de l'eau de 6 mètres, quelle est sa hauteur totale sachant que la densité de la glace est 0,93 et celle de l'eau de mer 1,026 ?

Réponse : $64^m,12$.

5. Un vase contient du mercure et de l'eau. Un cube en fer

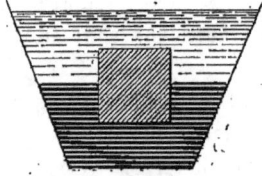

Fig. 58.

plonge en partie dans le mercure et en partie dans l'eau, son arête est de 17 centimètres. Calculer la longueur de la partie de l'arête qui baigne dans le mercure sachant que la densité du fer est 7,8 et celle du mercure 13,6 ?

Réponse : $9^c,2$.

6. Une masse de cuivre est soupçonnée être creuse, son poids dans l'air est 528 grammes. Plongée dans l'eau elle ne pèse plus que $447^{gr},5$; la densité du cuivre étant 8,8 déterminer le volume intérieur s'il existe ?

Réponse : $20^{cc},5$.

7. Une sphère de platine ayant 3 centimètres de rayon est suspendue au-dessous de l'un des plateaux d'une balance et plonge dans du mercure ; à l'autre plateau est suspendu un cylindre droit de cuivre dont la base a 3 centimètres de rayon et baignant dans de l'eau, quelle doit être sa hauteur pour qu'il y ait équilibre, sachant que la densité du platine est 22, celle du cuivre 8,8 et celle du mercure 13,6 ?

Réponse : $4^c,3$.

8. Un morceau de liège verni pèse 30 grammes dans l'air, une boule de plomb pèse 110 grammes dans l'eau. Le liège et le plomb réunis ensemble et plongés dans l'eau ne pèsent que 15 grammes. Calculer la densité du liège ?

Réponse : 0,24.

9. Un vase de verre plein de mercure pèse $54^{gr},643$ dans l'air et $45^{gr},732$ dans l'eau. Calculer le poids du mercure et celui du verre sachant que la densité du mercure est 13,6 et celle du verre 2,5 ?

Réponse : Poids du mercure $= 39^{gr},7$.
Poids du verre $= 14^{gr},9$.

10. Une masse métallique prétendue d'argent pur est supposée contenir du cuivre ; dans l'air elle pèse $1863^{gr},66$ et dans l'eau $1682^{gr},52$. Calculer le titre de l'alliage sachant que la densité de l'argent est 10,47 et celle du cuivre 8,9 ?

Réponse : 0,9.

310   MANUEL DU MÉCANICIEN.

11. Un corps pèse 35 grammes dans l'eau et 45 grammes dans l'alcool, calculer son poids et sa densité sachant que la densité de l'alcool est 0,8 ?

Réponse :   Le poids est 70 grammes.
              La densité est 2.

12. Deux fragments le premier de marbre, le second de fer étant suspendus chacun au-dessous d'un des plateaux d'une balance se font équilibre quand ils sont plongés dans de l'huile. Le rapport de leurs poids est égal à 1,31. Calculer la densité de l'huile sachant que la densité du marbre est 2,8 et celle du fer 7,7 ?

Réponse :   0,9.

13. Quel effort exigerait pour être soutenu sur du mercure un cube de 10 centimètres d'arête en platine, sachant que la densité du platine est 22 et celle du mercure 13,6 ?

Réponse : $8^k,4$.

14. Le tuyau d'aspiration d'une pompe a 5 mètres de hauteur, sa section est de 20 centimètres carrés, celle du corps de pompe 100 centimètres carrés, la course du piston est $0^m,60$: calculer la hauteur à laquelle l'eau montera pendant le premier coup de piston ?

Réponse : $1^m,75$.

15. Le réservoir d'une torpille automobile a 2 mètres de longueur et 30 centimètres de diamètre intérieur aux extrémités, 34 centimètres de diamètre au centre ; on le met en communication avec un accumulateur contenant 250 litres d'air à 120 atmosphères : calculer à une atmosphère près la pression finale dans le réservoir ?

Réponse :   72 atmosphères.

16. Le volume de l'espace neutre d'une pompe aspirante est 2 litres, celui qu'engendre le piston est 6 litres, la section du tuyau d'aspiration est $0^{dq},64$; on demande :

1° Quelle devrait être la hauteur du tuyau pour que l'eau montât au premier coup de piston à 0^m,70.

2° Quelle devrait être cette hauteur pour que la pompe ne s'amorçât pas ?

Réponse : 1°   2^m,84.
            2°   7^m,50.

17. Un tube manométrique reposant sur une grande cuve à mercure contient une colonne d'air de 1^m,75 à la pression de 76 centimètres. On demande quelle pression il faudra exercer sur le mercure pour que la colonne d'air se réduise à 35 centimètres en supposant le niveau de la cuvette invariable ?

Réponse :   515 centimètres de mercure.

18. Au centre de la base supérieure d'un tonneau plein d'eau est disposé verticalement un long tube de verre ouvert à ses deux extrémités; on demande quel est l'accroissement de pression sur la base inférieure de ce tonneau qui résultera de l'introduction dans ce tube de 1 kilog. d'eau sachant que le rayon de la base du tonneau est 0^m,30 et celui du tube 0^m,01 ?

Réponse :   900 kilos.

19. Une sphère creuse en fer de 10 centimètres de rayon extérieur est lestée avec du mercure, son épaisseur est de

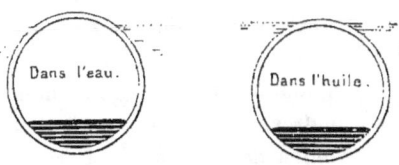

Fig. 59.

0^c,3. Plongée dans l'eau elle émerge de 3^c,916 et dans l'huile elle affleure exactement ; calculer : 1° la densité de l'huile, 2° le poids du lest de mercure. Densité du fer 7,8 ?

Réponse : 1°   Densité de l'huile $= 0,9$.
            2°   Poids du lest $= 916^{gr},23$.

20. Dans l'un des plateaux d'une balance on a placé un vase contenant de l'eau et on a fait la tare dans l'autre plateau. On plonge dans ce vase une tige cylindrique de 24 millimètres de diamètre qu'on tient à la main ; on demande de calculer le poids qu'il faudra ajouter sur le plateau qui contient la tare suivant qu'on enfoncera la tige de 3°,5 ou de 7 centimètres ?

Réponse : 1°   17^{gr},32.
2°   24^{gr},25.

21. Un cylindre de bois a une longueur de 30 centimètres ; on ajoute à sa partie inférieure un cylindre de fer de un centimètre d'épaisseur ; la densité du bois est 0,65 et celle du fer 8.

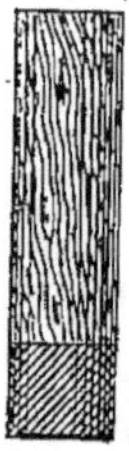

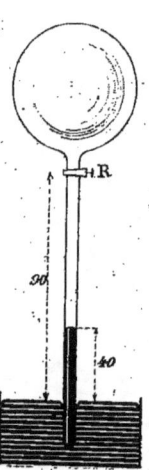

Fig. 60.

On demande :

1° De quelle quantité s'enfoncera le corps dans un vase plein d'eau ;

2° Si le centre de poussée est situé au-dessus ou au-dessous du centre de gravité :

Réponse : 1° Le corps s'enfoncera de 27^c,5.

2° Le centre de gravité du corps est au-dessous du centre de poussée de 2°,35.

22. Un récipient plein d'air à la pression de 77 centimètres de mercure est ajusté à l'aide d'une monture à robinet à la partie supérieure d'un baromètre à cuvette dont le tube a une section de 20 centimètres carrés et une longueur de 90 centimètres ; la pression atmosphérique du moment est 75 centimètres. On ouvre le robinet R et le mercure tombe dans le tube à 40 centimètres du niveau de la cuvette : en conclure la capacité du récipient en supposant le niveau de la cuvette invariable ?

Réponse :   833 centimètres cubes.

Fig. 61.

23. Graduation Fahrenheit correspondant à +35° Réaumur ?

Réponse :   +110°75.

PHYSIQUE.

24. Graduation centigrade correspondant à $+14°$ Fahrenheit ?

Réponse : — $10°$ centigrades.

25. Un vase ayant la forme d'un cône dont le sommet est à la partie inférieure et dont l'axe est vertical, contient du mercure dont la hauteur est 15 $^{m/m}$ à 5°. On demande à quelle température doit être porté le système pour que la hauteur du liquide dans le vase augmente de $0^{m/m},15$. Coefficient de dilatation du mercure $\frac{1}{5550}$?

Réponse: 173°.

26. Quel est le coefficient de dilatation linéaire d'un corps dont le volume augmente de 0,0078 en passant de 20° à 150° ?

Réponse : 0,00002

27. Un cône droit dont l'angle au sommet est de 60° est en équilibre sur une arête et sur un taquet T fixé à un mur vertical contre lequel s'appuie le sommet S. La génératrice inférieure SC est horizontale ; la hauteur est 12^m.

La température initiale étant 20°, la distance SA étant égale à $7^m,864$, le coefficient de dilatation linéaire étant 0,000018, de combien faut-il élever la température de ce cône pour que l'équilibre cesse ?

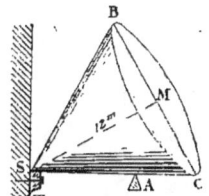

Fig. 62.

Réponse : 500° environ.

28. Quel est l'accroissement de volume sans changement de pression de 8 litres d'air pris à 10° et portés à 25° ?

Réponse : $0^l,42$.

29. Un gaz est enfermé dans un ballon de verre muni d'un manomètre, le diamètre du ballon est $0^m,20$, celui de la tubulure $0^m,02$. La longueur de la tubulure primitivement remplie de gaz est $0^m,20$. La tension primitive est $0^m,76$, c'est aussi la

pression atmosphérique, la température est 20°. Si on porte

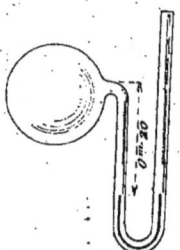

Fig. 63.

le gaz à 100°, de combien montera le mercure dans la tubulure ouverte à l'air libre ?

Réponse : $0^m,12$.

30. 14 litres d'un gaz sous la pression de $0^m,70$ et à 77° pèsent $16^{gr}50$ quelle est la densité de ce gaz ?

Réponse :   1,267 par rapport à l'air.

31. L'air contenu dans un ballon étant d'abord à 76^{cm} et à 0° on le chauffe lentement jusqu'à ce qu'il occupe tout le volume
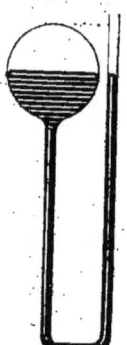
du ballon alors qu'il n'en remplissait que la moitié. Le ballon est muni d'une tubulure en U, dont la partie ouverte est exactement à la hauteur de la partie supérieure du ballon. Primitivement le mercure était à la même hauteur dans le ballon et le tube. La dilatation du gaz refoule le mercure en dehors : calculer la température finale, le diamètre du ballon étant 20^{cm}.

Réponse :   416°.

Fig. 64.

32. Dans l'éprouvette ci-contre (fig. 65), la hauteur de l'air est 100 $^m/m$ la dépression au-dessous du niveau extérieur du liquide (glycérine) est $1^m/^m,5$, la densité de la glycérine 1,26 et la pression extérieure $742^m/^m$.

1° Calculer la pression extérieure qui régularisera les niveaux sans variation de température ?

2° Calculer la température qui amènerait le même nivellement sans changement de pression extérieure. Température du moment 30°.

3° Dire comment varie la tension du cordon qui supporte l'éprouvette ?

Nota : Le niveau extérieur est supposé fixe.

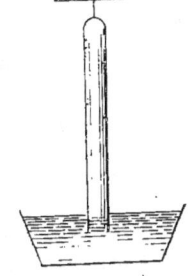

Fig. 65.

Réponse :   1° 753 m/m ; 2° 25° ; 3° la tension augmente.

33. Deux récipients cylindriques semblables A et B de 10 centimètres de hauteur et placés au même niveau ont leurs fonds réunis par une tubulure en U remplie de mercure ainsi que la moitié des récipients eux-mêmes. Le reste de ceux-ci est rempli d'air à la pression de 760$^m/^m$. La température est 0°.

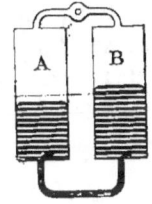

Fig. 66.

Une petite tubulure munie d'un robinet permet d'établir une communication entre les parties supérieures des deux récipients :

Ce robinet est d'abord ouvert, puis fermé.

1° On chauffe l'air de A de façon que le mercure descende de 1 centimètre, calculer la nouvelle température.

2° On ouvre le robinet pendant un temps très court : la nouvelle température de A étant maintenue constante, déterminer le poids de l'air qui passe en B, la section du récipient étant 1^{dmq}, ?

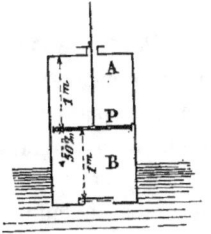

Fig. 67.

Réponse :   1° 145° ; 2° 0^{gr},11.

34. Le piston P est sans pesanteur, il est d'abord à mi-course ; les 2 volumes d'air A et B à la température 0° et à la pression atmosphérique.

On enfonce très lentement le cylindre dans l'eau jusqu'à

ce qu'il soit immergé au $\frac{1}{4}$ de sa hauteur, soit 0^m,50 :

1° De combien se déplace le piston ;

2° Le nouvel équilibre établi et la soupape refermée, à quelle température faudrait-il porter l'air A pour que le piston revint à sa position primitive ?

(*Évaluer une atmosphère par 10 mètres d'eau*).

Réponse : 1° 4 centimètres : 2° 23°,5.

35. Dans 3 litres d'huile de densité 0,85 (chaleur spécifique 0,78), on plonge 6^k de cuivre (chaleur spécifique 0,08) qui élèvent la température du liquide de 11° à 14°. Quelle était la température du métal ?

Réponse : 26°,5.

36. 100 grammes de laiton à 100°, plongés dans 500 grammes d'eau à 5°,1 ont élevé la température de cette eau à 6°,8. On répète l'expérience avec 800 grammes d'essence de térébenthine à 6°, sa température s'élève à 8°,5. On demande les chaleurs spécifiques du laiton et de l'essence ?

Réponse : laiton 0,091 : essence 0,42.

37. Dans une masse d'eau liquide à 0° on introduit 100 grammes de glace à — 12°. Un poids d'eau égal à 7^{gr},6 s'est congelé autour du glaçon immergé pendant que la température de celui-ci remontait à 0. La chaleur latente de fusion de la glace étant 79,2, en déduire sa chaleur spécifique ?

Réponse : 0,5.

38. Dans un vase de laiton pesant 30 grammes et renfermant 500 grammes d'eau à 20°, on plonge un morceau d'un métal inconnu pesant 100 grammes et chauffé à 100°. La température finale du mélange est 21°,815.

Quelle est la chaleur spécifique du métal sur lequel on opère ? La chaleur spécifique du laiton étant 0,094.

Réponse : 0,117 (Fer).

39. On a deux morceaux de métaux dont les capacités calori-

fiques sont inconnues. L'échantillon du 1er métal pèse 2 kilogrammes et est chauffé à 80°; pour le 2° on a 3 kilogrammes et 50°. On plonge ces deux échantillons dans 1 kilogramme d'eau à 10°, la température finale est 26°,3. On répète l'expérience en chauffant respectivement les 2 métaux à 100° et 40° et en les plongeant encore dans 1 kilogramme d'eau à 10°. La température finale est 28°,4. On demande d'en déduire les chaleurs spécifiques des 2 métaux.

Réponse : 0,115 (Fer) : 0,055 (Étain).

40. Le sol étant recouvert d'une couche de neige à 0°, de 2 mètres d'épaisseur, quelle est l'épaisseur de la couche de pluie tombant à 12°,4 nécessaire pour en amener la liquéfaction ?
Densité de la neige 0,783. Chaleur latente de fusion 79,3.

Réponse : 10 centimètres.

41. Une timbale d'argent pesant 250 grammes contient 188 grammes d'huile. On y plonge un corps pesant 54 grammes dont la chaleur spécifique est 0,15. On demande la température initiale de ce corps, la température finale étant 11°,9, la température initiale de la timbale et de l'huile 11°.
Chaleurs spécifiques : argent 0,04 : huile 0,78.

Réponse : 29°,3.

42. Un calorimètre de cuivre pèse 0^k,600, il contient 1^k,600 d'huile ; on y plonge 2 kilogrammes de fer à 80° et la température finale est 20°. Calculer la température initiale du calorimètre ? Chaleurs spécifiques : cuivre 0,095 ; fer 0,109 ; huile 0,77.

Réponse : 10°.

43. Dans un calorimètre contenant 0^k,500 d'eau, à la température ambiante de 10°, on plonge 200 grammes de fer à 210° puis on ajoute graduellement 0^k,725 d'eau à 4° afin de maintenir le mélange à 10°. Calculer la chaleur spécifique du fer ?

Réponse : 0,109.

44. La chaleur spécifique du sulfure de cuivre est 0,1212, celle du suffure d'argent 0,0746. Ceci posé on constate qu'un mélange de ces deux corps pesant 5 kilogrammes, porté à 40°, et plongé dans 6 kilogrammes d'eau à 7°669 en élève la température à 10°, on demande combien ce mélage contient de sulfure d'argent et de sulfure de cuivre ?

Réponse : 3 kilogrammes de sulfure d'argent : 2 kilogrammes de sulfure de cuivre.

45. Un mélange d'air et de vapeur d'eau à la température de 13° et sous la pression de 0^m,73 occupe un volume de 50^{dmc}. Quel sera le volume du mélange à la température de 30° et sous la pression de 5^m,77. — Tension de la vapeur saturée à 13° : 12^{mm},7 ; à 30° : 31^{mm},6.

Solution : Soit x le volume cherché, on a :

Tension primitive de l'air : 730 — 12,7 = 717,3 millim.
Tension finale de cet air : 5770 — 31,6 = 5738,4
Volume initiale 50 litres : Température 13°.
Volume final x : Température 30°.

Appliquant à cet air la loi des gaz, on a :

$$x = 50 \, \frac{717,3}{5738,4} \, \frac{1 + \frac{30}{273}}{1 + \frac{13}{273}} = 6^l,6.$$

46. Un corps de pompe contient 6 litres d'azote, 10 litres d'hydrogène, 4 litres de gaz ammoniac. Tous les trois sont pris à 1 atmosphère, on enfonce le piston jusqu'à ce que le gaz ammoniac commence à se liquéfier. La pression au manomètre est 32,75. Calculer la pression de liquéfaction du gaz ammoniac ?

Réponse : 6^{at},55.

47. Un tube barométrique contient dans sa chambre 6^{cmc} d'air et de vapeur désaturée, celle-ci a la tension de 4 centimètres de mercure, on enfonce le tube, le volume du mélange est réduit à 2^{cmc}. La colonne mercurielle qui était de 688 millimètres est

finalement 615 millimètres. La tension de la vapeur saturée à la température de l'expérience est 53 millimètres. Calculer la pression extérieure.

Solution : On a pour l'air les deux états successifs.
$$V_1 = 6 \quad P_1 = x - 688 - 40.$$
$$V_2 = 2 \quad P_2 = x - 615 - 53.$$

d'où :
$$6(x - 728) = 2(x - 668).$$
$$x = \frac{4368 - 1336}{4} = 758 \text{ millimètres}.$$

48. Un récipient complètement clos renferme de l'air et de la vapeur d'eau ; le mélange est identique à celui de l'atmosphère, la tension de la vapeur y est f.

Ce récipient est muni d'un manomètre et d'un robinet double pouvant isoler un espace a.

Au commencement les pressions extérieure et intérieure sont égales. Au moyen du robinet double, on introduit dans le récipient une quantité d'eau suffisante pour que l'espace soit saturé de vapeur. Calculer la tension initiale f sachant que le manomètre présente finalement une différence de niveau de 9 millimètres et que la tension de la vapeur saturée à la température de l'expérience est 16 millimètres.

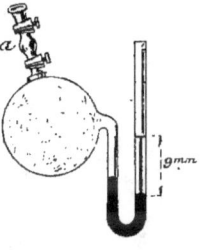

Fig. 68.

Réponse : $\qquad f = 7$ millimètres.

49. La force élastique d'un mélange de gaz et de vapeur est 760 millimètres, celle de la vapeur est 6 millimètres. La température reste constante. On demande la force élastique du mélange quand son volume sera réduit à $\frac{1}{3}$. Tension de la vapeur saturée à la température de l'expérience $9^{mm},16$.

Réponse : $\qquad 2271^{mm},16.$

50. Un cylindre contient de l'air et de la vapeur d'eau désaturée. La température est maintenue à 50°. La pression initiale totale est de 2 atmosphères. On enfonce le piston du cylindre, le volume est réduit de moitié, la pression finale est $3^{at},95$: il se condense 9 grammes d'eau. Calculer le poids de la vapeur primitivement contenue dans le cylindre, la tension de la vapeur saturée à 50° étant 90 millimètres.

Réponse : $30^{gr},3.$

51. Un tube barométrique est suspendu par un fil au-dessus d'une grande cuve pleine d'eau. Il contient lui-même, jusqu'à une hauteur de 9 mètres, de l'eau au-dessus de laquelle est un espace de 2 mètres empli de vapeur et d'air.

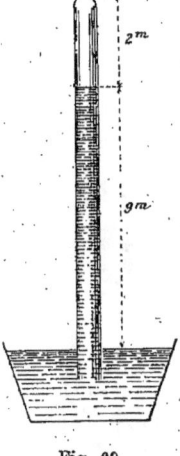

Fig. 69.

La température est 20° et la pression atmosphérique 760 millimètres ou $10^m,33$ d'eau.

Finalement la température monte à 30° et la pression tombe à 750 millimètres.

Calculer : 1° la variation du niveau de l'eau dans le tube ; 2° la variation de tension du fil, la section du tube étant 1^{cmq}.

Réponse : 1° 23 centimètres :
2° 23 grammes.

52. Calculer la quantité de vapeur à 100° nécessaire pour fondre en eau à 0°,50 kilogrammes de neige à 0°.

Réponse : $6^k,2$

53. Quel est le poids de 10 litres de vapeur désaturée à 158° et à 4 atmosphères.

Réponse : 21 grammes.

54. Un tube de Mariotte est vide, on y introduit de l'éther liquide en quantité suffisante pour que la vaporisation ne soit pas complète ; le mercure descend dans le tube jusqu'à 32°,72 au-dessus du niveau de la cuve. La pression atmosphérique

est 76 centimètres et la température 20°. Quelle est la tension maximum de la vapeur d'éther à cette température ?

Réponse : 43°,28 de mercure.

55. De la vapeur d'éther occupe dans le tube de Mariotte 9 centimètres de hauteur, le mercure monte à 60 centimètres. De combien faut-il enfoncer ce tube pour que la vapeur commence à devenir saturée.

La tension maximum de l'éther à la température de l'expérience étant 48 centimètres de mercure et la pression atmosphérique étant 76 centimètres.

Réponse : 38 centimètres.

56. Quel est le volume occupé par 12 kilogrammes de vapeur saturée à la pression de $3^{at},500$: Volume relatif 550.

Réponse : 6.600 litres.

57. Quel est le poids de 50^{mc} de vapeur saturée à la pression de $2^{at},8$: Volume relatif 660 ?

Réponse : 76 kilogrammes.

58. Quel est la quantité d'eau d'injection nécessaire pour condenser 930 litres de vapeur à 120° en eau à 35°, la température initiale de l'eau étant 20° : Volume relatif 920.

Réponse : 41 kilogrammes.

59. Une chaudière contient 2000 litres d'eau à 40°. Quelle quantité de plomb fondu faut-il y jeter pour transformer 100 litres de cette eau en vapeur à 150°. Chaleur latente de fusion du plomb 5,7. Chaleur spécifique 0,31. Température de fusion 332°. Température finale de l'eau et du plomb 155° ?

Réponse : 4640 kilogrammes.

60. Une pompe de circulation a refoulé dans un condenseur 10 tonneaux d'eau prise à 10° et sortant à 34°. Quel sera le poids de vapeur condensée, la température au condenseur étant 50°.

Réponse : 400 kilogrammes.

61. Combien faut-il d'eau froide à 0° pour condenser un volume de 1000 litres de vapeur à 100° de façon que la température de cette eau condensée ne dépasse pas 37°: Volume relatif 1700.

Réponse : 9^k,5.

62. On distille de l'eau dans un alambic dont le réfrigérant a une capacité de 60^l,7 ; l'eau y est introduite à 10° et on la renouvelle graduellement de manière que le serpentin soit maintenu à 30°. Combien de fois sera renouvelée l'eau du réfrigérant quand on aura distillé 10 kilogrammes d'eau. La vapeur entre dans le serpentin à 100° et en sort en eau à 30°.

Réponse : 5 fois.

63. Calculer le poids de vapeur produit par la dépense de 5000 calories employées à porter une masse d'eau de 10 kilogrammes de 15° à 150°.

Réponse : 7^k,2.

64. Une couche de neige a 1 centimètre d'épaisseur à 0°, combien devra-t-elle recevoir de calories du soleil par mètre carré de surface pour passer à l'état de vapeur à 15° : Densité de la neige 0,68. Chaleur latente de fusion 79,2.

Réponse : 4.700 calories environ.

65. On verse 20 kilogrammes de zinc fondu dans un calorimètre contenant un certain poids d'eau, la vapeur produite va dans un alambic où elle distille, il en résulte de l'eau condensée. Calculer le poids de l'eau du calorimètre sachant que l'on a :

Température initiale de l'eau du calorimètre. 20°.
Température finale de cette eau, du zinc..... 150°.
Température initiale de la vapeur formée..... 150°.
Poids de l'eau entourant le serpentin......... 12^k,500.
Élévation de la température de cette eau..... 10°.
Température de l'eau de condensation....... 27°,25.
Température de fusion du zinc.............. 436°.
Chaleur latente de fusion.................. 28,13.
Chaleur spécifique........................ 0,100.

Réponse : 7^k,955.

MAGNÉTISME
ET
ÉLECTRICITÉ

LIVRE I
MAGNÉTISME

CHAPITRE I

1. Aimant naturel. — L'aimant naturel ou *pierre d'aimant* est un oxyde de fer qui possède la propriété d'attirer le fer et certains métaux tels que le cobalt, le nickel, l'acier, etc. Cette propriété connue dès l'antiquité a reçu le nom de *magnétisme* et les substances attirables par les aimants celui de *substances magnétiques*.

2. Pôles. — Si on taille ce minerai naturel ou pierre d'ai-

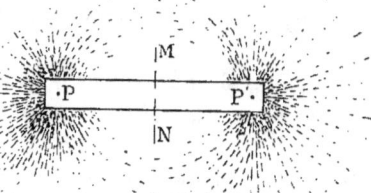

Fig. 1.

mant suivant une forme allongée et si on le plonge dans

de la limaille de fer, on voit s'attacher autour de ses deux extrémités des filaments formés par des grains de limaille juxtaposés et serrés en houppes les unes contre les autres.

Ils deviennent d'autant plus rares qu'on se rapproche davantage de la ligne médiane MN où ils disparaissent complètement. Les deux points P et P' vers lesquels convergent les filaments et qui paraissent agir comme deux centres d'attraction ont reçu le nom de *pôles*, la ligne MN celui de *ligne neutre*.

3. **Aimants artificiels.** — La propriété magnétique peut être communiquée au fer et à l'acier par certains procédés, mais elle n'est permanente que pour l'acier.

4. **Aiguilles aimantées.** — Les barreaux aimantés employés pour l'étude du magnétisme terrestre, affectent la forme de losanges très effilés appelés *aiguilles*; cette disposition a pour but d'obtenir des pôles placés très près des pointes.

5. **Dénomination des pôles.** — Si on suspend un aimant par son centre de gravité, soit sur une pointe, soit à l'aide d'un fil sans torsion, il prend une position bien définie dans l'espace, à peu près celle du méridien du lieu et il revient de lui-même à cette position si on l'en a écarté.

Si même on retourne l'aimant de façon à placer vers le nord l'extrémité qui se dirigeait d'elle-même vers le sud, l'aimant ne conserve pas cette orientation et revient toujours à sa position primitive.

Cette expérience montre que les deux pôles ne sont pas identiques : l'un a reçu le nom de *pôle nord*, c'est celui qui se dirige vers le nord, l'autre celui de *pôle sud*.

Pour bien distinguer ces pôles l'un de l'autre, le pôle nord reçoit au moment de la construction de l'aiguille une teinte bleue.

6. **Actions réciproques de deux pôles.** — *Loi.* — *Les pôles de même nom se repoussent, les pôles de noms contraires s'attirent.*

Une expérience fort simple met ce fait en lumière.

On prend une aiguille aimantée A, suspendue sur un pivot par son centre de gravité.

Si on approche du pôle N de l'aiguille le pôle N' d'un barreau aimanté B on observe une répulsion; si, au contraire, c'est le pôle S' de B qu'on met en présence de la pointe N de l'aiguille on observe une attraction.

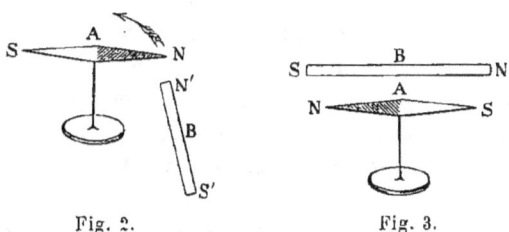

Fig. 2.   Fig. 3.

7. Si on plaçait l'aimant B (supposé assez énergique au-dessus de l'aiguille A, celle-ci tournerait sur son pivot jusqu'à mettre ses pôles sous les pôles de noms contraires du barreau B (fig. 3).

8. **Intensité magnétique d'un pôle.** — C'est une quantité proportionnelle aux effets magnétiques que ce pôle exerce autour de lui.

9. **Formes des aimants.**

Aimants droits. — Les aimants présentent le plus souvent la forme de parallélipipèdes rectangles très allongés ou celle de barres rondes.

10. **Aimants en fer à cheval.** — Pour augmenter leurs effets on les recourbe aussi de façon que les deux pôles soient assez voisins, ils sont dits alors *en fer à cheval*.

Avec cette disposition les deux pôles s'emploient à la fois dans les actions mécaniques à produire.

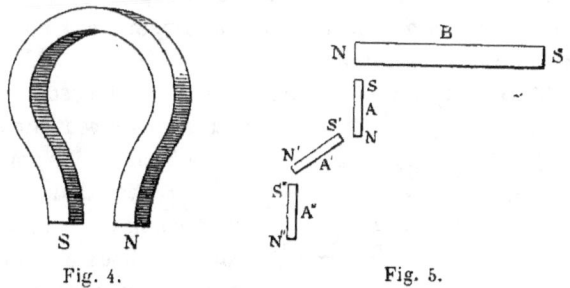

Fig. 4.   Fig. 5.

11. **Méthodes d'aimantation.**

1° **Aimantation par influence.** — Soit B un aimant, approchons de son pôle N une barre d'acier A, celle-ci présentera tous les caractères d'un aimant véritable ayant son pôle sud tourné vers le pôle nord de B (fig. 5).

L'aimantation que le barreau A acquiert de la sorte persistera si on l'éloigne de B; des barreaux de fer doux ou de fonte tels que A' A''..., etc..., se comportent comme le barreau A, mais une fois écartés de l'aimant B, ils perdent toute propriété magnétique : ce phénomène a reçu le nom d'*aimantation par influence*.

12. **Remarque**. — Les barreaux A,A',A''..., placés à la suite les uns des autres s'aimantent par influence réciproque.

13. — La propriété que possède l'acier de conserver l'aimantation acquise le fait employer pour la confection des aimants artificiels.

14. — 2° **Aimantation par simple touche**. — Soit à aimanter un barreau d'acier A. On le pose sur une table, on appuie sur lui le pôle N (par exemple) d'un aimant B, on frotte ce pôle sur le barreau A, d'une extrémité à l'autre et toujours dans le même sens; on répète cette opération sur toutes les faces du barreau à aimanter.

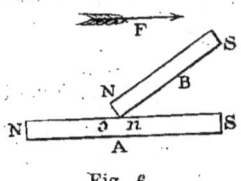

Fig. 6.

Les pôles de l'aimant ainsi formé sont tels que celui de l'extrémité qui quitte l'aimant B est de nom contraire au pôle frotteur, soit un pôle sud dans l'exemple considéré.

15. **Points conséquents**. — Ce procédé est peu énergique et amène toujours la formation des pôles intermédiaires s, n, appelés *points* ou *pôles conséquents*.

16. — 3° **Aimantation par double touche**. — On pose le barreau A qu'on veut aimanter de façon qu'il s'appuie par ses deux extrémités sur des pôles de noms contraires de deux aimants C et D puis on place en son milieu les pôles opposés de deux barreaux B et B' reliés l'un à l'autre de façon à com-

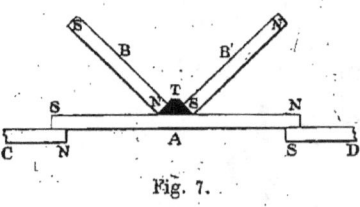

Fig. 7.

poser un système unique, ces deux pôles sont séparés par un petit tasseau de bois T.

On frotte l'ensemble des aimants B et B' du milieu de A jusqu'à une de ses extrémités puis, sans les relever de cette extrémité jusqu'à l'autre, de celle-ci à la première, etc.

On opère de la sorte sur toutes les faces du barreau à aimanter en ayant soin de toujours terminer l'opération par l'extrémité opposée à celle qui a été parcourue la première et de revenir de cette extrémité jusqu'au milieu du barreau.

17. **Remarque.** — Cette méthode donne des points conséquents.

18. — 4° **Aimantation par touche séparée.** — On pose, comme précédemment, le barreau à aimanter A sur les pôles de noms contraires de deux aimants C et D.

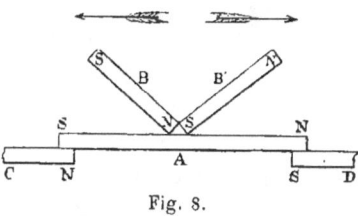

Fig. 8.

On appuie en son milieu les pôles opposés de deux aimants B et B' de telle sorte que les pôles frottants aient les mêmes noms que ceux des aimants C et D placés du même côté qu'eux; les aimants B et B' sont tenus inclinés sur le barreau A de 25 degrés environ.

On fait glisser les aimants frotteurs vers les extrémités de A, on les relève en même temps, on les replace sur le milieu du barreau à aimanter et on répète la même opération en agissant successivement sur toutes ses faces.

19. **Remarque I.** — Avec cette méthode on n'a jamais de points conséquents.

20. **Remarque II.** — Le procédé de la touche séparée était employé autrefois pour aimanter les aiguilles des boussoles marines, aujourd'hui on a recours au procédé beaucoup plus puissant basé sur l'usage des courants électriques.

21. **Conservation des aimants.** — De ce qui précède il résulte qu'on doit prendre certaines précautions pour conserver aux aimants l'intensité magnétique qui leur a été communiquée.

Pour conserver les aimants droits on les place dans des boîtes de bois par paire; on les dispose parallèlement en ayant soin que les pôles de noms contraires soient en présence, puis on les réunit deux à deux par des plaques de fer doux *a, a,* appelées *contacts* (fig. 9).

Pour conserver les aimants en fer à cheval on réunit les deux pôles par une pièce de fer doux appelée *armature;* ce morceau de fer doux s'aimante, adhère fortement à l'aimant et assure la conservation de son magnétisme (fig. 10).

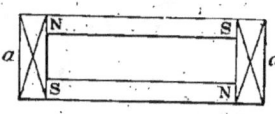

Fig. 9.   Fig. 10.

L'armature est, de plus, munie d'un crochet; l'expérience a démontré que pour conserver aux aimants toute leur intensité magnétique il est avantageux de leur faire supporter constamment une certaine charge.

22. Aimants Jamin. — Jamin a construit des aimants formés d'un certain nombre de lames d'acier aimantées séparément puis réunies ensemble et recourbées en fer à cheval. Ces aimants sont dits *feuilletés;* ils sont extrêmement énergiques; leur inventeur a présenté à l'Académie des Sciences un aimant de ce genre qui ne pesait que 30 kilos et avait une force de 500 kilos.

C'est ainsi que sont formés les aimants inducteurs des machines Méritens employées à bord de quelques bâtiments pour les signaux de nuit.

La supériorité des aimants feuilletés tient à ce que l'aimantation qu'on communique à un barreau est toujours superficielle et ne pénètre pas jusqu'au cœur même du noyau; si, au contraire, on le forme de lames superposées, aimantées séparément, il se trouve de la sorte aimanté dans toute sa masse.

23. Magnétisme rémanent. — Un morceau de fer ou de fonte conserve pendant un certain temps une partie de l'aimantation qui lui a été communiquée volontairement ou accidentellement, c'est ainsi que les carcasses en fonte des dynamos possèdent toujours une certaine aimantation, très faible d'ailleurs, mais qui suffit à animer la machine aux premiers moments de la mise en marche.

24. Perméabilité magnétique. — Suivant son état chimique physique un métal s'aimante plus ou moins facilement, on dit que sa *perméabilité magnétique* est plus ou moins grande ; la perméabilité magnétique du fer doux et recuit est grande, celle de l'acier beaucoup plus petite.

25. Remarque. — L'aimantation d'un barreau disparaît quand on le porte au rouge.

On doit à Pouillet cette curieuse observation que le fer doux porté à la température du rouge cerise, le nickel à 350 degrés et les autres substances magnétiques à des températures variables cessent d'être attirées par un aimant. On doit donc chauffer le fer doux destiné à la construction des électro-aimants afin de lui faire perdre toute trace de magnétisme rémanent.

26. Saturation. — Quand un barreau soumis à une aimantation croissante cesse d'acquérir du magnétisme on dit qu'il est aimanté à *saturation*.

Les âmes des induits des dynamos sont faites en fer très doux, afin qu'elles ne conservent que très peu de magnétisme rémanent et que leur point de saturation soit très éloigné.

27. Diamagnétisme. — Les corps peuvent être divisés en deux catégories : les corps *magnétiques* et les corps *diamagnétiques*. Ceux-ci soumis à l'action d'un aimant ne présentent aucune trace d'aimantation.

28. Champ magnétique. — On appelle *champ magnétique* d'un aimant toute portion de l'espace où peuvent se constater des phénomènes magnétiques dus à cet aimant. Il est caractérisé par la direction que prend en chaque point une aiguille aimantée qui y est placée et par la force avec laquelle cette aiguille est maintenue en direction. Les deux éléments d'un champ magnétique sont donc *sa direction* et *son intensité ;* la direction du champ est celle de la pointe bleue de l'aiguille.

Pour représenter un champ magnétique on trace de distance

en distance des traits appelés *lignes de forces* tangents en chaque point à la direction de l'aiguille en ce point. Leur nombre pour une même portion de champ est d'autant plus grande que l'intensité magnétique est plus grande, ainsi en AB le champ est plus intense qu'en A'B' (fig. 11).

29. Champ magnétique uniforme. — C'est un champ dans

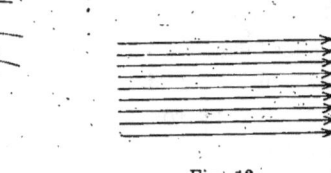

Fig. 11.   Fig. 12.

lequel la direction et l'intensité sont constantes ; dans ce cas les lignes de forces sont toutes parallèles (fig. 12).

30. Flux de force. — On désigne ainsi le nombre de lignes de forces qui traversent une surface donnée.

CHAPITRE II

MODE D'ACTION DE LA TERRE SUR LES AIMANTS.

31. La terre peut être considérée comme un aimant dont le pôle nord serait situé vers le sud astronomique ; l'action de la terre ne tend qu'à faire tourner une aiguille sans lui imprimer de mouvement de translation.

32. Méridien magnétique. — Nous venons de dire que la terre est assimilable à un aimant ; le plan passant par la ligne des pôles de cet aimant imaginaire et par le lieu où se trouve l'observateur s'appelle *méridien magnétique*.

33. Déclinaison. — Le méridien magnétique diffère du méridien géographique, ces deux plans font entre eux un angle qui a reçu le nom de *déclinaison*.

La valeur de cet angle est variable avec les lieux, elle est actuellement à Brest de 18°03′ et décroît de 7′ par an.

34. Inclinaison. — Si on suspend une aiguille par un fil attaché en son centre de gravité elle se place dans le méridien magnétique et la pointe qui se dirige vers le nord (pour l'hémisphère nord) s'abaisse au-dessous de l'horizontale. L'angle aigu formé par la direction de l'aiguille avec l'horizontale porte le nom d'*inclinaison*.

35. Remarque. — Dans les boussoles marines l'inclinaison est contre-balancée par un léger contrepoids.

36. Soit PP′ la ligne des pôles géographiques de la terre, supposons pour plus de simplicité que l'aimant fictif terrestre soit dirigé suivant PP′, ses pôles étant N et S.

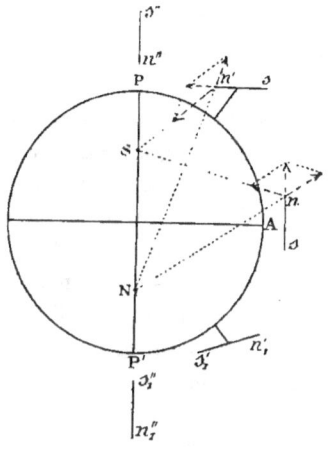

Fig. 13.

Considérons une aiguille aimantée A placée à l'équateur ; le pôle S va attirer le pôle n, le pôle N va repousser le pôle n, les deux forces nS et Nn sont égales et admettent une résultante dirigée évidemment suivant une parallèle à NS c'est-à-dire à PP′. Le même raisonnement s'applique au pôle s de l'aiguille A, nous voyons donc qu'à l'équateur elle se tiendra horizontale.

Imaginons maintenant une autre aiguille B ; les deux pôles N et S vont agir inégalement sur chacun des pôles n' et s' de cette aiguille, l'action de S prévalant dans l'hémisphère nord et celle de N prévalant dans l'hémisphère sud. Les composantes inégales n'S et Nn' admettront une résultante dont l'effet sera d'incliner la pointe n' (la pointe bleue) au-dessous de l'horizontale du point de suspension pour l'hémisphère nord ; il est visible qu'au pôle P l'aiguille se tiendra verticale la pointe n dirigée vers le sol.

Ce raisonnement s'applique sans restriction à l'hémisphère

sud du globe et nous en concluons les positions n'_1, s'_1 et $n''_1 s''_1$ de la figure.

37. Champ magnétique terrestre. — Si on considère un petit espace de la surface de la terre, on peut y envisager le champ magnétique comme uniforme.

Les corps métalliques qui s'y trouvent s'aimantent, c'est ainsi que la coque d'acier d'un navire en construction sur une cale devient un aimant permanent qui dévie les boussoles.

Le fer doux qui entre dans cette construction perd son aimantation initiale après le lancement, du moins en grande partie, mais quand le bâtiment navigue il s'aimante d'une façon variable à chaque cap et influe en conséquence sur les compas du bord.

38. Quand on frappe sur une barre d'acier orientée suivant la direction de l'aiguille aimantée, cette barre s'aimante ; on voit donc que l'influence des coups de marteaux multipliés sur la coque d'un navire en chantier s'ajoute aux effets dus au magnétisme terrestre lui-même.

39. Remarque. — L'intensité du champ magnétique terrestre a été mesurée avec soin, elle subit des variations périodiques qui dénotent qu'elle est soumise, comme la mer, aux actions astronomiques.

ÉLECTRICITÉ.

LIVRE II

ÉLECTRICITÉ

TITRE I

CHAPITRE I

COURANTS ÉLECTRIQUES.

40. Indication sommaire des divers moyens de produire un courant.

I. **Pile élémentaire.** — Si l'on réunit par un fil métallique une lame de cuivre et une lame de zinc plongées dans un même vase rempli d'eau acidulée ou salée, on constate que ce fil est le siège d'une série de phénomènes : on dit qu'il est parcouru par un courant électrique. Ce courant est envisagé comme allant au travers du fil de la plaque de cuivre (pôle + ou positif) à la plaque de zinc (pôle — ou négatif) ; dans l'intérieur du vase il va au travers du liquide de la lame zinc à la lame cuivre.

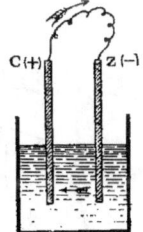

Fig. 14.

II. **Pile thermo-électrique.** — Si on chauffe le point de soudure de deux barreaux de métaux différents et si on réunit les extrémités libres de ces deux barreaux par un fil métallique, on constate qu'il est parcouru par un courant dont le sens est toujours le même pour les deux métaux.

Le *bismuth* et l'*antimoine* sont généralement employés dans la construction de ces sortes de piles ; le courant va de l'antimoine vers le bismuth à travers le circuit extérieur.

III. **Courants induits.** — Si on déplace un circuit métallique dans un champ magnétique ou dans le voisinage d'un circuit déjà parcouru par un courant, il est lui-même parcouru par un courant d'un sens déterminé : c'est sur ce principe que sont basées les machines électriques.

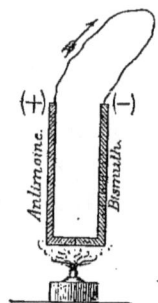

Fig. 15.

CHAPITRE II

COMMENT SE MANIFESTE UN COURANT.

41. Un courant électrique produit des effets physiologiques, mécaniques, chimiques et calorifiques ; nous ne retiendrons dans notre étude que ces 3 derniers.

42. **Effets mécaniques.** — **Expérience d'Œrsted.** — Œrsted remarqua qu'une aiguille aimantée placée dans le voisinage d'un fil parcouru par un courant était déviée de sa position primitive.

43. Ampère résuma cette expérience dans la loi suivante :

La déviation d'une aiguille aimantée par un courant est telle que le pôle Nord est toujours à la gauche du courant.

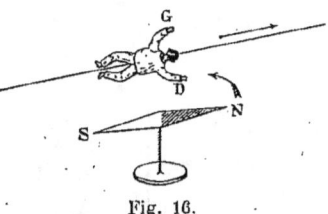

Fig. 16.

La *gauche* d'un courant est la *gauche* d'un homme qui serait couché sur le fil regardant le pôle nord, de façon que le courant lui entre *par les pieds* et lui sorte *par la tête*.

ÉLECTRICITÉ.

44. Galvanomètre. — Ce principe est la base du galvanomètre :

Si au lieu d'être rectiligne, le fil fait un tour autour de l'aiguille on voit qu'en chaque point de ce circuit le courant repousse le pôle nord du même côté : l'action totale sera donc plus considérable. Si on fait plusieurs tours de fil autour de la direction de l'aiguille, cette action se trouvera augmentée proportionnellement au nombre des spires. La force déviatrice est perpendiculaire au plan du cadre des spires.

Essentiellement un galvanomètre se compose d'une aiguille aimantée suspendue au centre d'une bobine d'un certain nombre de tours de fil.

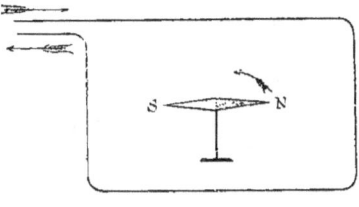

Fig. 17.

L'équilibre s'établit entre l'action déviatrice du courant et l'action redressante de la terre ou d'un aimant.

On pourra également prendre comme force redressante un ressort ou un fil à torsion, dans ce cas l'action du magnétisme terrestre devra être annihilée par un aimant auxiliaire agissant en sens inverse.

45. Remarque. — Il résulte de l'expérience d'Œrsted qu'un circuit plan crée un champ magnétique normal à son plan et dirigé vers sa gauche, c'est-à-dire vers celle de l'homme d'Ampère regardant le centre de ce circuit.

46. Effets chimiques. — Voltamètre. — Cet instrument se compose d'un vase V plein d'eau acidulée dans lequel plongent deux éprouvettes A et B également pleines d'eau acidulée.

Dans ces éprouvettes sont deux lames de platine réunies chacune à un fil traversant le fond du vase.

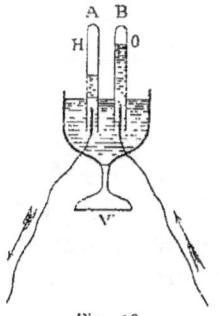

Fig. 18.

Le courant entre dans l'appareil par un des fils et sort par l'autre ; il traverse donc le liquide et le décompose en ses éléments constitutifs, *hydrogène* et *oxygène*; on constate de plus qu'un seul de ces gaz se trouve dans l'une des éprouvettes et l'autre gaz dans l'autre : l'oxygène est dans celle par où arrive le courant et l'hydrogène dans celle par où il sort.

47. Remarque. — Si on porte les deux éprouvettes sur une cuve à eau et si (les éprouvettes étant identiques) on les enfonce de façon que le niveau dans l'intérieur de chacune d'elles soit le même qu'à l'extérieur on a de la sorte les deux gaz à la même pression et l'on constate que, dans ces conditions, le volume de l'hydrogène est sensiblement double de celui de l'oxygène.

48. L'expérience précédente est une véritable analyse de l'eau, c'est-à-dire une séparation des éléments qui la constituent. Faraday qui a spécialement étudié ce procédé lui a donné le nom d'*électrolyse*.

Il a nommé *électrodes* les surfaces de contact où la décomposition se produit : l'électrode positive correspondant à l'arrivée du courant et l'électrode négative étant celle par où le courant sort de l'instrument ; la substance qui supporte la décomposition est l'*électrolyte*.

49. Les voltamètres à gaz sont depuis longtemps abandonnés comme instruments de mesure, on leur a substitué avantageusement les voltamètres *métalliques*.

Ceux-ci se composent de deux plaques minces et légères d'une certaine substance plongeant dans une dissolution chimique de la même substance.

Au passage du courant une partie du métal en dissolution se porte sur la lame négative et l'augmentation de poids de cette lame varie évidemment avec l'intensité du courant électrique.

Les voltamètres les plus usités sont ceux à l'azotate d'argent et au sulfate de cuivre.

50. Remarque. — Le procédé mnémotechnique suivant permet de retrouver facilement le sens de l'électrolyse :

$$\underbrace{M \; , \; N} \qquad \underbrace{O \; , \; P}$$

qui veut dire :

Métal se porte sur l'électrode *négative*.

MAGNÉTISME ET ÉLECTRICITÉ.   337

Oxygène se porte sur l'électrode *positive*.

51. Effets calorifiques. — Quand un courant circule dans un fil, la température de celui-ci s'élève; dans certains cas même le fil peut devenir incandescent (lampes à incandescence).

Nous verrons plus loin sous le titre de la loi de Joule une expression quantitative de la chaleur développée.

CHAPITRE III

DIVERSES SORTES DE COURANTS.

52. Selon leur mode de propagation les courants sont dits *continus* ou *alternatifs*; les piles donnent seulement les premiers, les machines fournissent les deux espèces.

Nous considérerons successivement les courants des piles et les courants induits, les premiers ayant été définis nous nous bornerons à définir les courants induits.

53. Courant induit. — Lorsqu'on déplace un circuit électrique dans un champ magnétique ou un aimant dans le voisinage d'un circuit, celui-ci est parcouru par un courant de sens défini d'après le mouvement relatif; ce courant est dit *induit*.

Première expérience. — Prenons une bobine B creuse, reliée à un galvanomètre G, si à l'intérieur de cette bobine on introduit un aimant, l'aiguille du galvanomètre est déviée dans un sens déterminé tant que l'aimant s'enfonce dans la bobine; la déviation cesse quand l'aimant s'arrête, et, lorsqu'on le retire, l'aiguille dévie en sens inverse.

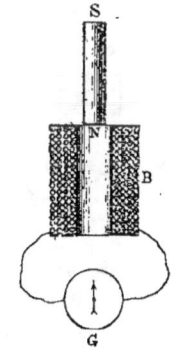

Fig. 19.

Deuxième expérience. — Introduisons à l'intérieur de la bobine B non plus un aimant mais un circuit enroulé sur une seconde bobine B' et parcouru par un courant électrique fourni par une pile, nous observons les mêmes phénomènes que précédemment de la part du galvanomètre.

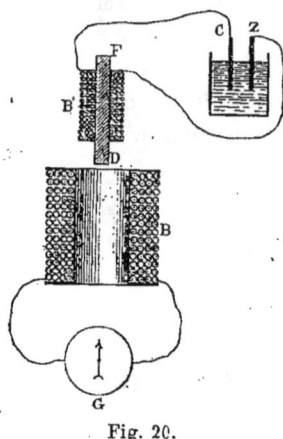

Fig. 20.

Remarque. — Lorsqu'on a soin d'introduire au préalable dans la bobine B' un noyau FD en fer doux, on constate que la déviation du galvanomètre est beaucoup plus grande, ceci tient à ce que le fer doux devenant aimant sous l'influence du courant de la bobine B' ajoute son action à celle de cette bobine.

54. Lorsqu'on rompt un circuit parcouru par un courant électrique, ce circuit reste pendant un temps très court parcouru par un courant de même sens appelé *extra-courant de rupture*.

Expérience. — Un courant déviant une aiguille aimantée de O en A si on rompt le circuit, on constate que l'aiguille est déviée pendant un temps très court de A en B puis revient en O.

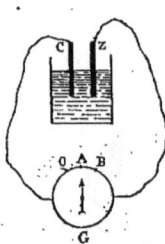

Fig. 21.

Si, au contraire, on referme le circuit, on constate un courant au premier moment opposé au courant normal, ou plutôt, on remarque que l'aiguille va de O en A comme si le courant grandissait graduellement. Il tend en effet à se former un courant opposé au courant principal : c'est l'*extra-courant de fermeture*.

Les extra-courants dus à la fermeture ou à l'ouverture d'un circuit sont donc en résumé :

Le premier de sens contraire à celui du courant principal, le second du même sens que le courant principal : les extra-courants de rupture donnent souvent des étincelles.

55. Remarque. — Faraday a montré que toute variation de l'intensité d'un courant provoque dans le conducteur même qui en est le siège un courant d'induction qui se superpose au courant principal et tend toujours à contrarier cette variation d'intensité, affaiblissant le courant qui croît et renforçant celui qui décroît. On a donné à ce phénomène le nom d'induction du courant sur lui-même ou plus brièvement de *self-induction* et au courant qui en est le résultat celui d'*extra-courant*.

CHAPITRE IV

FORCE ÉLECTROMOTRICE, POTENTIEL, DIFFÉRENCE DE POTENTIEL, INTENSITÉ D'UN COURANT, RÉSISTANCE.

56. Force électromotrice. — La *force électromotrice* d'une pile ou d'une machine se définit par la tendance qu'a un courant électrique à se former dans un circuit comprenant cette pile ou cette machine; c'est un élément caractéristique de l'appareil générateur.

57. Potentiel et différence de potientel. — On dit qu'il y a *différence de potentiel* entre deux points de l'espace quand un conducteur qui réunit ces deux points est parcouru par un courant.

Le *potentiel* d'un point est la différence de potentiel entre ce point et la terre qui est considérée comme le zéro des potentiels de la même façon que la température de la glace fondante est considérée comme le zéro des températures.

58. Intensité d'un courant. — L'*intensité* d'un courant est la quantité d'électricité que ce courant transporte en l'unité de temps à travers chaque section du circuit; elle se définit et se calcule au moyen des actions mécaniques des courants sur les aimants.

59. Loi d'Ohm. — L'*intensité d'un courant dans un circuit donné est proportionnelle à la différence de potentiel existant à* *ses extrémités (ou à la force électromotrice) et en raison inverse de la résistance.*

Cette loi se traduit algébriquement par la formule :

$$I = \frac{E}{R}$$

Dans laquelle I représente l'intensité, E la force électromotrice et R la résistance totale.

R est une constante du circuit qui dépend de sa nature, de ses dimensions, de sa disposition, de sa température; cette résistance totale se décompose en : résistance de l'appareil générateur d'électricité ou résistance *intérieure* et résistance du circuit proprement dit ou résistance *extérieure*.

Désignant la résistance intérieure par ρ et la résistance du circuit par r, nous avons :

$$R = \rho + r$$

Dès lors :

$$I = \frac{E}{\rho + r}$$

Si on désigne par D' la différence de potentiel entre deux points d'un circuit, r' étant la résistance de la portion comprise entre ces deux points on a :

$$I = \frac{D'}{r'}$$

Si donc un circuit est alimenté par une force électromotrice E, que $r_1, r_2, r_3...$, etc. soient les résistances de toutes les parties de ce circuit, I l'intensité du courant, ρ la résistance intérieure de la source on a :

$$E = I(\rho + r_1 + r_2 + r_3 + \ldots)$$

Si D_1, D_2, D_3..... etc..... sont les différences de potentiel entre les points de ce circuit séparés par les résistances $r_1, r_2, r_3,$..... etc..... On a :

$$D_1 = I r_1 \quad D_2 = I r_2, \quad D_3 = I r_3. \ldots \text{etc.}$$

par suite :

$$E = I\rho + D_1 + D_2 + D_3 + \ldots,$$

60. Remarque. — Si un circuit comprend plusieurs forces électromotrices E_1, E_2, E_3..... etc..... on a :

$$E_1 + E_2 + E_3 + \ldots = \Sigma(E) = I(\Sigma r + \Sigma \rho)$$

Les forces électromotrices sont évidemment prises avec leurs signes et la valeur réelle sera la différence des forces électromotrices d'un sens avec celles de l'autre sens ; le sens final est celui de la somme la plus grande.

EXEMPLE. — Si ayant cinq éléments de pile on en assemble trois dans un sens et les deux autres en sens contraire, la force électromotrice résultante sera celle d'un seul élément, mais la résistance intérieure est toujours la somme arithmétique des résistances individuelles.

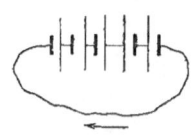

Fig. 22.

61. Loi de Joule. — *La quantité de chaleur développée par seconde dans un conducteur de résistance* R *par un courant électrique dont l'intensité est* I *est donnée par l'expression :*

$$I^2 R.$$

CHAPITRE V

MESURE DES ÉLÉMENTS ÉLECTRIQUES.

62. Unités électriques légales.

Le décret du 25 avril 1896 reproduit ci-dessous a rendu obligatoire en France le système international des unités électriques.

I. — L'unité électrique de *résistance* ou *ohm* est la résistance offerte à un courant invariable par une colonne de mercure à la température de la glace fondante ayant une masse de $14^{gr},4521$, une section constante et une longueur de $106^{cm},3$ (la section est dans ces conditions de 1 millimètre carré).

II. — L'unité électrique d'*intensité* ou *ampère* est le courant invariable qui dépose en une seconde $0^{gr},001118$ d'argent.

III. — L'unité de *force électromotrice* (ou de *différence de potentiel*) ou *volt* est la force électromotrice qui soutient un courant de 1 ampère dans un conducteur dont la résistance est égale à 1 ohm. Elle est suffisamment représentée dans la pratique par les 0,6974, ou $\frac{1000}{1434}$ de la force électromotrice d'un élément Latimer Clarke.

Nota : Élément Latimer Clarcke : lingot de zinc plongé dans une pâte formée de mercure et de sulfate de protoxyde de mercure pur bouilli dans une solution saturée de sulfate de zinc.

IV. — L'unité de *quantité d'électricité* ou *coulomb* est celle que transporte en une seconde dans un conducteur un courant de 1 ampère.

V. — Unité de *travail* ou *joule*. Le travail correspondant au transport de Q coulombs entre deux points dont la différence de potentiel est D volts est égal à DQ joules ; le joule est l'unité de travail électrique et vaut $\frac{1^{kgm}}{9,8088}$.

VI. — L'unité de *puissance* électrique ou *watt* est un joule à la seconde ; c'est la puissance d'une machine qui enverrait un courant de 1 ampère dans un circuit de 1 ohm.

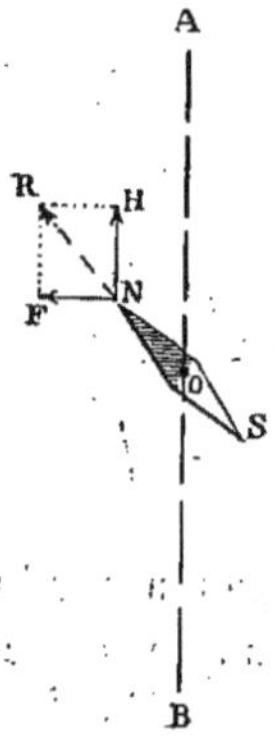

Le watt vaut $\frac{1}{736}$ de cheval-vapeur.

63. — Mesure de l'intensité. — Les galvanomètres servent à mesurer l'intensité d'un courant au moyen de la déviation que ce courant produit sur l'aiguille aimantée.

Celle-ci est dirigée dans une direction donnée au moyen d'un aimant ou du magnétisme terrestre. Supposons l'aiguille en équilibre, soit H la valeur de la force redressante de la terre ; la bobine du galvanomètre exerce une action F normale à H et puisqu'il y a équilibre

Fig. 23.

la résultante de ces deux forces passe nécessairement par le point fixe O de suspension et se trouve dirigée suivant la direction de l'aiguille.

La déviation AON mesure l'intensité du courant et lui est proportionnelle tant que l'angle ne dépasse pas 10 degrés.

64. Ampèremètre. — Dans la marine on emploie l'ampèremètre Desprez-Carpentier ; sorte de galvanomètre dans lequel l'aimant directeur est constitué par deux demi-cercles fortement aimantés.

L'aiguille *ns* est en fer doux ; elle s'aimante sous l'influence des deux aimants semi-circulaires. La bobine souvent composée d'un seul tour de gros fil enveloppe cette aiguille qui est mobile autour d'un axe ; dans son mouvement elle entraîne un index qui se meut devant une graduation faisant connaître l'intensité en ampères.

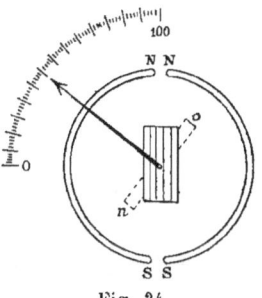

Fig. 24.

Remarque I. — On fait usage d'une aiguille de fer doux pour remédier aux défauts que présentent les aiguilles aimantées dont le magnétisme varie constamment ; ce qui rendrait la graduation inexacte au bout d'un certain temps.

Remarque II. — Il arrive souvent que la graduation de cet instrument nécessite l'usage d'un coefficient par lequel on doit multiplier ses indications pour avoir la valeur réelle de l'intensité.

Remarque III. — L'ampèremètre comporte deux bornes : l'une d'elles marquée + est celle par laquelle le courant doit entrer.

65. Mesure de l'intensité par le voltamètre. — **Principe.** — *La quantité de gaz décomposé ou de métal déposé dans un temps déterminé est proportionnelle à la quantité d'électricité qui a traversé l'appareil.*

Pour déterminer l'intensité d'un courant par cette méthode on se sert de l'*équivalent électro-chimique* du métal qui n'est autre chose que le nombre de milligrammes de ce métal mis en liberté par un coulomb. Sa valeur s'obtient en multipliant l'équivalent chimique du métal par le nombre constant 0,010384. Nous ferons donc le raisonnement suivant en désignant par P milligrammes l'augmentation de poids de l'électrode négative, par A l'équivalent électro-chimique du métal en dissolution, par t le temps que dure l'expérience, par I l'intensité cherchée moyenne :

Puisque A milligrammes sont déposés par un coulomb

$$1 \text{ milligramme est déposé par } \frac{1}{A} \text{ coulombs}$$

$$P \text{ milligrammes sont déposés par } \frac{P}{A} \text{ coulombs}$$

Si on désigne par Q la quantité de coulombs qui ont traversé le voltamètre pendant le temps t secondes qu'a duré l'expérience, on a donc :

$$Q = \frac{P}{A} = I \times t$$

d'où on tire :

$$I \text{ ampères} = \frac{P^{mmgs}}{A^{mmgs} \times t^{sec}}$$

Remarque I. — Pour le cuivre, l'équivalent électro-chimique est $0^{mmg},32709$.

66. Remarque II. — Un courant de un ampère circulant pendant une heure dans un circuit donne l'unité appelée *ampère-heure*.

Une ampère-heure met donc en liberté :

$$1 = \frac{P}{A \times 3600}$$

d'où nous tirons :

$P = A \times 3600 = 0,3271 \times 3600 = 1^{gr},177$ de cuivre qui se porte sur l'électrode négative.

67. Remarque III. — On déduit de la définition de l'ampère donnée plus haut que l'équivalent électro-chimique de l'argent est $1^{mgr},118$.

68. Mesure des résistances. — Avant d'aborder cette étude il est indispensable de poser le principe des courants dérivés.

69. Dérivation des courants. — Considérons un circuit CAMKNBH parcouru par un courant électrique dans le sens des flèches, si nous réunissons deux points M et N de ce circuit par un fil métallique celui-ci sera également le siège d'un courant dérivé.

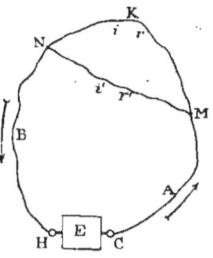

Fig. 25.

Soient D différence de potentiel entre les points M et N, r et r' les résistances des portions de conducteurs MKN et MN.

Soient i et i' les intensités des courants qui parcourent ces portions de fils, E la force électro-motrice de la source, R la résistance des portions CAM et HBN, ρ la résistance intérieure du générateur d'électricité, I l'intensité totale du courant qu'il fournit ; entre tous ces éléments nous avons les relations suivantes :

(1) $\qquad D = ir = i'r'$
(2) $\qquad I = i + i'$
(3) $\qquad E = I(R + \rho) + D$

70. Supposons qu'on veuille remplacer les deux conducteurs MKN et MN par un seul avec la condition de ne pas modifier l'intensité totale I du courant, cherchons quelle devra être la résistance de ce conducteur unique qui remplacera les deux premiers ; désignons-la par r_2, nous aurons ;

(4) $\qquad D = I r_2$

De l'équation (1) du système précédent nous tirons :

$$i = \frac{D}{r} \quad \text{et} \quad i' = \frac{D}{r'}$$

remplaçant dans (2) il vient :

(5) $\qquad D\left(\frac{1}{r} + \frac{1}{r'}\right) = I$

Tirons une valeur de I, de l'équation (4) si nous l'égalons à celle de I dans l'équation (5), il vient :

$$D\left(\frac{1}{r}+\frac{1}{r'}\right)=\frac{D}{r_2}$$

c'est-à-dire :

$$\frac{1}{r}+\frac{1}{r'}=\frac{1}{r_2}$$

d'où :

(6) $$r_2=\frac{rr'}{r+r'}$$

71. Remarque I. — Comparons cette valeur de r_2 successivement à r et r', pour cela formons les rapports :

$$\frac{r_2}{r} \quad \text{et} \quad \frac{r_2}{r'}$$

il vient :

$$\frac{r_2}{r}=\frac{r'}{r+r'}$$

et :

$$\frac{r_2}{r'}=\frac{r}{r+r'}$$

Chacun de ces rapports est plus petit que l'unité, on voit donc que r_2 est plus petite que chacune des deux résistances primitives prises isolément.

72. Remarque II. — Si r est très grand par rapport à r', nous voyons que le rapport $\dfrac{r}{r+r'}$ est sensiblement égal à 1, dans ces conditions $r_2 = r'$ et dès lors $i' = I$.

Ceci trouvera son application dans l'emploi du voltmètre décrit plus loin.

73. Remarque III. — Si les points M et N sont réunis par un

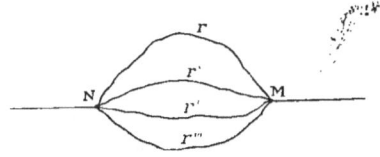

Fig. 26.

nombre quelconque de fils, on a pour la résistance r équivalente :

$$\frac{1}{r_n} = \frac{1}{r} + \frac{1}{r'} + \frac{1}{r''} + \ldots\ldots$$

74. Mesure des résistances. — *Boîte de résistances.* — Une boîte de résistances comprend des bobines de fil fin dont les résistances sont connues et qui aboutissent par chaque extrémité à deux plaques de cuivre voisines fixées sur le couvercle en bois de la boîte. Ces plaques peuvent être réunies deux à deux par des clefs métalliques.

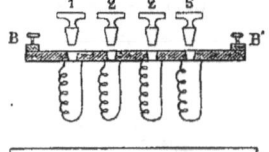

Fig. 27.

Quand une clef est en place, la bobine qui lui correspond est supprimée parce que la résistance de la clef est infiniment petite par rapport à celle de la bobine (§ 72). Quand cette clef est enlevée, le courant qui entre dans la boîte par une des bornes traverse nécessairement la bobine correspondant à cette clef.

Les résistances des bobines de la boîte sont dans la progression :

$$1 \quad 2 \quad 2 \quad 5$$

qui permet d'obtenir toutes les résistances de 1 ohm à 10 ohms ; d'ailleurs on conçoit qu'il est aisé de se procurer des boîtes de résistances plus complètes dont les bobines permettront d'évaluer les fractions de l'unité.

348   MANUEL DU MÉCANICIEN.

75. Les méthodes les plus usitées pour la mesure d'une résistance sont :

1° *La méthode de substitution*. — Le schéma ci-contre donne une idée du procédé :

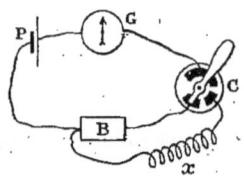

Fig. 28.

C est un commutateur qui permet d'envoyer le courant d'une pile P, soit dans la boîte de résistances B, soit dans la résistance x à évaluer; le galvanomètre G doit dans les deux cas donner la même déviation :

$$x = B$$

Cette méthode présente une certaine incertitude, la force électromotrice de la pile pouvant varier dans l'intervalle de l'opération. De plus, le galvanomètre doit être sensible et la résistance de la pile et du galvanomètre très faible par rapport à la résistance à mesurer.

2° **Méthode du pont de Wheatstone**. — Cette méthode qui est la plus usitée repose sur le principe suivant :

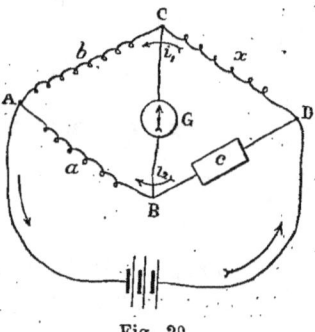

Fig. 29.

Imaginons un losange ABCD dont nous supposons les côtés formés par quatre conducteurs ayant des résistances représentées par a, b, c, x.

Sur la diagonale BC, intercalons un galvanomètre G et supposons que les points A et D étant reliés aux pôles d'une pile, l'aiguille de ce galvanomètre reste au zéro de la graduation. Dans ces conditions il ne passe aucun courant dans le conducteur BC, par conséquent les points B et C sont sans différence de potentiel.

Soit i_1 l'intensité du courant qui traverse le conducteur DCA i_2 celle du courant qui traverse le conducteur DBA. Entre les points D et B la différence de potentiel est égale à $i_2 \times c$.

Entre les points D et C la différence de potentiel est égale à $i_1 \times x$.

Puisque les points B et C sont sans différence de potentiel, on a :

(1) $$i_2.c = i_1.x$$

on a de même :

(2) $$i_2.a = i_1.b$$

Divisant (1) et (2) membre à membre, il vient :

$$\frac{c}{a} = \frac{x}{b}$$

d'où :

(3) $$x = c \times \frac{b}{a}$$

On voit que si b et a sont des résistances connues et c une résistance variable il suffira de donner à c la valeur convenable pour que le galvanomètre reste au zéro et quand ce résultat sera obtenu la formule (3) fera connaître la valeur de x.

Le rapport $\frac{b}{a}$ porte le nom de *bras du pont*; on lui donne souvent une très faible valeur $\left(\text{par exemple } \frac{1}{1000}\right)$ de sorte que si c est connue à 1 ohm près, x est donné par la formule (3) à moins de 1 millième d'ohm.

3° **Méthode par la loi d'Ohm.** — Si dans un circuit on connaît la force électromotrice et la résistance R des parties autres que celle à mesurer x, on a :

$$E = I(R + x)$$
$$x = \frac{E - IR}{I}$$

I est donné par un ampèremètre.

On peut aussi mesurer la différence de potentiel D entre les points C et B qui limitent la résistance x au moyen d'un instrument V appelé *volimètre*, un ampèremètre A dont la résis-

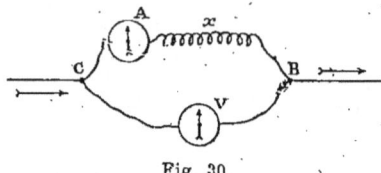

Fig. 30.

tance est négligeable donne l'intensité I du courant qui circule et l'on a :

$$x = \frac{D}{I}$$

4° **Mesure de la résistance d'une pile.** — Soit r cette résistance, E la force électromotrice connue, mettons entre les bornes un ampèremètre A dont la résistance est négligeable à côté de celle de la pile et qui donne l'intensité du courant, on a :

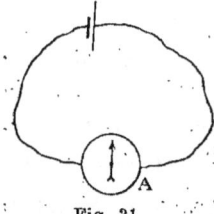

Fig. 31.

$$r = \frac{E}{I}$$

76. Variation des résistances. — Une résistance dépendant de l'état physique et chimique du métal varie considérablement avec sa température et son degré de pureté.

1° La résistance d'un conducteur métallique augmente proportionnellement à la température :

$$r_t = r_0 (1 + at)$$

Dans cette formule r_t représente la résistance d'un conducteur à $t°$ et r_0 sa résistance à 0 degré, a est un coefficient déterminé expérimentalement pour chaque conducteur ; il est minimum pour le maillechort ce qui fait employer ce métal dans la construction des boîtes de résistances.

2° Le métal pur est meilleur conducteur que le métal en alliage, si faible que soit la proportion du métal étranger.

3° Les métaux recuits ont une résistance plus faible que ceux qui sont écrouis ou trempés.

On a classé par ordre de conductibilité électrique les divers métaux. Le plus conducteur est l'argent puis le cuivre (à section constante); d'ailleurs le classement par ordre de conductibilité électrique est à peu près identique au classement par ordre de conductibilité calorifique.

4° La résistance d'un fil est proportionnelle à sa longueur et en raison inverse de sa section ou, s'il est cylindrique, en raison inverse du carré de son diamètre :

$$R = \frac{Kl}{S} = \frac{Kl}{\frac{\pi}{4}d^2} = \frac{\alpha l}{d^2}$$

α étant un coefficient numérique propre à la nature du conducteur qu'on désigne sous le nom de *résistance spécifique*.

Résistance spécifique. — Nous entendrons donc par résistance spécifique d'un métal, la résistance exprimée en ohms d'un fil cylindrique de ce métal qui aurait 1 mètre de longueur et 1 millimètre de diamètre à la température de zéro degré centigrade.

77. Dans le tableau suivant se trouvent réunies toutes les valeurs de α (résistance spécifique) pour les métaux les plus usuels, d'après Matthiessen :

DÉSIGNATION DES MÉTAUX	Résistance d'un fil de 1 mètre de long et de 1 millim. de diam. à 0°.	DÉSIGNATION DES MÉTAUX	Résistance d'un fil de 1 mètre de long et de 1 millim. de diam. à 0°.
	ohm.		ohm.
Argent recuit..........	0,01937	Zinc comprimé........	0,07244
Argent non recuit, étiré à la filière...........	0,02103	Platine recuit.........	0,1166
		Fer recuit............	0,1251
Cuivre recuit..........	0,02057	Nickel recuit........	0,1604
Cuivre non recuit, étiré à la filière...........	0,02104	Étain comprimé......	0,1701
		Plomb comprimé.....	0,2526
Or recuit.............	0,02650	Argent allemand ou maillechort.........	0,2643
Or non recuit, étiré à la filière............	0,02697		
		Mercure liquide......	1,2010
Aluminium recuit.....	0,03751	Bismuth comprimé...	1,689

78. Applications.

N° 1. Un fil de cuivre de 1000 mètres de longueur et de 1 millimètre de diamètre a une résistance de $20^{\omega},57$; quelle doit être la longueur de ce fil pour que sa résistance soit seulement de $0^{\omega},11$?

$$\frac{1000}{x} = \frac{20,57}{0,11}$$

d'où :

$$x = \frac{1000 \times 0,11}{20,57} = 5^m,35$$

N° 2. Si la résistance de 32 kilomètres de fil de 4 millimètres de diamètre est de 250 ohms, quelle sera la résistance d'une même longueur de fil de même nature n'ayant que 2 millimètres de diamètre ?

Appliquant deux fois la formule : $R = \frac{\alpha l}{d^2}$ il vient :

$$250 = \frac{\alpha \times 32000}{16}$$

et :

$$x = \frac{\alpha \times 32000}{4}$$

d'où l'on tire :

$$\frac{250}{x} = \frac{4}{16} = \frac{1}{4}$$

c'est-à-dire :

$$x = 4 \times 250 = 1000 \text{ ohms.}$$

N° 3. A zéro degré un conducteur a une résistance de 7 ohms ; que devient sa résistance à la température de 15 degrés sachant que $a = 0,0036$?

Appliquant la formule :

$$R_t = R_0 (1 + at)$$

il vient :

$$R_{15} = 7(1 + 0,0036 \times 15) = 7^{\omega},378$$

N° 4. Dans quel rapport la résistance d'une ligne change-t-elle si on remplace le fil de fer qui la constituait primitivement par un fil de cuivre de mêmes dimensions?

Si on se reporte au tableau précédent (§ 77) on trouve pour le cuivre :

$$\alpha = 0^{\omega},02$$

Pour le fer :

$$\alpha = 0^{\omega},13.$$

Désignons par l la longueur de la ligne, par d le diamètre du fil, nous avons :

Pour le cuivre :

$$R_c = \frac{0,02 \times l}{d^2}$$

Pour le fer :

$$R_f = \frac{0,13 \times l}{d^2}$$

Par suite :

$$\frac{R_c}{R_f} = \frac{0,02 \times l}{d^2} \times \frac{d^2}{0,13 \times l} = \frac{2}{13} = 0,154.$$

La résistance devient donc les 154 millièmes de ce qu'elle était primitivement.

79. Mesure des forces électromotrices et des différences de potentiel. — Voltmètre. — Le voltmètre est un galvanomètre qui permet de mesurer une différence de potentiel ou une force électromotrice ; sa construction ne diffère de celle de l'ampèremètre indiquée plus haut que par la particularité suivante : la bobine est composée d'un grand nombre de tours de fil fin et par suite la résistance du voltmètre est extrêmement considérable.

De même que pour l'ampèremètre il y a souvent nécessité d'employer un coefficient dont le produit par le chiffre lu sur la graduation donne la valeur exacte de l'élément cherché.

80. Les résistances des voltmètres varient entre 2000 ohms et 3000 ohms, celles des ampèremètres entre 0,01 ohm et 0,001 ohm.

81. 1° **Mesure d'une différence de potentiel.** — Quand la bobine d'un galvanomètre est interposée entre deux points A et B d'un circuit nous avons :

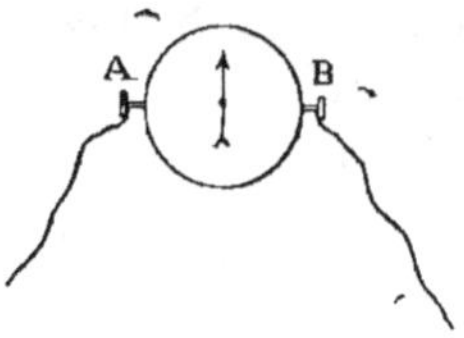

$$D = I \times r$$

Fig. 32.

r étant la résistance connue de cette bobine et I étant donnée par l'appareil, on en conclut la valeur de D qui est inscrite directement sur les voltmètres.

82. 2° **Mesure d'une force électromotrice.** — Soit à mesurer la force électromotrice d'un appareil M, pile ou machine. Soit ρ sa résistance intérieure, D la différence de potentiel aux bornes mesurée par un voltmètre, i l'intensité du courant, on a :

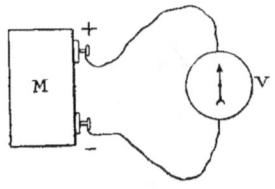

Fig. 33.

$$E = i\rho + D.$$

Or $i\rho$ est négligeable car ρ est extrêmement petit par rapport à la résistance du voltmètre et on peut écrire :

$$E = D.$$

C'est la méthode employée pour les piles.

83. **Remarque I.** — On peut mesurer la force électromotrice

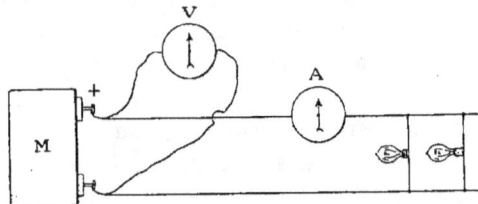

Fig. 34.

d'un appareil en fonctionnement en mettant dans le circuit

un ampèremètre A qui donne l'intensité I et en dérivation aux bornes un voltmètre V qui donne la valeur de D ; on a :

$$E = I\rho + D.$$

Mais ici I n'étant plus l'intensité du courant qui traverse le voltmètre on ne peut plus négliger $I\rho$.

84. Remarque II. — Ces mesures ne doivent pas modifier les éléments du circuit ; sans les appareils on a :

$$E = I(\rho + R) \qquad IR = D.$$

En appelant R la résistance extérieure et D la différence de potentiel aux bornes.

Quand le voltmètre de résistance v et l'ampèremètre de résistance a sont dans le dispositif on a :

$$E = I'\left(\rho + \frac{(R+a)v}{R+a+v}\right)$$

$$D' = I' \times \frac{(R+a)v}{R+a+v}$$

I' et D' ne doivent pas différer d'une façon appréciable de I et de D.

Or, on a :

$$\frac{I}{I'} = \frac{\rho + \frac{(R+a)v}{R+a+v}}{\rho + R} \qquad \text{et} \qquad \frac{D}{D'} = \frac{I}{I'} \times R \times \frac{R+a+v}{(R+a)v}.$$

On voit donc que pour réaliser la condition précédente il suffit que $\frac{(R+a)v}{R+a+v}$ soit peu différent de R.

Mais a, nous le savons, est très petit ; v est au contraire très grand et notre rapport peut s'écrire :

$$\frac{R+a}{\frac{R}{v}+\frac{a}{v}+1}$$

dans lequel on peut pratiquement négliger a auprès de R et $\frac{R}{v}$ et $\frac{a}{v}$ auprès de 1, il se réduit donc comme il fallait à R.

CHAPITRE VI

PILES.

85. **Polarisation des piles.** — Lorsqu'une pile fonctionne on s'aperçoit au bout d'un certain temps que l'intensité du courant diminue : cela tient à deux causes :

1°. L'hydrogène dégagé dans la pile se porte sur la plaque positive (exactement comme dans le cas d'un voltamètre). Cet hydrogène s'attache à la lame positive sous forme de globules et comme il est mauvais conducteur de l'électricité la résistance intérieure de la pile augmente sans cesse.

2°. Ce gaz tend aussi à former en agissant comme électrode négative par rapport à l'oxygène un courant inverse de celui de la pile elle-même.

La formule d'Ohm pour l'élément qui était primitivement :

$$(1) \qquad I = \frac{E}{R + r}$$

devient :

$$(2) \qquad I' = \frac{E - e}{R + r'}$$

en désignant par I et I' l'intensité du courant correspondant aux moments où la force électromotrice primitivement égale à E se trouve diminuée de e force électromotrice inverse de l'élément hydrogène-oxygène, r et r' étant les résistances intérieures correspondantes. $r' > r$, les équations (1) et (2) montrent bien que I est plus grand que I'.

86. Ce phénomène a reçu le nom de *polarisation*. La polarisation croît avec l'intensité du courant et sa durée, de plus elle se complique d'actions locales dues à l'impureté du zinc qui consistent en courants parasites allant d'un point à un autre de l'électrode ; il en résulte non seulement une diminution de la puissance de la pile, mais encore une perte

d'énergie ; on a cherché à faire face à ces inconvénients par divers procédés :

1°. L'état d'impureté du zinc n'a plus d'effet si on prend le soin de l'*amalgamer*, c'est-à-dire de le recouvrir d'une couche de mercure; le zinc s'use alors régulièrement et seulement quand le circuit est fermé.

2°. On facilite le dégagement de l'hydrogène en donnant à l'électrode positive une large surface ondulée pourvue d'aspérités multiples ; certaines piles comportent aussi des balais qui viennent brosser la surface recouverte de bulles.

3°. On introduit dans la pile une substance chimique ayant une grande affinité pour l'hydrogène et qu'on désigne sous le nom de *dépolarisant*; c'est un acide ou un sel suroxydé.

Dans les piles Daniell ce corps est du sulfate de cuivre, dans la pile Leclanché du bioxyde de manganèse, dans la pile Poggendorf (piles vigilantes des Défenses sous-marines) c'est du bichromate de potasse.

La dépolarisation de l'élément Leclanché est lente, aussi ne doit-il être mis en fonctionnement que pendant des temps très courts.

87. Association des éléments. — Suivant le but qu'on se propose dans l'emploi d'une pile on en combine les éléments de trois manières :

1° En tension ou série;

2° En quantité ou dérivation ;

3° D'une façon mixte.

88. 1° Association en tension. — Soient n éléments de pile semblables, réunissons le pôle $+$ de l'un avec le pôle $-$ de son voisin et ainsi de suite comme l'indique la figure, nous aurons ainsi une pile de n éléments accouplés en tension. Les pôles libres des éléments extrêmes seront dans ce cas les deux pôles de la pile ; réunissons-les par un conducteur de résistance R qui sera le circuit extérieur. Désignons par e la force électromotrice d'un élément, par i l'intensité du courant qu'il fournirait

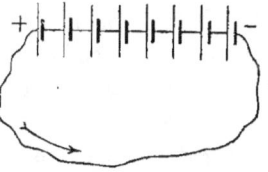

Fig. 35.

dans le circuit extérieur, soit r la résistance intérieure d'un élément ; I l'intensité du courant total fourni par la pile, on a d'après la loi d'Ohm :

$$I = \frac{n\,e}{R + n\,r} \qquad (\S\,60)$$

Avec un seul élément on aurait :

$$i = \frac{e}{R + r}$$

Si R est très petit on a sensiblement :

$$I = \frac{n\,e}{n\,r} = i$$

Ce qui montre qu'avec une résistance extérieure *très faible* l'intensité du courant est *indépendante du nombre d'éléments* avec l'association en tension.

Si maintenant R est très grand ou si r est négligeable (cas d'une pile thermo-électrique) on a sensiblement :

$$I = \frac{n\,e}{R} = n\,i$$

et dans ce cas l'intensité est *proportionnelle au nombre d'éléments*.

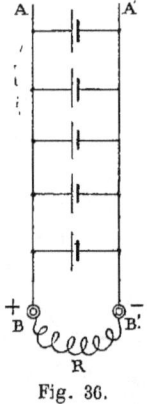

Fig. 36.

89. Conclusion. — C'est donc exclusivement dans le cas d'une résistance extérieure notable qu'on devra avec les éléments de pile usuels faire usage de l'association en tension.

90. 2° Association en quantité. — Imaginons n éléments de pile semblables, réunissons ensemble tous les pôles positifs au moyen d'une barre de cuivre AB, faisons de même pour les pôles négatifs à l'aide d'une seconde barre A' B', B et B' deviennent les deux pôles d'une pile de n éléments associés en quantité.

La force électromotrice de la pile est celle d'un seul

élément e, mais sa résistance intérieure est réduite à $\dfrac{r}{n}$.

Nous avons donc :

$$I = \dfrac{e}{R + \dfrac{r}{n}} = \dfrac{ne}{nR + r}$$

Dans les mêmes conditions un seul élément donnerait :

$$i = \dfrac{e}{R + r}$$

Si R est très petit par rapport à r on a sensiblement :

$$I = \dfrac{ne}{r} = ni$$

Si, au contraire, R est très grand par rapport à r nous aurons très sensiblement :

$$I = \dfrac{ne}{nR} = i$$

Dans le premier cas l'intensité du courant final est *proportionnelle* au nombre des éléments, dans le second cas elle est *indépendante* du nombre de ces éléments.

91. Conclusion. — On ne devra donc faire usage de ce mode d'association que lorsque la résistance extérieure est très faible.

92. 3° Association mixte. — On peut encore, étant donnés n éléments, les répartir en q groupes composés de t éléments chacun réunis en tension, tous ces groupes étant associés en quantité.

D'après ce que nous venons de voir les t éléments associés en tension se comportent comme un élément unique qui aurait pour force électromotrice te et pour résistance intérieure tr.

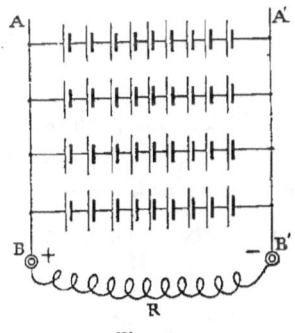

Fig. 37.

L'ensemble des q groupes en quantité se comportera à son

tour comme un élément unique qui aurait pour force électromotrice te et pour résistance intérieure $\dfrac{tr}{q}$.

D'après la loi d'Ohm l'intensité I du courant définitif sera donc :

$$I = \dfrac{te}{R + \dfrac{tr}{q}}$$

ou bien multipliant haut et bas par q :

(1) $$I = \dfrac{ne}{qR + tr}.$$

Au dénominateur du second membre de l'égalité (1) nous avons une somme de deux quantités variables dont le produit est constant :

$$qR \times tr = nRr.$$

D'après un théorème connu d'algèbre, la somme de ces deux variables sera minima lorsqu'elles seront toutes deux égales, c'est-à-dire lorsqu'on aura :

(2) $$qR = tr.$$

I sera maxima dans ces conditions, mais de l'égalité (2) nous tirons :

$$\dfrac{tr}{q} = R,$$

on voit donc que, dans le cas de l'association mixte, le courant est maximum quand la résistance intérieure de la pile est égale à la résistance du circuit extérieur.

93. Choix d'une combinaison de n éléments. — Nous étudierons 3 cas :

94. *Premier cas.* — Il faut obtenir une différence de potentiel D aux bornes extérieures ou, ce qui revient au même, un courant extérieur I, puisqu'on a :

$$D = IR.$$

La combinaison à adopter se déduira des équations suivantes :

$$\begin{cases} n = t \times q \\ I = \dfrac{ne}{qR + tr} \end{cases}$$

dans lesquelles t et q sont les seules inconnues.

95. *Exemple.* — Soit à combiner 20 éléments de $1^v,5$ de force électromotrice et de $0^\omega,5$ de résistance intérieure pour obtenir une intensité de 1 ampère dans un circuit extérieur dont la résistance est de 4 ohms.

Nous écrirons :

$$\begin{cases} t \times q = 20 \\ 1 = \dfrac{20 \times 1,5}{q \times 4 + t \times 0,5} \end{cases}$$

Résolvant ces équations :

$$t = \dfrac{20}{q}$$
$$4q + 0.5\, t = 20 \times 1.5 = 30$$
$$4q^2 - 30q + 10 = 0$$

$$q = \dfrac{15 \pm \sqrt{15^2 - 40}}{4} = \dfrac{15 \pm 13}{4} \quad \begin{cases} q' = \dfrac{1}{2} \text{ (ou 1 en pratique)}. \\ q'' = 7. \end{cases}$$

En règle générale on choisira toujours pour valeur de q le chiffre le plus élevé, ici 7 ; on conçoit en effet qu'avec la combinaison qui donne le plus d'éléments en quantité le courant traversant chaque élément sera réduit au minimum, ce qui réduira la polarisation de la pile.

96. *Deuxième cas.* — Obtenir une intensité maxima. — Prenons les mêmes données qu'au § 95, nous aurons 3 inconnues avec nos deux équations et la condition du maximum, mais on remarquera que I sera maximum quand $qR = tr$ ou quand $\dfrac{tr}{q} = R$, nous poserons donc :

$$\begin{cases} t \times q = 20 \\ \dfrac{t}{q} \times 0.5 = 4 \end{cases}$$

ce qui donne :

$$t^2 = 160 \qquad \text{D'où } t = 12$$

Arrondissant le résultat nous dirons qu'avec l'exemple proposé l'intensité maxima pratique est obtenue avec les valeurs suivantes :

$$\begin{cases} t = 10 \\ q = 2 \end{cases}$$

La valeur de cette intensité sera alors :

$$I = \frac{30}{8+5} = \frac{30}{13} = 2^a,3.$$

97. *Troisième cas.* — Déterminer le nombre d'éléments de $1^v,5$ et $0^\omega,5$ nécessaires pour un circuit de 20 ohms à 2 ampères, chaque élément ne devant pas être traversé par un courant supérieur à $0^a,5$.

$$q = \frac{2}{0.5} = 4 \text{ au moins}$$

$$2 = \frac{t \times 4 \times 1.5}{t \times 0.5 + 4 \times 20} = \frac{6t}{80 + 0.5t}$$

$$t = \frac{160}{5} = 32$$

$$n = 32 \times 4 = 128$$

98. Constantes des piles de la Marine.

DÉNOMINATION DES PILES	NATURE DES ÉLECTRODES	LIQUIDE ACTIF	DÉPOLARISANT.	e	r
Pile Leclanché, d'inflammation.......	Zinc, charbon.	Chlorhydrate d'ammon.	Bioxyde de manganèse.	$1^v,4$	$0^\omega,47$
Pile Leclanché, de sonnerie........	Id.	Id.	Id.	$1^v,4$	$1^\omega,4$
Pile Poggendorf ou vigilante........	Id.	Eau salée.	Bichromate de potasse.	2^v	$0^\omega,25$

TITRE II

CHAPITRE PREMIER

NATURE DES COURANTS PRODUITS DANS LES MACHINES. LEURS CAUSES.

99. Loi de Lenz. — *Quand le flux de force, qui traverse un conducteur formé en boucle, varie, ce conducteur est parcouru par un courant qui tend à s'opposer à cette variation du flux.*

On peut déduire de là la règle suivante pour le cas d'un conducteur se déplaçant dans un champ magnétique :

Quand un conducteur embrassant un flux de force donné se déplace, il est parcouru par un courant qui crée des lignes de force dans le sens de celles du champ, ou en sens contraire, suivant que le nombre des lignes de force, enveloppées par le circuit, diminue ou augmente.

Exemple : Soit un conducteur en boucle O qui va de A en B dans le champ magnétique H : il est parcouru par un courant dans le sens de la flèche 1.

En effet le nombre des lignes de force qu'il embrasse diminuant, il doit être parcouru par un courant qui en crée de même sens que celles du champ, c'est-à-dire dirigées vers la gauche.

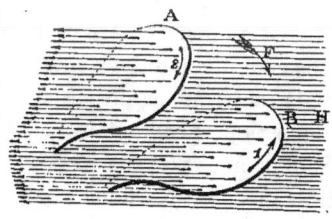

Fig. 38.

Or l'homme d'Ampère, regardant vers l'intérieur de la boucle, aura sa gauche dans le sens du champ, si nous le plaçons suivant la flèche 1. Ce courant dévierait donc une aiguille aimantée dans une direction voisine de celle du champ, les lignes de force qu'il engendre sont donc bien de même sens que celles du champ.

De même quand le conducteur sera ramené de B en A, il sera parcouru par un courant dans le sens de la flèche 2.

Ces courants sont des *courants induits*, ce sont ceux qui circulent dans les machines dynamos.

100. Théorie élémentaire des dynamos à courants continus. — Les dynamos comprennent essentiellement un champ magnétique intense dans lequel on fait rapidement tourner des bobines composées d'un grand nombre de tours de fil. Chacun de ces tours est parcouru par un courant et ces courants se combinent, comme nous le verrons, pour donner extérieurement un courant continu.

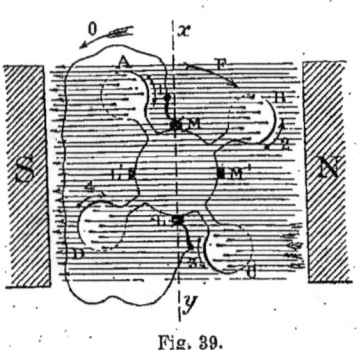

Fig. 39.

Supposons, pour plus de simplicité, le champ magnétique uniforme, A, B, C, D quatre spires tournant dans le sens de la flèche F, les courants induits dans chacune des spires sont représentés par les flèches 1, 2, 3, 4 conformément au paragraphe précédent.

Joignons les spires de façon que le commencement de l'une soit joint au bout arrière de la précédente.

Les courants induits s'entre-détruiront.

Mais remarquons que ces courants viennent se rejoindre sur la ligne xy perpendiculaire au champ.

Si donc nous plaçons en M et en L deux plaques métalliques reliées aux fils et si nous y faisons frotter deux lames réunies extérieurement par un fil, celui-ci sera parcouru par un courant dans le sens de la flèche O.

Quand l'ensemble des spires aura tourné d'un quart de tour, A sera en B, B en C, C en D et D en A ; les plaques M et L ne seront plus sous les frotteurs, mais si nous avons mis également des plaques en M' et L' entre B et C et entre D et A, le courant extérieur sera de même sens que précédemment.

Imaginons un plus grand nombre de spires ainsi réunies deux à deux, il y aura toujours une plaque sous le frotteur, ou balai, le courant sera ininterrompu. L'ensemble des spires forme l'*induit*.

L'ensemble des plaques métalliques réunies en forme de cylindre et isolées électriquement les unes des autres forme le *collecteur Gramme*.

101. Exposé élémentaire de la sommation des courants des différentes spires. — Dans le cas ci-dessus d'un champ uniforme, les variations de l'intensité dans une même spire sont représentées par une sinusoïde, dont nous redresserons la boucle négative, puisque l'effet du collecteur Gramme est de redresser le courant dans le circuit extérieur.

Donc avec une seule spire ou avec deux spires à 180° l'une de l'autre, le courant suivra les fluctuations de la courbe 1. (Les angles étant comptés à partir de xy). Prenons maintenant

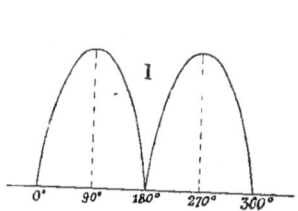

Fig. 40.

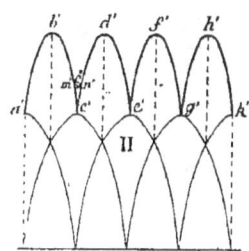

Fig. 41.

un induit composé de quatre bobines espacées de 90°. Chaque paire nous donnera une sinusoïde, l'une en avance de 90° sur l'autre (courbe II). La loi réelle du courant sera donnée par une courbe ayant pour ordonnées les sommes des ordonnées correspondantes des sinusoïdes élémentaires : on aura ainsi la courbe $a'b'c'd'e'f'g'h'k'$ dont les maxima correspondront aux points d'intersection des sinusoïdes composantes et les minima à leurs zéros.

Avec quatre paires de bobines, on aurait une courbe déduite de la sommation de deux courbes telles que la courbe II.

Les fluctuations du courant diminuent de valeur à mesure

qu'augmente le nombre des spires : avec 60 bobines le courant des dynamos Gramme est représenté par une ligne absolument droite.

102. Remarque I. — Conformément à la loi de Lenz les variations du courant créent dans les bobines mêmes des extra-courants qui tendent à les amoindrir. C'est ainsi que les points $a'c'e'g'k'$ de la courbe II, ne devraient point être en rebroussement, mais être les points minima de courbes telles que $m'c''n'$.

103. Remarque II. — La ligne xy est la ligne théorique de calage des balais ou ligne neutre théorique, on voit qu'elle est perpendiculaire au champ inducteur. Les balais fixés sont réunis à deux bornes fixes qui constituent les deux pôles de la machine.

104. Cas de l'induit Gramme à âme de fer. — Le champ

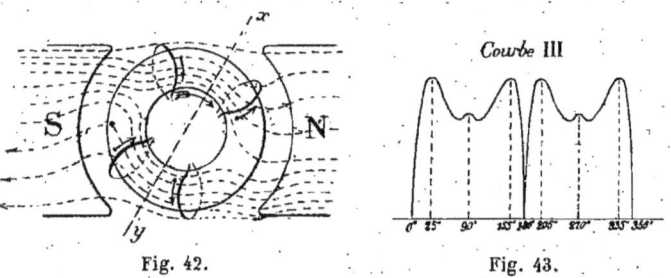

Fig. 42.   Fig. 43.

n'est plus uniforme ; il affecte pratiquement la forme contournée de la figure 42, grâce au magnétisme rémanent du fer doux de l'induit et surtout à cause de la déviation du champ due au champ créé par l'induit lui-même. La courbe représentative n'est plus une sinusoïde, son ordonnée maximum est abaissée ; elle présente des fluctuations plus nombreuses (courbe III), mais l'aspect général et la sommation des courants élémentaires sont les mêmes que dans le cas théorique exposé.

CHAPITRE II

CALAGE.

105. Calage des balais. — Soient N et S les pôles des aimants inducteurs. Ils induisent dans l'anneau de fer doux de l'induit des pôles S' et N'.

Mais si nous nous reportons à la figure du § 100, comme les hypothèses sont les mêmes, nous voyons que les spires placées à gauche de la ligne neutre théorique ont la gauche de leur courant vers le balai M ; il en est de même des spires qui sont à droite de la ligne neutre ; ces courants créent dans l'âme (voir plus loin § 106) de l'induit un pôle nord n en face de la ligne neutre, et de même un pôle s diamétralement opposé.

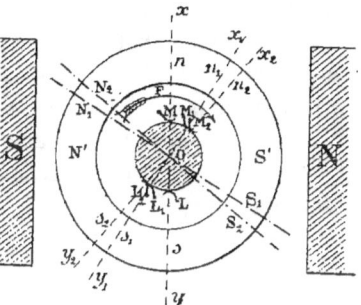

Fig. 44.

Ces pôles se combinent avec N' et S' pour former des pôles résultants N_1 et S_1. La ligne neutre du nouveau champ est x_1y_1 perpendiculaire à N_1S_1 ; on devrait donc placer les balais en M_1L_1 ; mais dès lors les pôles induits par les courants seront en n_1s_1 et si on les combine avec N'S' on obtient des pôles, résultants autres que N_1 et S_1 ; il nous faut donc encore déplacer les balais, d'où un nouveau changement des pôles finalement les balais seront en M_2L_2, positions qui correspondront à un champ résultant perpendiculaire au champ individuel de l'induit, x_2y_2 sera la ligne neutre réelle.

Il faut aussi considérer qu'à cause du magnétisme rémanent du fer doux de l'induit, les pôles d'influence N'S' sont légèrement entraînés dans le sens du mouvement.

La ligne neutre $x_1 y_1$ est donc encore plus à droite de la position théorique que ne le comporte l'effet du courant de l'induit.

L'angle MOM_2 ou xOx_2 est l'*angle de calage*, on voit qu'il est toujours en avant de la position théorique dans le sens du mouvement.

Quand l'intensité du courant augmente, les pôles n et s augmentent de puissance et le champ résultant est plus près de la ligne neutre que précédemment, l'angle de calage augmente.

Si donc un mécanicien voit l'ampèremètre du tableau indiquer une variation de l'intensité, il doit modifier le calage, le diminuer si l'intensité diminue, l'augmenter si elle augmente.

On s'aperçoit d'ailleurs de la nécessité de cette opération par l'apparition aux balais d'étincelles plus fortes.

En pratique on règle les balais sur le minimum d'étincelles, on évite ainsi l'usure prématurée du collecteur.

Cette pratique entraîne une augmentation de l'angle de calage tel que nous l'avons déterminé ; de plus elle diminue la puissance de la machine.

CHAPITRE III

ÉLECTRO-AIMANTS. — LOI D'AMPÈRE.

106. Nous avons vu (§ 45) qu'une boucle parcourue par un courant crée dans son intérieur un champ magnétique dirigé vers sa gauche, c'est-à-dire vers celle de l'homme d'Ampère regardant vers l'intérieur de la boucle.

Si nous formons un solénoïde, c'est-à-dire une série de spires parcourues par un même courant, l'effet sera augmenté, les lignes de force dues à chaque spire s'ajouteront, le champ créé sera proportionnellement plus intense, on pourra le représenter par KnI, n étant le nombre de spires, I l'intensité du courant, K un coefficient dépendant des dimensions.

Si nous plaçons, dans ce champ, une tige d'acier ; cette tige s'aimantera, son pôle N dans la direction du champ, ou comme nous venons de le voir, vers la gauche du solénoïde.

C'est le principe de l'aimantation des aimants permanents par les courants.

Si au lieu d'un barreau d'acier, nous plaçons un barreau de fer doux, celui-ci prendra une aimantation temporaire, qui naîtra avec le courant et disparaîtra avec lui ; cette aimantation sera de même sens que pour le barreau d'acier.

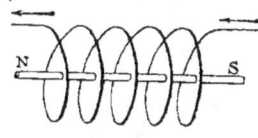

Fig. 45.

On aura constitué ainsi un *électro-aimant*.

On prend souvent comme guide, pour la recherche des pôles, la règle suivante, dite loi d'Ampère :

Le pôle N d'un électro-aimant, vu de bout, est du coté où le courant circule en sens inverse des aiguilles d'une montre.

La présence du fer doux dans le solénoïde a pour effet d'augmenter dans de grandes proportions l'intensité du champ créé ; ce champ pourra se représenter par $K'nI$, K' étant beaucoup plus grand que K, le rapport $\frac{K'}{K}$ peut caractériser la perméabilité magnétique du fer employé.

L'intensité du champ en un point de l'espace dépend de la distance de ce point aux pôles de l'électro-aimant ; aussi donne-t-on presque toujours à ces appareils la forme en fer à cheval de façon que le champ entre les pôles soit de courtes dimensions.

Cette portion du champ devra autant que possible contenir du fer, c'est là la raison d'être de l'âme des induits ; les entrefers devront être aussi réduits que possible.

Remarque I. — L'intensité du champ a une limite qui dépend du point de saturation du métal, aussi en général se tient-on loin de ce point.

Remarque II. — Quand les électros ont un champ magnétique très variable, leur métal est parcouru par des courants induits parasites appelés *courants de Foucault*. Ils se manifestent avec une grande intensité dans les induits des dynamos, les échauffent et absorbent beaucoup d'énergie.

Pour y remédier, on compose les âmes de ces induits de fils isolés électriquement par des couches de vernis, ou par des lames de tôle isolées de la même façon.

Les courants induits ne peuvent ainsi s'y développer.

107. Différents types d'inducteurs de dynamos. — Les figures ci-contre représentent les différents types auxquels on

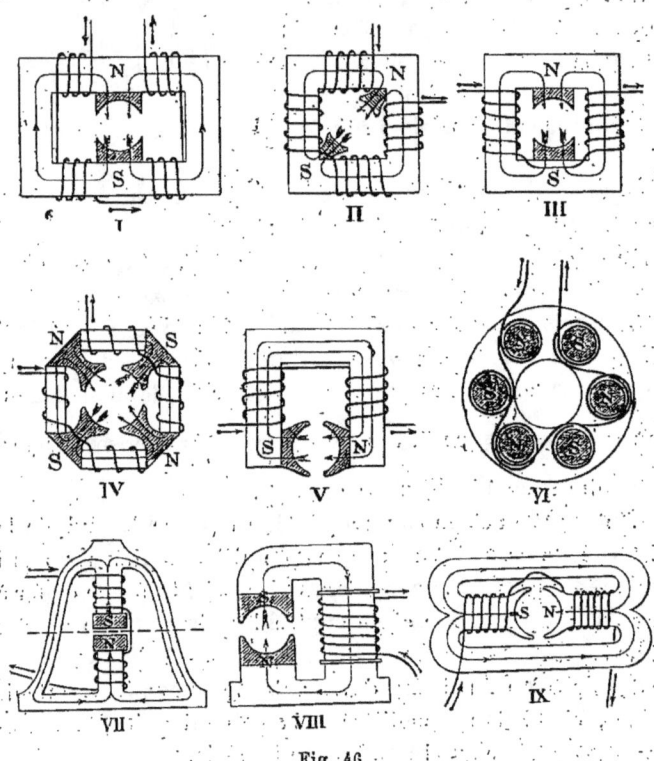

Fig. 46.

peut ramener tous les inducteurs, les flèches ⟶ y indiquent le sens du courant, les flèches ⟹ la direction des lignes de force.

La figure I représente les inducteurs des dynamos Gramme pour canots, ce type pèche par le trop grand développement des parties métalliques non entourées de fil. Les types II et III sont de beaucoup supérieurs à ce point de vue. Le type III est celui des dynamos Hc de la maison Sautter. Le type IV est celui des inducteurs des dynamos Gramme duplex employées sur les gardes-côtes (type Indomptable); le champ y est complexe.

Il en résulte dans l'induit deux lignes neutres, il faudrait donc quatre balais, si l'on n'avait pris soin de réunir les bobines placés à 180° l'une de l'autre; les quatre parties de l'enduit sont assemblées en quantité et il n'est besoin que de deux balais calés à 90° l'un de l'autre.

Il existe des dynamos triplex ou à six pôles construites d'après le même principe.

Le type V est l'inducteur caractéristique des dynamos Edison, il pèche grandement par le défaut de symétrie du champ créé.

La figure VI représente une moitié de l'inducteur des dynamos Desroziers; une autre couronne semblable est placée en face de la première avec ses pôles opposés de noms contraires.

L'induit spécial tourne entre ces deux couronnes. Le champ affecte une forme sinueuse, les lignes de force y sont alternativement d'un sens et d'un autre sens.

La figure VII représente un inducteur d'une seule pièce dû à Gramme : il pèche comme le type I par un trop grand développement du métal en dehors des bobines.

La figure VIII donne le type d'inducteurs simples et robustes employés pour des perceuses électriques. L'enroulement en une seule bobine en simplifie beaucoup la fabrication.

La figure IX représente un des nombreux types d'inducteurs, *dits cuirassés;* la partie métallique enveloppante a pour effet de renvoyer vers l'induit les lignes de force qui tendent à s'échapper des pièces polaires en dehors du champ utilisable.

CHAPITRE IV

ENROULEMENTS DES DYNAMOS.

108. Classification des dynamos d'après l'enroulement des inducteurs. — On classe en général les dynamos, selon l'origine du courant qui circule dans les électro-aimants, en quatre classes :

1° Dynamos à excitation indépendante (on peut ranger dans cette classe les dynamos à aimants permanents) ;

2° Dynamos en série ou à enroulement direct ;

3° Dynamos en dérivation, ou à enroulement dérivé, ou dynamos shunt ;

4° Dynamos excitées en série et en dérivation ou dynamos compound.

109. Dynamos à excitation indépendante et dynamos à aimants permanents. — Le courant excitateur dans les premières étant pris à une source étrangère, la figure schématique de cette classe de dynamos, ne comprend que l'induit et les résistances extérieures comme circuit total.

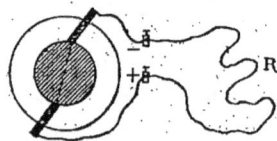

Fig. 47.

La force électromotrice de ces dynamos est sensiblement proportionnelle à la vitesse de rotation et le champ conserve une valeur à peu près indépendante de la charge de la machine.

Si nous appelons I l'intensité du courant, E la force électromotrice, D la différence de potentiel aux bornes, r_a la résistance de l'induit, R la résistance extérieure, les équations qui relient ces données, sont :

$$E = D + I \times r_a \qquad D = IR$$

Remarque. — Les bobines de l'induit étant à chaque instant divisées en deux groupes assemblés en dérivation, la résistance r_a est le $\frac{1}{4}$ de la résistance totale des bobines.

110. Dynamos à excitation en série ou à enroulement direct. — La figure ci-contre représente schématiquement ce type.

Le fil d'excitation est très gros et sa résistance faible.

Il part de l'un des balais M pour aller à la borne $+$ (par exemple) de la machine, l'autre balai L est réuni directement à la

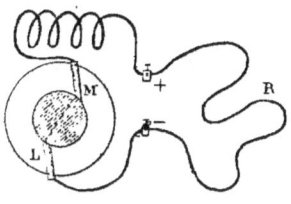

Fig. 48.

borne. — Désignons par r_g, la résistance de l'enroulement d'excitation, par Δ la différence de potentiel entre les balais, on a les équations :

$$E = \Delta + Ir_a \quad \Delta = D + Ir_g \quad D = IR$$

111. Dynamos en dérivation ou à enroulement dérivé ou dynamos shunt. — Le fil d'excitation long et fin part de l'un des balais et se termine à l'autre. Soit r_d sa résistance; soit i le courant extérieur, i_d le courant dans la dérivation ; comme ici la différence de potentiel aux bornes est la même qu'aux balais, on a les équa-

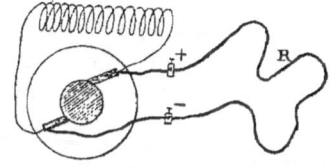

Fig. 49.

tions :

$$E = D + Ir_a \quad I = i + i_d \quad i = \frac{D}{R} \quad i_d = \frac{D}{r_d}.$$

On a encore :

$$E = I\left(r_a + \frac{r_d R}{r_d + R}\right) = D\left(1 + \frac{r_a}{r_d}\right) + ir_a$$

112. Dynamos compound. — Ce dispositif a pour but d'obtenir par une combinaison judicieuse des deux enroulements une différence de potentiel constante aux bornes.

L'enroulement en série de très faible résistance compense les réactions de l'induit, qui croissent avec le courant.

Avec les notations précédentes, on a :

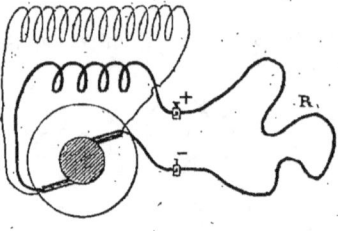

Fig. 50.

$$E = \Delta + Ir_a = D + ir_c + Ir_a$$

Mais l'on a :

$$I = i + \frac{\Delta}{r_d} = i + \frac{D + ir_c}{r_d}$$

d'où :

$$E = \left(D + ir_c\right)\left(1 + \frac{r_a}{r_d}\right) + ir_a$$

C'est la formule d'une dynamo shunt dans laquelle la différence de potentiel aux bornes est $D + ir_c$.

113. Remarque. — On voit que pour l'amorçage, il faut fermer le circuit extérieur d'une dynamo en série, et qu'au contraire les dynamos shunt ou compound s'amorceront plus facilement si le circuit extérieur est ouvert.

CHAPITRE V

MOTEURS ÉLECTRIQUES.

114. Reversibilité des machines. — Si au lieu de faire tourner l'induit d'une dynamo directement, nous y envoyons un courant, cette machine dite alors *réceptrice* se mettra à tourner.

On peut en effet prévoir d'après la loi de Lenz que du moment qu'on établit un courant dans un induit, cet induit va se mouvoir de façon à produire un courant de sens inverse, ou en d'autres termes, si le champ et le courant sont de même sens dans les deux machines la réceptrice tournera en sens inverse de la génératrice.

Il est aussi facile de concevoir que si les deux machines diffèrent par le sens d'un seul des éléments, champ ou courant, elles tournent dans le même sens, et que si elles diffèrent par les sens de ces deux éléments, elles tournent en sens contraire.

C'est le principe de la réversibilité des machines électriques.

On peut encore appliquer la règle suivante :

Les lignes de force créées par un courant tendent à se placer dans le même sens que celles du champ.

Enfin si nous nous reportons à la figure du § 105, nous verrons que le pôle permanent *n* de l'induit sera constamment attiré par le pôle S de l'électro-aimant ce qui exige une rotation en sens inverse de celle figurée pour la machine agissant comme génératrice.

Si nous changeons le sens du champ, le pôle *n* sera attiré en sens inverse du précédent.

Enfin les modifications de la rotation dues au changement seul du courant, ou au double changement de champ et de courant peuvent se déduire de l'observation de cette figure.

115. Renversement de marche. — Pour renverser la marche d'un moteur, il suffit donc de renverser seulement le sens du courant dans l'induit ou seulement le sens du champ :

1° *Dynamo à excitation séparée ou à aimants permanents.* — Le champ restera fixe, on changera le sens courant dans l'induit au moyen d'un dispositif que nous verrons plus loin.

2° *Dynamo excitée en série.* — 1° Cette dynamo tourne en sens inverse de la génératrice quand on les relie : pôle + pôle —

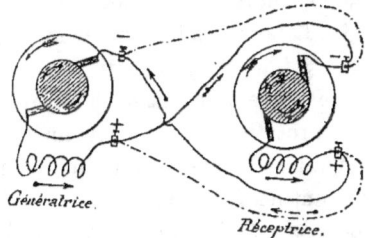

Fig. 51.

et réciproquement; 2° si l'on change simplement le courant en inversant les conducteurs extérieurs, la rotation est la même que précédemment, le champ étant renversé en même temps que le courant; 3° pour renverser la marche, il faut changer le sens du courant dans l'induit seulement ou dans les inducteurs.

C'est le premier procédé qui est généralement employé.

3° *Dynamo shunt.* — La réunion pôle + pôle — renverse le champ sans renverser le courant, et la réunion pôle + pôle + renverse le courant sans renverser le champ, les deux machines tournant dans le même sens dans les deux cas.

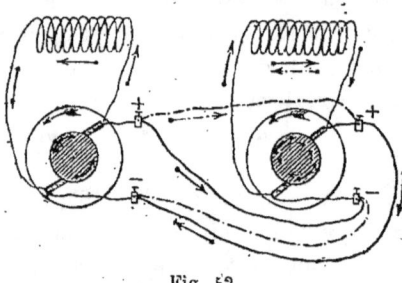

Fig. 52.

Pour renverser la marche de la réceptrice, il faut comme précédemment renverser seulement le sens du courant dans l'induit ou seulement dans les inducteurs.

4° *Dynamo compound.* — Ce type participe des deux précédents, mais comme l'excitation en dérivation l'emporte en général sur celle en série, la dynamo compound réceptrice tournera comme la génératrice si on change les deux éléments champ et courant en même temps.

On remarquera que les deux excitations n'agissent plus pour former des lignes de force de même sens, le champ est donc moins intense que dans la génératrice. D'ailleurs le compoundage des moteurs a un autre but que dans les génératrices.

116. Calage des balais des moteurs. — Reportons-nous à la figure § 105 qui nous représentera une réceptrice tournant en sens inverse de la flèche F, on sait que rien n'est changé que la rotation et que le champ résultant est resté le même et en d'autres termes que la ligne neutre et la position des balais sont les mêmes :

Le calage des balais des moteurs est en sens inverse de la rotation.

Il faut remarquer néanmoins que les pôles induits N' et S' légèrement entraînés à cause du magnétisme rémanent, ne le sont plus dans le même sens que pour la génératrice de sorte que l'effet est de diminuer l'angle de calage au lieu de l'augmenter.

Il arrive même, dans les moteurs grossiers, que l'angle de calage est nul ou même négatif, c'est-à-dire dans le sens du mouvement. Cela tient à la mauvaise qualité du fer de l'induit.

117. Mécanisme de renversement de marche par l'induit. — Puisqu'il faut à cause de l'angle de calage, et aussi du retournement des balais, déplacer ceux-ci, on est conduit à profiter de la nécessité de ce déplacement pour changer, par le même mécanisme, le sens du courant dans l'induit et le ca-

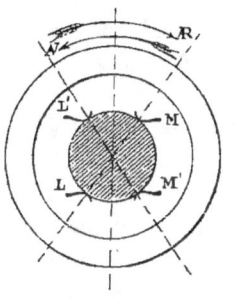 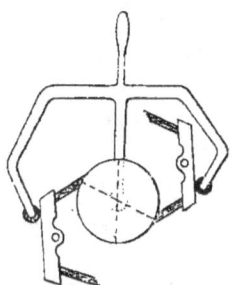

Fig. 53. Fig. 54.

lage des balais, sans changer le courant dans les inducteurs.

Nous appellerons cette opération le *décalage*.

Nous amènerons ainsi le balai M en M' et le balai L en L', et si nous prenons le chemin le plus court, on voit qu'il suffira de les *déplacer d'un angle égal à 180° moins le double de l'angle de calage, dans le sens de la nouvelle rotation à donner au moteur.*

Le dispositif ci-contre assure cette manœuvre au moyen d'un léger déplacement du levier l dans le sens de la nouvelle rotation (fig. 54).

Remarque. — Quand l'angle de calage est nul, on emploie des balais en charbon normaux au collecteur, et on se borne à changer le courant des inducteurs pour renverser la marche.

CHAPITRE VI

ACCUMULATEURS.

118. Principe des accumulateurs. — Essentiellement un *accumulateur électrique* est une pile, différant des piles ordinaires en ce que, au lieu d'y assembler directement des substances chimiques donnant lieu à un courant, on y prépare celles-ci par électrolyse ; la préparation une fois faite, la pile est prête à donner un courant de sens contraire à celui qui l'a préparée et théoriquement les deux quantités d'électricité fournie et recueillie doivent être égales.

Le voltamètre à eau acidulée est le plus simple des accumulateurs.

Les accumulateurs sont souvent désignés sous le nom de *piles secondaires*. Les anciens accumulateurs Planté comprenaient deux lames de plomb, l'une dite positive, l'autre négative, plongées dans l'eau acidulée à l'acide sulfurique.

Pendant la charge, le courant entre par la plaque positive et sort par la plaque négative ; la première s'oxyde et se couvre d'une couche de bioxyde de plomb, l'autre, sous l'action de l'hydrogène se couvre d'une couche de plomb pur pulvérulent.

La pile ainsi prête donnera un courant de sens contraire à celui de la charge, le bioxyde de plomb formé se transformera en oxyde sous l'action de l'hydrogène de l'eau acidulée et le plomb pulvérulent s'oxydera sous l'action de l'oxygène résultant de la décomposition de cette eau acidulée.

Le bioxyde de plomb joue le rôle de dépolarisant.

Finalement les deux oxydes se combinent avec l'acide sulfurique pour former du sulfate de plomb qui reste adhérent aux plaques.

La concentration de l'eau acidulée diminue donc pendant la décharge. Actuellement on emploie des accumulateurs comprenant une grande quantité d'oxyde de plomb (minium ou litharge), maintenu sous forme de pastilles dans une sorte de grillage en plomb pur ou allié à l'antimoine.

119. Charge et décharge des accumulateurs. — On y emploie de préférence une dynamo en dérivation ou compound, car avec une dynamo en série, il peut arriver que la puissance motrice diminuant, la force électromotrice des accumulateurs l'emporte et que ceux-ci se déchargeant dans la machine la fassent tourner en sens inverse ; les balais sont alors rebroussés, la polarité des électros est changée, de plus l'intensité peut être dangereuse pour les accumulateurs.

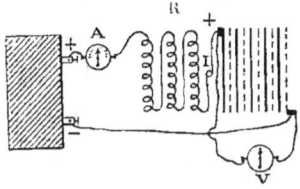

Fig. 55.

Avec une dynamo shunt, l'effet est de faire tourner la dynamo dans le même sens, tous les accidents sont évités et le moteur de la dynamo est aidé par la décharge elle-même.

On relie le pôle positif de la batterie au pôle + de la dynamo.

Un ampèremètre est intercalé dans le circuit. Un voltmètre est mis en dérivation aux bornes de la batterie.

L'ampèremètre permet de vérifier que l'intensité du courant de charge ne dépasse pas la limite fixée par le constructeur.

Un rhéostat R ou résistance variable permet d'obtenir ce résultat.

Un interrupteur automatique I prévient le renversement de la batterie dans la machine.

La force électromotrice par élément est au commencement de 2 volts et à la fin de $2^v,5$.

Si on a n accumulateurs, que la résistance totale du circuit soit R, que l'intensité du courant de charge soit I, on doit avoir pour la différence de potentiel aux bornes de la machine, au commencement :

$$D = n \times 2 + IR$$

Mais le produit $n \times 2$ tend vers $n \times 2,5$ et si D est invariable, il faut que le terme IR diminue. En général, on maintient I constant en diminuant R au moyen du rhéostat à mesure que la charge s'effectue.

Vers la fin on laisse I diminuer.

On reconnaît que les accumulateurs sont chargés :

1° Quand il se produit un bouillonnement du liquide, celui-ci prend un aspect blanc laiteux.

2° Quand la différence de potentiel aux bornes de la batterie, donnée par le voltmètre est :

$$D' = n \times 2,5 + Irn$$

r étant la résistance d'un accumulateur.

3° On peut se servir d'une table donnant les variations de la densité du liquide avec la charge, un densimètre permet de l'évaluer.

120. Remarque. — Si l'on ne veut accumuler qu'une quantité d'électricité inférieure à la charge maximum, celle-ci sera continuée pendant le temps t, tel que : $t = \dfrac{Q}{I} \times 1,25$; Q étant la quantité à utiliser, on la majore de 25 p. 100 à cause des pertes.

Si I est exprimé en ampères, t en secondes, Q l'est en coulombs; si t est exprimé en heures, Q l'est en ampères-heures.

121. La décharge exige des combinaisons de la batterie telles que le courant ne dépasse pas la limite fixée par le constructeur.

Elle est arrêtée quand la différence de potentiel aux bornes de la batterie est tombée à 1^v,8 par élément.

Une décharge trop prolongée peut désagréger les plaques.

Le voltmètre et le pèse-acide peuvent servir à vérifier la fin de la décharge.

On se base le plus souvent sur le temps que peut durer la décharge, d'après la quantité d'électricité accumulée et un coefficient de perte facile à déterminer.

122. Capacité totale. — Capacité utilisable. — On appelle *capacité totale* d'un accumulateur le nombre d'ampères-heures donnés par une décharge complète et *capacité utilisable* le nombre d'ampères-heures fournis jusqu'au moment où la force électromotrice par élément atteint 1ᵛ,8.

Cette *capacité utilisable* varie suivant les types d'accumulateurs de 7 à 30 ampères-heures par kilogramme de plaques.

CHAPITRE VII

ÉCLAIRAGE ÉLECTRIQUE PAR L'ARC.

123. Arc voltaïque. — Ses formes. — Si l'on approche au contact deux charbons réunis chacun à un pôle d'une machine et qu'ensuite on les écarte, une vive lumière jaillit qui se maintient, quel que soit l'écartement des charbons, jusqu'à une limite où le phénomène cesse, on dit alors que l'arc s'éteint.

Pour le rallumer il faut ramener le charbon au contact.

On constate que le charbon positif est plus chaud, plus brillant et se désagrège plus vite que le charbon négatif.

Le rapport des usures varie notablement avec le rapport des diamètres des charbons. Il est d'environ 1,5 pour les charbons actuels des lampes Sautter-Harlé ; 0,5 pour les lampes Bréguet où le charbon positif est très gros.

L'arc présente des phases très accentuées suivant l'écartement des charbons.

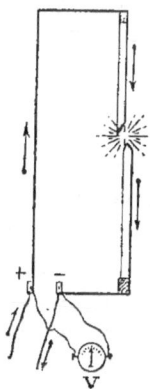

Fig. 56.

Pour les étudier, réunissons les deux bornes de la lampe à celle d'un voltmètre.

Les charbons au contact rougissent, le voltmètre est à 0. Aussitôt l'arc s'établit par un léger écartement, si la différence de potentiel aux bornes de la machine est suffisante.

Mais cet arc est agité, bruyant, peu éclairant. Son bruit particulier lui a fait donner le nom d'*arc sifflant*.

Dès l'écartement des charbons, le voltmètre marque environ

20 volts, cette différence de potentiel croît de 20 à 28 volts assez régulièrement à mesure que les charbons s'usent, l'arc est toujours sifflant.

Puis il se fait une saute brusque de 28 à 38, de 38 à 28, les sifflements sont intermittents.

L'écartement continuant, la différence de potentiel atteint 40 volts, l'arc cesse d'être agité et de siffler, c'est le commencement de l'*arc fixe*.

Les charbons s'usant toujours, la différence de potentiel pourra atteindre de 49 à 50 volts, l'arc restant fixe, puis il commencera à être irrégulier, de longues flammes jaunes masqueront la lumière. C'est l'*arc flambant*.

Au delà de 55 volts, l'arc s'éteint. Pour le rallumer il faut ramener les charbons au contact.

124. Régulation. — La condition de bon fonctionnement est donc d'obtenir l'arc fixe. Le voltmètre permet d'obtenir facilement ce résultat en réglant l'arc à la main. On écarte au moyen d'un dispositif spécial, les charbons jusqu'au commencement de l'arc fixe ; le voltmètre indique, par exemple, 40 volts ; on continue l'écartement jusqu'au commencement de l'arc flambant, le voltmètre indique 50 volts.

On rapproche alors les charbons jusqu'à ce que le voltmètre indique 42 volts ; on les laisse s'user normalement et dès que le voltmètre indique 47 à 48 volts on les rapproche de nouveau à 42 volts.

On évite ainsi l'observation pénible de l'arc lui-même.

La première condition du bon fonctionnement est le maintien de l'allure normale de la machine, celle-ci doit donc être munie d'un bon régulateur.

De plus, à bord, les lampes doivent être indépendantes les unes des autres, c'est-à-dire montées en dérivation. Si l'on se sert d'une dynamo à différence de potentiel constante aux bornes, une résistance doit être intercalée entre la dynamo et la lampe.

125. Principes de la régulation automatique de l'arc voltaïque. — Nous avons vu que lorsque les charbons s'écartent, la différence de potentiel augmente, on constate ainsi que l'intensité du courant diminue. On peut utiliser au moyen d'électro-aimants, ces deux variations des éléments de l'arc pour obtenir sa régulation automatique.

1° **Régulateur à différence de potentiel**. — Soit un électro-aimant E en dérivation aux bornes de la lampe ; son armature A est reliée à un mécanisme de rapprochement des charbons, comme, par exemple, celui de la figure schématique ci-contre. Dès que le courant sera assez intense dans la bobine ou, ce qui revient au même, dès que la différence de potentiel aux bornes de la lampe sera suffisante, l'armature A sera attirée et les charbons seront rapprochés.

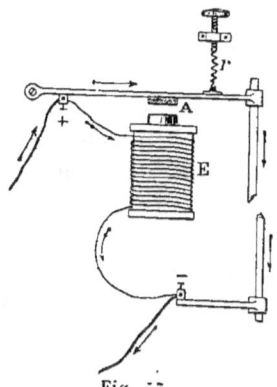

Fig. 57.

Si donc le ressort r est bandé de façon qu'il soit vaincu par l'électro-aimant, dès que l'arc fixe approche de sa limite, le rapprochement se fera et une nouvelle période de fixité sera possible pour l'arc.

2° **Régulation par l'intensité**. — La figure ci-contre donne un dispositif rudimentaire.

Le ressort r' sera tendu de façon à vaincre l'attraction de l'électro-aimant E' en série, dès que l'intensité du courant, qui est celle de l'arc, aura atteint la limite pour laquelle l'arc fixe va être remplacé par l'arc flambant.

Le premier système est le seul employé à bord des navires français. L'électro est en réalité employé seulement à permettre au moment convenable le fonctionnement d'un mécanisme électro-magnétique de rapprochement.

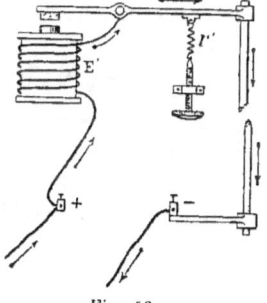

Fig. 58.

126. Intensité, différence de potentiel et puissance lumineuse des divers arcs employés dans la marine. — Les arcs employés pour le service de vigie, sont les suivants :

12 ampères	— 40 volts	— 200 becs	— Canots à vapeur.	Projecteur de	30 c/m
45	— 43	— 1600	— Avisos	—	40 c/m
65	— 45	— 3000	— Grands navires	—	60 c/m
90	— 47	— 4000	— Défenses fixes	—	90 c/m

Nota : Le bec carcel vaut 7 bougies anciennes ou 10 bougies déduites de l'unité Violle ; celle-ci vaut 2 carcels ou 20 bougies. C'est l'intensité lumineuse de 1^{cmq} de platine incandescent voisin de son point de fusion.

127. **Remarque.** — Les courants alternatifs peuvent être employés pour l'éclairage à arc, mais la nécessité d'un cratère défini dans les projecteurs, fait qu'on ne peut les employer à bord.

Ils sont employés spécialement avec les systèmes d'éclairage analogues aux bougies Jablochkoff.

CHAPITRE VIII

ÉCLAIRAGE ÉLECTRIQUE PAR INCANDESCENCE.

128. **Conditions à remplir pour que les lampes conservent un éclat normal.** — La constante d'une lampe à incandescence, est le produit I^2R ou chaleur développée par seconde dans le filament.

Or le facteur R est déterminé par construction, il est constant.

Il suffit donc pour que la lampe ait l'éclat normal, que le terme I^2 ou I soit maintenu constant.

Soit D la différence de potentiel aux bornes de la lampe, on a :

$$I = \frac{D}{R}$$

Pour que I soit constant, il faut donc que D le soit aussi.

Dans la marine, les lampes sont montées en dérivation et si D' est la différence de potentiel au tableau de distribution, on a :

$$D = D' - \Sigma(ir)$$

$\Sigma\,(ir)$ étant la chute de potentiel dans les conducteurs qui précèdent la lampe.

Or l'intensité i dans ces conducteurs varie avec le nombre des lampes en fonctionnement, et si D est constant, D' ne peut l'être ; il faudrait donc construire un dynamo donnant une différence de potentiel aux bornes convenablement variable, ce qui n'est guère possible avec une installation un peu complexe.

On fait en sorte que le terme Σir soit négligeable (2 volts sur 80) et pour cela on prend des conducteurs de faible résistance ; l'emploi des dynamos à potentiel constant est alors indiqué.

L'installation ainsi comprise, il suffit dès lors de prendre les précautions convenables pour maintenir la constance de D' ; ces précautions sont :

1° Grande sensibilité du régulateur de vitesse.

2° Pression aux chaudières suffisante pour la charge maximum de l'installation.

3° Eviter les variations brusques de charge ; prévenir préalablement les mécaniciens de la dynamo.

A bord, les projecteurs devant, suivant les nécessités du combat, être allumés ou éteints brusquement, il est avantageux de les alimenter par une machine spéciale.

4° Vérifier le voltage inscrit sur le culot des lampes, afin de ne mettre en place que celles qui conviennent bien à l'installation : Une lampe d'un trop faible voltage serait brûlée, une d'un voltage plus fort donnerait un éclairage insuffisant.

5° S'assurer que le contact du culot de la lampe avec le fond de la douille se fait bien.

6° Comparer finalement l'éclat de la lampe, avec celles qui sont en fonctionnement normal. L'éclat adopté est le jaune doré.

129. Remarque. — La charge maximum de la dynamo étant connue, on peut se rendre compte du nombre de lampes qu'on peut allumer à la fois, sans dépasser cette limite, en faisant la somme des intensités du courant dans les lampes.

La règle est qu'une lampe absorbe 3,5 wats par bougie.

Si donc une lampe de 16 bougies fonctionne à 80 volts, son courant individuel a une intensité de

$$i = \frac{3.5 \times 16}{80} = 0^a 7.$$

130. Intensité lumineuse des lampes généralement employées.

PUISSANCE DES LAMPES	DESTINATION DES LAMPES
10 bougies............	Appartements. Soutes.
16 —	Signaux.
30 —	Signaux. Feux de route rouges.
50 —	Réflecteurs. Feux de route verts.

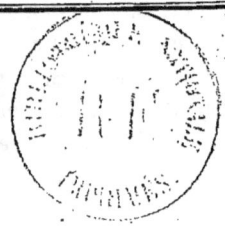

FIN.

TABLE DES MATIÈRES

Nota. — Les questions du programme sont imprimées en romain, les développements sont imprimés en *italique*.

ARITHMÉTIQUE

Résumé des notions élémentaires	1
Carré et racine carrée	9
Système des mesures légales	11
Règle de trois	15
Règle de mélange	16
Règle d'alliage	18
Règle d'intérêt simple	20
Partages proportionnels	21
Problèmes résolus	25
Problèmes à résoudre	31

GÉOMÉTRIE

TITRE I. — MESURE DES SURFACES

Mesure des surfaces planes	37
Mesure des surfaces latérales	51
Mesure des surfaces de révolution	55

TITRE II. — MESURE DES VOLUMES

Formule des trois niveaux	65
Volume des solides à faces planes	65
Volume des solides de révolution	75
Problèmes résolus	91
Problèmes à résoudre	112

MÉCANIQUE

LIVRE I

Généralités.. 121

TITRE I. — DES MOUVEMENTS

Mouvement uniforme... 123
Mouvement varié... 127
Vitesse à un moment donné... 127
Vitesse moyenne... 127
Mouvement périodique.. 130
Mouvement de rotation. — Vitesse angulaire.................................. 131
Lois de la chute des corps.. 132

TITRE II. — DES FORCES

Propriétés générales des corps.. 135
Forces ; leur mesure ; leur représentation graphique........................ 136
Indépendance de leurs effets. — Action et réaction.......................... 137
Effet d'une force constante en grandeur et en direction................... 138
Machine d'Atwood.. 140
Composition des forces concourantes... 144
Décomposition d'une force suivant deux directions données................... 148
Applications.. 148
Composition des forces parallèles... 150
Définition du couple.. 153
Décomposition d'une force en deux forces parallèles......................... 154
Centre des forces parallèles.. 155
Conséquences des principes qui régissent les effets des forces............ 156
Poids et centre de gravité d'un corps....................................... 158
Détermination expérimentale du centre de gravité............................ 159
Règles pratiques pour la détermination du CG des surfaces et solides
    principaux.. 160
Problèmes sur les CG.. 166

TITRE III. — ÉQUILIBRE DES CORPS

Définitions... 170
Diverses sortes d'équilibre : stable, instable, indifférent................. 171

TABLE DES MATIÈRES. 389

Détermination graphique des conditions d'équilibre d'un corps soumis à l'action de trois forces.................................... 171
Exemples et applications pratiques............................... 172
Équilibre d'un corps pesant sur un plan.......................... 176

TITRE IV. — TRAVAIL

Travail des forces. — Sa mesure.................................. 177
Kilogrammètre. — Cheval-vapeur.................................. 177

LIVRE II. — MACHINES

Levier... 182
Balance ordinaire.. 185
Balance romaine.. 190
Poulies, moufles, palans... 192
Treuil... 199
Plan incliné... 200
Jeu et équilibre statique de la bielle et de la manivelle........ 203
Jeu de l'excentrique circulaire.................................. 205
Graphiques d'équilibre... 209
Problèmes à résoudre... 215

PHYSIQUE

LIVRE I. — ÉQUILIBRE DES FLUIDES

Principe de Pascal... 221
Équilibre d'un liquide soumis à la seule action de la pesanteur.. 222
Valeur de la pression exercée sur le fond d'un vase. — Appareil de du Haldat.. 224
Valeur de la pression exercée sur les parois latérales planes.... 226
Tourniquet hydraulique... 229
Vases communiquants.. 229
Principe d'Archimède. Sa démonstration expérimentale............. 232
Densité d'un corps. Moyen de la déterminer....................... 234
Aréomètre de Nicholson... 238
Aréomètre de Fahrenheit.. 239
Aréomètres à poids constant...................................... 239
Atmosphère. Pression atmosphérique. Expérience de Torricelli.... 241
Construction du baromètre à cuvette et à siphon.................. 243
Principe des baromètres métalliques.............................. 245
Usages du baromètre.. 246
Loi de Mariotte.. 246

Correspondance des divers modes d'évaluer les pressions............ 249
Applications.. 249
Théorie de la pompe aspirante élévatoire. — Influence de l'espace
    neutre.. 253
Siphon... 257
Pipette.. 258
Manomètre à air libre.. 260
Manomètre métallique Bourdon.................................... 260

LIVRE II. — CHALEUR

Effets produits sur les corps par l'accroissement de température.... 263
Construction et graduation d'un thermomètre...................... 264
Graduation Fahrenheit et Réaumur............................... 267
Coefficient de dilatation : linéaire, superficielle, cubique............ 267
Lois de Gay-Lussac... 272
Applications... 275
Retrait. Trempe. Recuit... 276
Chaleur spécifique d'un corps.................................... 277
Chaleurs latentes de fusion et de vaporisation.................... 281
Formules de Regnault et de Watt................................ 284
Vapeurs saturées et désaturées................................... 286
Notions générales sur la façon dont se comporte chacune de ces vapeurs dans le cas d'un changement de volume ou de température. 286
Densité et volume relatif d'une vapeur........................... 288
Applications... 288
Condensation de la vapeur.. 290
Calcul du poids d'eau nécessaire pour condenser 1 kilogramme de
    vapeur.. 291
Loi de Berthollet.. 292
Principe du condenseur... 293
Fonctionnement des pompes à air................................. 295
Vide absolu. — Vide effectif..................................... 296
Indicateur Bourdon. — Indicateurs du vide à mercure............. 297
Évaporation. — Ébullition.. 298
État sphéroïdal.. 301
Marmite de Papin... 302
Divers modes de propagation de la chaleur 303
Pouvoir rayonnant des corps. — Pouvoir réflecteur ou réfléchissant... 303
Corps athermanes et corps diathermanes......................... 303
Pouvoir absorbant... 304
Conductibilité... 305
Moyens de diminuer la rapidité du refroidissement des chaudières et
    des cylindres... 307
Circulation.. 307
Problèmes à résoudre.. 308

ÉLECTRICITÉ

LIVRE I. — MAGNÉTISME

Aimants naturels et artificiels	323
Pôles et ligne neutre des aimants	323
Action réciproque des pôles de deux aimants	324
Aimants droits. — Aimants en fer à cheval	325
Diverses manières d'aimanter un barreau	325
Conservation de l'aimantation. — Armatures	327
Aimants lamellaires de Jamin	328
Magnétisme rémanent	328
Perméabilité magnétique. — Saturation	329
Diamagnétisme	329
Champ magnétique et lignes de force	329
Mode d'action de la terre sur les aimants	330

LIVRE II

TITRE I. — COURANTS ÉLECTRIQUES

Indication sommaire des divers moyens de produire un courant	333
Comment se manifeste un courant électrique	334
Galvanomètre	335
Voltamètre	335
Diverses sortes de courants : continus, induits, extra-courants	337
Force électro-motrice. — Potentiel. — Intensité. — Résistance	339
Loi d'Ohm	339
Loi de Joule	341
Unités électriques légales	341
Mesure de l'intensité : ampèremètre	342
Mesure de la quantité d'électricité par le voltamètre. — Coulomb. — Ampère-heure	343
Dérivation des courants	345
Mesure des résistances : boîtes de résistance	347
Variation de la résistance électrique d'un corps	350
Applications	352
Mesure de la différence de potentiel et de la force électromotrice : Voltmètre	353
Polarisation des piles, ses effets	356
Association des éléments	357
Constantes des piles de la Marine	362

TITRE II. — MACHINES ÉLECTRIQUES

Nature des courants produits dans les machines. — Causes qui les produisent 363
Manière de recueillir ces courants. — Collecteur. — Balais.......... 364
Sommation des courants élémentaires des différentes spires........... 365
Calage des balais... 367
Électro-aimants. — Loi d'Ampère................................... 368
Différents types d'inducteur..................................... 370
Schéma des divers enroulements : direct, dérivé, compound........ 372
Réversibilité des machines. — Sens de la rotation des machines employées comme moteurs.. 374
Calage des balais des moteurs..................................... 376
Changement de marche... 377
Principe des accumulateurs...................................... 378
Charge et décharge des accumulateurs.............................. 379
Formes diverses de l'arc voltaïque. — Conditions à remplir pour avoir une lumière fixe... 381
Principes de la régulation des lampes à arc....................... 382
Conditions à remplir pour que les lampes à incandescence conservent leur éclat normal... 384
Intensités lumineuses des lampes généralement employées........... 386

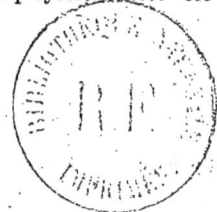

FIN DE LA TABLE DES MATIÈRES.

4900-96. — CORBEIL. Imprimerie CRÉTÉ.

www.ingramcontent.com/pod-product-compliance
Lightning Source LLC
Chambersburg PA
CBHW052126230426
43671CB00009B/1138